全—本—全—注—全—译

营造法式

（上）

〔宋〕李诫 著

萧炳良 注译

团结出版社

图书在版编目（CIP）数据

营造法式 / (北宋) 李诫著；萧炳良注译.
— 北京:团结出版社, 2021.5

（谦德国学文库）

ISBN 978-7-5126-6829-4

Ⅰ.①营… Ⅱ.①李… ②萧… Ⅲ.①建筑史—中国—宋代 Ⅳ.①TU-092.44

中国版本图书馆CIP数据核字(2018)第285440号

出版：团结出版社

　　（北京市东城区东皇城根南街84号 邮编：100006）

电话：（010）65228880　65244790（传真）

网址：www.tjpress.com

Email：zb65244790@vip.163.com

经销：全国新华书店

印刷：大厂回族自治县德诚印务有限公司

开本：145×210　1/32

印张：35.25

字数：380千字

版次：2021年5月 第1版

印次：2021年5月 第1次印刷

书号：978-7-5126-6829-4

定价：136.00元（全三册）

前　言

　　《营造法式》被誉为"中国古代建筑的宝典"。它是我国古籍中最完整、最具有理论体系的建筑设计专书，详细规定了各种建筑在施工设计、工料、结构和比例等方面的要求，它的面世具有里程碑式的意义，不仅标志着我国古代建筑技术已经发展到了一个新的水平，同时也是我国古代设计思想理论发展的重要界碑。

　　梁思成先生对传统建筑体系的学习志趣也是从研究《营造法式》开始的，他为儿子取名"从诫"，即师从《营造法式》的编著者李诫的意思，希望儿子能成为像李诫一样优秀的建筑学家。他在《营造法式注释》一书中说："它是中国古籍中最完善的一部建筑技术专书，是研究宋代建筑、研究中国古代建筑的一部必不可少的参考书。"又说："全书纲举目张，条理井然，它的科学性是古籍中罕见的。"

　　陈明达先生自1932年加入营造学社起，就迷上了《营造法式》，手抄了全本《营造法式》，并绘制了书中的全部插图，到1995年因病辍笔，一生中有64年的时间都在研究《营造法式》，在他67岁时还亲手绘制了其著名学术专著《营造法式大木作制度研究》中的49幅图版。

潘谷西先生在《〈营造法式〉解读》一书中说："《营造法式》不仅是打开宋代建筑科学与艺术殿堂之门的一把钥匙，也为读懂中国建筑的理念和精神提供了一部良好的教材。""《营造法式》的成功不仅反映出李诫娴熟的建筑专业知识，更重要的是表现出了作者的创新精神。全书内容精审、结构严谨、表述准确、图样详实，不愧是我国古代最优秀的建筑著作之一。"

《营造法式》的编撰是有其历史背景的。当时北宋建国百余年，期间大兴土木，建造了大量豪华精美的宫殿、衙署、庙宇和园囿。当时负责建造工程的官员贪污腐败成风，导致工程质量低下，设计标准、建筑形式和风格良莠不齐，对封建等级制度产生了负面影响。尽管在仁宗当政时期颁布了一系列诏令，但是虚报瞒报、偷工减料的行为仍然猖獗。到神宗熙宁二年（1069年），因修建感慈塔，主管部门虚报用工34万余，实际用工不到7万，使朝廷痛下决心根除建筑行业中的腐败问题。时任参知政事的王安石推行新政，提出由将作监编修《营造法式》。然而王安石罢相后，编修任务受阻，直到元祐六年（1091年）才完成，史称《元祐法式》。但因当时正值反对新政的太皇太后垂帘听政，因此成书质量极差，缺乏用材制度，以致工料太宽，不能防止各种弊端。绍圣四年（1097年），哲宗亲政，继续推行新政，提出由李诫重修《营造法式》，于崇宁二年（1103年）正式颁发实施。

《营造法式》的作者李诫，字明仲。据其属吏傅冲益所撰的墓志铭记载，李诫从元祐七年（1092年），以承奉郎任将作监主薄开始，到大观初年因父丧去职，历任将作监丞、将作少监、将作监，在将作监任职有十余年。在这十余年间，他负责营造了五王邸、辟雍、尚书省、棣华宅、龙德宫、朱雀门、景龙门、九成殿、开封府廨、太庙、钦慈太后佛寺等工程，积累了丰富的建造经验。他不仅是一位卓越的建筑师，还是一位艺术家和学者。著有《续山海经》《续同姓名录》《马经》《古篆说文》《琵琶录》《六博经》，可惜早已散佚。但从这些书名可以看出他涉猎广泛，知识渊博，这些都对他的设计建造有着重要影响。同时他也是一位实干家，在"新修《营造法式》序"中，他把各工种的历史沿袭与职责，规划、设计，制度、规章的作用，以及全书内容和要解决的问题都说得清楚明了。还有各工种的方法、程序，都用准确的文字表述出来。在编写《营造法式》的过程中，李诫深入实际，以他个人多年来修建工程的丰富经验为基础，参阅了大量文献和旧有的规章制度，收集工匠讲述的各工种操作规程、技术要领及各种建筑物构件的形制、加工方法。书中所收材料有三千二百七十二条来自"工作相传，并是经久可以行用之法"，约占全书百分之九十以上，是当时建筑设计与施工经验的集合与总结，对后世产生了深远影响。

《营造法式》是宋代的建筑法规。书中规定了建筑的布局设计和单体建筑及构件比例、尺寸，制定了各工种的用工计划、工程总造价，还确定了各工种之间的先后顺序、相互关系（相当于现在的施工组织设计和进度计划）和质量标准，使工程建筑有法可依、有章可循，既便于建筑设计和施工的顺利进行，也为工程中的质检和竣工验收提供了方便。

全书共三十四卷，三百五十七篇，三千五百五十五条，分为五大部分：即名例、制度、功限、料例、图样。名例部分对建筑名词术语作了解释，对部分数据作了统一规定，纠正了过去一物多名、方言土语等谬误。在充分总结实际施工经验的基础上，制定了各项工程制度、施工标准、操作要领，对各种建筑材料的选材、规格、尺寸、加工、安装方法都加以详尽叙述，堪称古代建筑的百科全书。书中讲到的水平取直原理和构件，与现在的水准仪相似，说明当时的测量技术已达到很高水平；关于油漆涂料方面的记述，对现代涂料工业的发展仍有参考价值；琉璃等构件的釉料配方及烧制方法，至今仍在沿用。

《营造法式》由释名、诸作制度、诸作功限、诸作料例、诸作图样等部分构成。纵观全书，纲目清晰，条理井然。第一、第二卷"总释"，是对建筑名词术语的考证及用料和劳动定额计算方法的诠释；第三卷"壕寨制度"和"石作制度"，"壕寨"是土石方工程，"石作"是台基、台阶、柱础、石栏杆等的做法和雕饰；第四、第五卷"大木作制度"，讲述房屋的木结构；第六至第十一卷"小木作制度"，前三卷为门窗、栏杆等建筑物的装修部分，后三卷是佛道帐、经藏，就是寺庙内安放神像的神龛以及存放经书的书架的做法；第十二卷讲"雕作""旋作""锯作""竹作"等四种制度，前面三种是木料的加工方法，"竹作"是竹编的方法和竹材的等第和选择；第十三卷"瓦作制度"和"泥作制度"，是各种瓦的等第、用法和用泥制度；第十四卷"彩画作制作"，是彩画构图、配色的法则、方法和使用；第十五卷"砖作制度"和"窑作制度"，"砖作制度"是砖的规格和用法，"窑作制度"是陶制建筑材料的规格、制作，以及砖瓦窑的建造方法；第十六至第二十五卷是诸作"功限"，详细规定了各工种的劳动定额；第二十六至第二十八卷是诸作"料例"，规定了各工种的用料定额；第二十九至第三十四卷是图样。此外还有"目录"和"看详"各一卷，"看详"是对各制度中的理论规定及历史沿袭的阐述。

《营造法式》从宋代开始，便有很多版本流传于世。宋崇宁二年（1103年），"用小字镂版"刊行本已失传，南宋绍兴十五年（1145年）由知平江军府（今苏州）事提举劝农使（秦桧妻兄）王唤重刊，后世称为绍兴本。绍兴本原本只存残页，但仅留残本元代已修补。南宋后期绍定年间平江府（今苏州）本第二次重刊本，称为绍定本。绍定本现存三卷半。

到了明代，除《永乐大典》抄本外，还有《天一阁》抄本、唐顺之《稗篇》抄本、陶宗仪《说郛》抄本、钱谦益绛云楼抄本（见钱谦益《牧斋有学集》卷46《跋营造法式》）。

清代亦有很多传抄本，如《四库全书》本、密韵楼蒋氏抄本、述古堂抄本，此后辗转传抄为张金吾影抄本、张蓉镜影抄本以及丁丙八千楼本。还有道光年间的杨墨林刻本即山西杨氏《连筠簃丛书》刻本，但未见流传。后世的这些抄本、刻本，全部来源于绍兴本，可见《营造法式》的传世，王唤功不可没。

1907年，江南图书馆（今南京图书馆）收购八千楼藏书，丁丙八千楼抄本也在其中，今归上海图书馆收藏。此外还有归安陆心源十万卷楼抄本、咸丰年南海伍崇曜粤雅堂抄本。

1919年，朱启钤先生在南京江南图书馆发现的丁氏抄本《营造法式》，随即缩付石印，1920年由商务印书馆按原本影印，是为石印大本，后称"丁本"。

1925年著名藏书家陶湘受好友朱启钤邀请，根据"丁本"，与《四库全书》文渊阁、文溯阁、文津阁抄本，密韵楼蒋氏抄本，丁丙八千楼抄本相互校勘，按宋本残页版式和大小刻版印行，是为"陶本"。"陶本"以镂版、图板精美闻名于世，不仅在内容校勘上尽可能准确，在版式印制等方面也非常考究，比之前所有古本更为完善，尤其在彩色套印方面有很高的艺术价值。1929年陶湘与朱启钤、孟锡珏一同倡议成立了"营造学社"，一年后得到"庚款基金"，正式定名为"中国营造学社"。

1932年，在北平故宫殿本书库发现抄本《营造法式》（称为"故宫本"），版面与宋残本相同，卷后有平江府重刊字样。后经刘敦桢、梁思成等人对以上各本相互勘校，又有所校正。

1980年出版的《营造法式注释》，是梁思成先生经过三十多年对《营造法式》的研究，至六十年代初才正式着手著述的。1966年，当"注释本"上卷接近完成时，由于文革特殊时期被迫停止。1972年，梁思成先生不幸病逝，几位助手被调往他处，研究再次被迫停止，直到1978年，研究才得以继续进行，经过两年努力，《营造法式注释》上卷才脱稿刊印。

本书根据以上研究成果编译而成，所用底本为《四库全书》文渊阁、文津阁、文溯阁抄本，勘校以最早的也是目前最好的现代整理本梁思成的《营造法式注释》为蓝本，并用现代语言加以翻译，帮助读者跨越古代术语和文字的障碍，获得对宋代建筑和《营造法式》本身的正确认识。

为了方便读者更全面地认识李诫的生平事迹，便将"陶本"中的阚铎《李诫补传》和傅冲益《宋故中散大夫知虢州军州管勾学士兼管内劝农使赐紫金鱼袋李公墓志铭》附录在本书"卷第二十八"之后，且进行简单地标点和分段，以资备考。而且将《李诫补传》改为《李诫传》、

《宋故中散大夫知虢州军州管勾学士兼管内劝农使赐紫金鱼袋李公墓志铭》改为《宋李公墓志铭》，但都不翻译成现代白话文。只是把原文中的错漏字直接改正或补上，不出校勘记。如《李诫传》原文中"喜箸书"的"箸"字改为"著"字等。又《宋李公墓志铭》"冲益观虞舜命九官而垂"中的"垂"字后边根据句意应缺"拱"字，便用括号"（）"加上"拱"等等，以图句意通顺，方便读者阅读。

同时，把《营造法式》分为上、中、下三册。即"进新修《营造法式》序""劄子""《营造法式》看详"以及"卷第一"至"卷第十二"，作为上册；"卷第十三"至"卷第二十八"，并加上附录，作为中册；"卷第二十九"至"卷第三十四"，作为下册，即图样册。

在编译工作中，我们对《营造法式》文字部分进行了比较准确的注释和翻译，不仅逐卷逐条翻译，而且对比各版本进行查缺补漏，针对之前版本中的一些错误进行了更正，还对各版本中没有翻译的部分进行了新译，如对"看详""总例"部分都做了详细注译。而且在翻译过程中，根据《中国古建筑术语辞典》和《中国建筑史·古建筑名词解释》等，将一些字词进行改动。如原文中的"普拍方"的"方"字在翻译时改为"枋"。又如原文中的"华"字亦在翻译时改为"花"字。等等。但是，例如原文中的"圆版"的"版"字不作改动。等等，都不一一列举。

图样部分，则是使用"陶本"中的"图样"，并稍作整理，希望为读者呈现民国时期对《营造法式》图样部分还原的高超技术。

《营造法式》所涉及的内容非常专业，由于编译者水平有限，其中一些专业翻译难免存在纰漏，恳请各位读者给予批评并指正。

编　者

目　录

上　册

卷第一

卷第三

卷第七

卷第八

卷第九

卷第十

卷第十一

卷第十二

中 册

卷第十三

卷第十四

卷第十五

卷第十六

卷第十九

卷第二十

卷第二十一

卷第二十二

卷第二十三

下　册

卷第二十九

卷第三十

卷第三十三

卷第三十四

进新修《营造法式》序

臣闻"上栋下宇"，《易》为"大壮"之时；"正位辨方"，《礼》实太平之典。"共工"命于舜日；"大匠"始于汉朝。各有司存，按为功绪。况神畿之千里，加禁阙之九重；内财宫寝之宜，外定庙朝之次；蝉联庶府，棊列百司。欂栌枅柱之相枝，规矩准绳之先治；五材并用，百堵皆兴。惟时鸠僝之工，遂考翚飞之室。而斫轮之手，巧或失真；董役之官，才非兼技，不知以"材"而定"分"，乃或倍斗而取长。弊积因循，法疏检察。非有治"三官"之精识，岂能新一代之成规？温诏下颁，成书入奏。空糜岁月，无补涓尘。恭惟皇帝陛下仁俭生知，睿明天纵。渊静而百姓定，纲举而众目张。官得其人，事为之制。丹楹刻桷，淫巧既除；菲食卑宫，淳风斯复。乃诏百工之事，更资千虑之愚。臣考阅旧章，稽参众智。功分三等，第为精粗之差；役辨四时，用度长短之晷。以至木议刚柔，而理无不顺；土评远迩，而力易以供。类例相从，条章具在。研精覃思，顾述者之非工；按牒披图，或将来之有补。通直郎、管修盖皇弟外第、专一提举修盖班直诸军营房等编修臣李诫谨昧死上。

【译文】我听说,《周易》里"上栋下宇,以蔽风雨"这一句说的是"大壮"时期;《周礼》中"唯王建国,辨正方位",就是天下太平时候的典礼。"共工"这一官职,在舜帝时就有了;"将作大匠"是从汉朝开始设置的专管营建的官。这些官职各司其职,分别做本职工作。至于京师幅员千里,以及九重的宫阙,就必须考虑宫内宫寝的布置和宫外宗庙朝堂的等第、位置;堂署之间既要互相联系,也要按序排列。枓、栱、昂、柱等相互支撑构成一座建筑,事先准备好曲尺、圆规、墨线、水平仪等工具。利用各种材料,建造起大量的宫室房屋。按时召集工役,做出屋檐似翼的宫室。然而工匠之手,虽巧也难免走样。主管工程的官员也不能兼通各个工种。他们不知道度量建筑物比例、大小尺度的单位是"材",以至于有人用料的倍数来确定各个构件的长短尺寸。这种种弊端在日积月累缺乏监管的情况下,若没有关于建筑渊博的知识,又怎能制定新的规章制度呢?陛下下诏,指派我编纂一部关于营建宫室制度的书,送呈审阅。现在虽然写成了,但我总觉得辜负了陛下的提拔,白白浪费了很长时间,没有一点一滴的贡献。陛下生来仁爱节俭,天纵奇才,聪明睿智。在陛下的统治下,国家海晏河清,百姓安居乐业,国事条理分明,官员精明能干,凡事有章可循。鲁庄公那样"丹其楹而刻其桷"的不合理制度的淫腐之风已经消除;大禹那样节衣食、卑宫室的风尚又得到恢复。陛下下诏关心百工之事,还征询到臣这样资质鲁钝的人,我一方面参阅旧的规章,一方面集合众人的经验智慧。按精粗之差,把劳动日分为三等;按木材的软硬,使条理顺当;按距离的远近来定搬运的土方量,以便征召劳役。这样按类例分类列出,有条例规章作为依据。我虽然精心研究,深入思索,但文字叙述还是不够完备,所以按照条文画成图样,将来对工作也许还有补充。通直郎、管修皇弟外第、专一提举修盖班直诸军营房等、编修臣李诫谨昧死上。

劄 子

编修《营造法式》所

准崇宁二年正月十九日敕："通直郎试将作少监、提举修置外学等李诚劄子奏：'契勘熙宁中敕，令将作监编修《营造法式》，至元祐六年方成书。准绍圣四年十一月二日敕：以元祐《营造法式》只是料状，别无变造用材制度；其间工料太宽，关防无术。三省同奉圣旨，差臣重别编修。臣考究经史群书，并勒人匠逐一讲说，编修海行《营造法式》，元符三年内成书。送所属看详，别无未尽未便，遂具进呈，奉圣旨：依。续准部省指挥：只录送在京官司。窃缘上件《法式》，系营造制度、工限等，关防工料，最为要切，内外皆合通行。臣今欲乞用小字镂版，依海行敕令颁降，取进止。'正月十八日，三省同奉圣旨：依奏。"

【译文】编修《营造法式》所

根据崇宁二年（1103年）正月十九日皇帝敕令："通直郎、试将作少监、提举修建外学（辟雍）等建筑的李诚进奏：'查熙宁年间皇帝命令将作监编修的《营造法式》一书，到元祐六年（1091年）已编纂完成。根据绍圣四年（1097年）十一月二日皇帝的敕令，因为元祐年间编制的《营造法式》仅仅提出了控制用料的办法，并没有在变化的情况下建造和用材的规制标准；其中关于工料的定额、标准又定得太宽泛，以致无法杜绝和防止舞弊。三省都奉圣旨，让臣重新编修一部《营造法式》。臣考究了各种经史古书，并且找寻工匠逐一了解工程实际情况，编修成了可以天下通用的《营造法式》，于元符三年（1100年）成书，经主管部门审核后，认为没有什么遗漏或者不适用之处，所以臣把它进呈皇上，奉圣旨：同意。随后依照尚书省命令，只抄送在京的相关部门。臣认为这部《法式》中关于营造制度和劳动定额等规定，对于掌握、控制工料是很重要的，京师和地方都适用。臣现在上疏准许用小字刻版刊印，可以颁布通行天下的敕令，敬候旨意。'正月十八日，三省都奉圣旨：同意。"

看　详

方圆平直

《周官·考工记》：“圆者中规，方者中矩，立者中悬，横者中水。”郑司农[①]注云：“治材居材，如此乃善也。”

《墨子》：“子墨子言曰：‘天下从事者，不可以无法仪。虽至百工从事者，亦皆有法。百工为方以矩。为圆以规，直以绳，衡以水，正以悬。无巧工不巧功，皆以此五者为法。巧者能中之，不巧者虽不能中，依放以从事，犹愈于已。’”

《周髀算经》：“昔者周公问于商高曰：‘数安从出？’商高曰：‘数之法出于圆方。圆出于方，方出于矩，矩出于九九八十一。万物周事而圆方用焉；大匠造制而规矩设焉。或毁方而为圆，或破圆而为方。方中为圆者谓之圆方；圆中为方者谓之方圆也。’”

《韩非子》：“韩子曰：‘无规矩之法、绳墨之端，虽王尔[②]不能成方圆。’”

【注释】①郑司农：郑众，字仲师。东汉经学家、大臣。后世习称先郑（以区别于汉末经学家郑玄）、郑司农（以区别于宦官郑众）。

②王尔：古巧匠名。

【译文】《周官·考工记》中说："用圆规作圆，用尺子作方形，用悬绳取正，用水平器取平。"郑司农注释说："用不同的工具测量不同的物体，就是各得其宜。"

《墨子》中说："先生墨子说：'天下做事情的人，都按照一定的规矩法则。就算是工匠做工，也都要遵循一定的规则。工匠用尺子作方形，用圆规作圆，用抨绳取直，用水平器取平，用悬绳取正。无论是巧工还是拙工，都按照这五种方法作工。巧工能够完全掌握，拙工虽然不能完全掌握，只要能够按照这五种方法做工，也比不会好。'"

《周髀算经》中说："昔日周公问商高：'数之法是从哪里来的？'商高回答：'数之法来源于圆的算法。圆的算法来源于方的算法，方的算法来源于矩的算法，矩的算法源于九九八十一。万事万物都能用圆方来算；大匠做工制定规矩。或毁方作圆，或破圆作方。方内作圆称为圆方；圆中作方称为方圆。'"

《韩非子》中说："韩子说：'没有圆规尺子画图，没有绳墨校正，就算是王尔也画不成方圆。'"

看详：——诸作制度，皆以方圆平直为准；至如八棱之类，及𣂟①、斜、羡②、《礼图》云，"羡"为不圆之貌。壁羡以为量物之度也。郑司农云："羡"犹延也，以善切；其衺一尺而广狭焉。陊③《史记索引》云，"陊"，谓狭长而方去其角也。陊，丁果切；俗称"堕"，非。亦用规矩取法。今谨按《〈周官·考工记〉》等修立下条。

诸取圆者以规，方者以矩，直者抨绳取则，立者垂绳取正，横者定水取平。

【注释】①敧：和一个主要面成倾斜角的次要面。

②羡：应该是椭圆。

③陊：圆角或抹角的方形或长方形。

【译文】看详：——各工种的制度，都以方圆平直为标准；如八面体之类的物件，敧、斜、羡（《礼图》上说，"'羡'是椭圆形。用壁羡作为测量的标准。"郑司农说："'羡'就是横长；长一尺二宽窄"）、陊（《史记索引》上说：'陊'，就是长方形或方形且抹角。陊，俗称'堕'，不是直角）也用圆规尺子测量。如今严格按照《周官·考工记》的规定，制定以下条例。

取径围

《九章算经》："李淳风注云：'旧术求圆，皆以周三径一为率。若用之求圆周之数，则周少而径多。径一周三，理非精密。盖术从简要，略举大纲而言之。今依密率，以七乘周二十二而一即径；以二十二乘径七而一即周。'"

【译文】《九章算经》上说："李淳风注说：'过去求圆，都以圆周是三、直径是一为标准的。若用来求圆周的大小，则圆周少而直径多。直径是一、圆周是三，算法不严谨。大概是因为算法要简要，大致列举要点就可以了。'如今按照圆周率的较精确值，圆周直径就是周长乘以七除以二十二；直径乘以二十二除以七就是周长。"

看详：——今来诸工作已造之物及制度，以周径为则者，如点量大小，须于周内求径，或于径内求周，若用旧例，以"围三径一，方五斜七"为据，则疏略颇多。今谨按《九章算经》及约斜长等密率，修立下条。

诸径、围、斜长依下项：

圆径七，其围二十有二；

方一百，其斜一百四十有一；

八棱径六十，每面二十有五，其斜六十有五；

六棱径八十有七，每面五十，其斜一百。

圆径内取方，一百中得七十有一；

方内取圆径，一得一。八棱、六棱取圆准此。

【译文】看详：——如今各工种已经造好的物件和制度，以圆周、直径为标准，如测量图形的大小，都需要用周长求直径，或者用直径求周长，若仍用旧例，以"周三径一，方五斜七"为标准的话，疏漏就会比较多。如今严格按照《九章算经》及约定俗成的斜、长、圆周率等；制定以下条例。

直径、周长、斜、长都按照以下标准：

圆直径七，周长二十二；

方形边长一百，斜长一百四十一；

八边形直径六十，边长二十五，斜长六十五；

六边形直径八十七，边长五十，斜长一百。

圆内作正方形，圆直径一百，方边长七十一；

正方形内做圆，正方形边长等于圆径（八边形和六边形内作圆同正方形一样）。

定 功

《唐六典》："凡役有轻重，功有短长。"注云："以四月、五月、六月、七月为长功；以二月、三月、八月、九月为中功；以十月、十一月、十二月、正月为短功。"

【译文】《唐六典》上说："劳役有轻重，功有长短。"注说："长功就是四月、五月、六月、七月；中功就是二月、三月、八月、九月；短功就是十月、十一月、十二月、正月。"

看详：——夏至日长，有至六十刻①者。

冬至日短，有止于四十刻者。若一等定功，则枉弃日刻甚多。今谨按《唐六典》修立下条。

诸称"功"者，谓中功，以十分为率；长功加一分，短功减一分。

诸称"长功"者，谓四月、五月、六月、七月；"中功"谓二月、三月、八月、九月；"短功"谓十月、十一月、十二月、正月。

右三项并入"总例"。

【注释】①刻：古代把一天分为一百刻，一刻等于今天的14.4分钟。

【译文】看详：——夏至日白天最长，有长到六十刻的时候。

冬至日白天最短，有短到四十刻的时候。若统一做工时间，则会白白浪费白天的时间。如今严格按照《唐六典》的规定，制定以下条例。

所有工作称为"功"的，都指的是中功，以十分为标准；长功加一分，短功减一分。

所有称为"长功"的，指的是四月、五月、六月、七月；"中功"指的是二月、三月、八月、九月；"短功"指的是十月、十一月、十二月、正月。

以上三项一并写入"总例"。

取 正

《诗》："定之方中。"又："揆^①之以日。"注云："定，营室也；方中，昏正四方也；揆，度也。度日出日入以知东西；南视定，北准极，以正南北。"

《周官·天官》："惟王建国，辨方正位"。

《考工记》："置槷^②以悬，视以景。为规识日出之景与日入之景；夜考之极星，以正朝夕。"郑司农注云："自日出而画其景端，以至日入既，则为规。测景两端之内规之，规之交，乃审也。度两交之间，中屈之以指槷，则南北正。日中之景，最短者也。极星，谓北辰。"

《管子》："夫绳，扶拨以为正。"

《字林》："棟，时钏切。垂臬望也。"

《匡谬正俗·音字》："今山东匠人犹言垂绳视正为楔也"。

【注释】①揆（kuí）：测量方向。

②槷（niè）：测量日影的标杆。也称"臬"或"表"，长八尺，垂直竖立。

【译文】《诗经》上说："十月之交，营室星行至当空。"又说："根据日影来测量方向。"注云："定，就是营室星；方中，昏中而正，宜定方位；揆，即度，测量的意思，——根据日出日落可以判断东西方向；南已确定，以此来定北，这样就能够确定南北方向。"

《周礼·天官》上说："只有建造国都的时候，才会辨别四方，端正方位"。

《考工记》上说："树立标杆，以悬绳校直，观察日影，画圆，分别识记日出与日落时的杆影。白天参究日中时的杆影，夜里考察北极星的方位，用以确定东西（南北）的方向。"郑司农注说："从日出到日落全程记录下标杆影子的变化，根据观测可以得出日出日落的规律了。记录影子两端之间的距离变化，观测日升日落的变化，就是审。测量两端之间的影线，如果与标杆重合，那么南北的方位就是正确的，其中可以看出，到了太阳高挂于中天时，影子最短。极星，就指北极星。"

《管子》上说："绳墨，可以扶偏为正。"

《字林》上说："楔就是竖立一根标杆，用来观察日影变化。"

《匡谬正俗·音字》上说："如今山东地区的工匠还会把垂绳取正叫做楔。"

看详：——今来凡有兴造，既以水平定地平面，然后立表测景、望星，以正四方，正与经传相合。今谨按《诗》及《周官·考工记》等修立下条。

取正^①之制：先于基址中央，日内置圆版，径一尺三寸六分；当心立表，高四寸，径一分。画表景之端，记日中最短之景。次施望筒^②于其上，望日景以正四方。

望筒长一尺八寸，方三寸用版合造；两罨^③头开圜眼，径五分。筒身当中，两壁用轴安于两立颊之内。其立颊自轴至地高三尺，广三寸，厚二寸。昼望以筒指南，令日景透北；夜望以筒指北，于筒南望，令前后两窍内正见北辰极星。然后各垂绳坠下，记望筒两窍心于地，以为南，则四方正。若地势偏衺^④，既以景表^⑤、望筒取正四方，或有可疑处，则更以水池景表较之。其立表高八尺，广八寸，厚四寸，上齐，后斜向下三寸。安于池版之上。其池版长一丈三尺，中广一尺。于一尺之内，随表之广，刻线两道；一尺之外，开水道环四周，广深各八分。用水定平，令日景两边不出刻线，以池版所指及立表心为南，则四方正。安置令立表在南，池版在北。其景夏至顺线长三尺，冬至长一丈二尺。其立表内向池版处，用曲尺较令方正。

【注释】①取正：定平所用各种仪器。均参阅"壕寨制度图样一"。

②望筒：望日月而正四方的仪器，其形制为木架上夹一个可以上下旋转的方木筒，白天望日影，晚上望北极星，以确定正北或正南方向。

③罨（yǎn）：即"掩"。

④衺（xié）：不正的意思。

⑤景表：测日影而正四方的木制仪器。

【译文】看详：——如今凡是施工建造，都要先以水平仪找平，然后立表测影、望星，确定方位，制度与书上的说法相结合。如今严格按照《诗》及《周官·考工记》等规定制定以下条例。

取正的规制标准：第一，白天的时候在地基中间放置一个圆版，圆版是的直径一尺三寸六分，然后在圆心处竖立标杆，高四寸，直径是一分。紧接着标记出在标杆影子的尾端，并且记录下一天的时间之内标杆影子最短的地方，最后在此位置安放一个望筒，通过观察日影和星星来辩证营造方位。

望筒长一尺八寸，方三寸（制作材料是木板）。在望筒的两边遮住的地方开两个孔，直径是五分，筒身两壁用轴穿过，轴的中心固定在两侧立柱之上，两侧立柱从轴到地面高为三尺，宽三寸，厚二寸。白天把望筒的筒身指向南方，让日影透过圆孔投射到北方，晚上把望筒的筒身指向北方，从筒内向南观测，当圆筒两端正对北极星时，在两边各悬挂一根挂有重物的线绳，在地上标记出圆孔的圆心的位置，即为正南方，据此可确定营造的方位。若地势不平，即使是用景表和望筒确定了方向后依旧不能确定方位，那么就需要根据水池景表来进行矫正，水池景表的立柱，高八尺，宽八寸，厚四寸，上端平齐（后来上端变成斜向下三寸），固定在池版之上，池版长一丈三尺，中间位置宽一尺，在一尺的宽度上面，按照立表的宽度画出两个刻线，再在刻线外面，开出水道环绕四周，水道宽八分，深八分，通过水面来确保池版处于水平位置，使日影两头不超过刻线的位置，让池版所对立表的中心是南方，即可确定方位（安放的时候，注意立表一定要位于南方，北方一定是池版，夏至时日影长三尺，冬至时日影长一丈二尺，使用曲尺来确定立表垂直于池版以矫正方为）。

定 平

《周官·考工记》："匠人建国①，水地以悬。"于四角立植而垂，以水望其高下，高下既定，乃为位而平地。

《庄子》："水静则平中准②，大匠取法焉。"

《管子》："夫准③，坏险以为平。"

《尚书·大传》："非水无以准万里之平。"

《释名》："水，准也；平，准物也。"

何晏《景福殿赋》："唯工匠之多端，固万变之不穷。雠天地以开基，并列宿而作制。制无细而不协于规景，作无微而不违于水臬。""五臣④"注云："水臬，水平也。"

【注释】①建国：指建造城邑。

②准：标准。

③准：定平直的东西，准器。

④五臣：唐开元年间，吕向、吕延济、刘良、张铣、李周翰等五人共同为《文选》作注，后世称为"五臣本《文选》"。

【译文】《周官·考工记》上说："工匠建造城邑，应用悬挂重物的方式，以水平法定地平（在四个角树立标杆，使它垂直于地面，用水平法查看它们的高低，确定高低以后，才能根据他们的位置平整土地）。"

《庄子》上说："水面静止的时候就是水平的标准，大匠采用的就是这种方法来判断是否水平的。"

《管子》上说："准器，可以破险为平。"

《尚书·大传》上说："没有水平器无法校准万里平地。"

《释名》上说："水，即水平面；平，即校正水平的器物。"

何晏在《景福殿赋》上说："只要工匠有丰富的经验知识，无论事物怎么改变都有解决方法。先取平后定基，观群星而定方位。定方位用规测量日影，打地基用水臬取平。""五臣"注云："水臬，就是取平的器物。"

看详：——今来凡有兴建，须先以水平望基四角所立之柱，定地平面，然后可以安置柱石，正与经传相合。今谨按《周官·考工记》修立下条。

定平①之制：既正四方，据其位置，于四角各立一表，当心安水平②。其水平长二尺四寸，广二寸五分，高二寸；下施立桩，长四尺；安镶在内。上面横坐水平，两头各开池，方一寸七分，深一寸三分。或中心更开池者，方深同。身内开槽子，广深各五分，令水通过。于两头池子内，各用水浮子一枚，用三池者，水浮子或亦用三枚，方一寸五分，高一寸二分；刻上头令侧薄，其厚一分，浮于池内。望两头水浮子之首，遥对立表处，于表身内画记，即知地之高下。若槽内如有不可用水处，即于桩子当心施墨线一道，上垂绳坠下，令绳对墨线心，则上槽自平，与用水同。其槽底与墨线两边，用曲尺较令方正。

凡定柱础取平③，须更用真尺较之。其真尺长一丈八尺，广四寸，厚二寸五分；当心上立表，高四尺，广厚同上。于立表当心，自上至下施墨线一道，垂绳坠下，令绳对墨线心，则其下地面自平。其真尺身上平处，与立表上墨线两边，亦用曲尺较令方正。

【注释】①定平：确定建筑的水平。

②水平：指水平仪，一种测量工具。

③柱础取平：从长度来看，"柱础取平"不是求得每块柱础本身的水平，而是取得这一柱础与另一柱础在同一水平高度，因为一丈八尺可以适用于最大的间距。

【译文】看详：——如今凡是施工建造，都要先用水平仪取平，在地基四角立柱，确定地面在同一平面，然后可以安置柱石，制度与书上的说法相结合。如今严格按照《周官·考工记》的规定，制定以下条例。

定平的规制标准：定下营造地基的方位后，依据地基所在位置，在四个角上各安放一根标杆，把水平仪放在中央。水平仪水平横杆长二尺四寸，宽二寸五分，高二寸，把竖桩垂直按在水平横杆下方，长四尺（把镶安置在桩里）。在水平横杆两面分别凿开一个边长一寸七分，深一寸三分的正方形小池（也可以在中央位置开一个大小和深度一样的小池）。在水平横杆上挖一个槽沟，宽度和深度都是五分，足以让水过去就行。两端的小池子分别放入一枚水浮子（如果有三个小池子，则可以放三枚），水浮子长宽各一寸五分，高一寸二分；镂刻中空，其壁的厚一分，如此才能漂浮于水面之上。让两头水浮子的上端对准四个角上的标杆，并在标杆位置做记号，以此来确定地面的高低（若水槽里没有水的位置，可将在竖桩中央的位置画一条黑线，从上方垂直放下一根绳子，将其对准黑线，水平横杆上的槽沟自然就可以保持水平，这与用水的效果是一样的。实施过程中还需要用曲尺校正水槽和墨线的垂直情况）。

凡是用柱础取平的方式定水平位置，都需要用水平真尺进行校正。水平真尺长一丈八寸，四寸宽四寸，厚二寸五分，在中央位置按一个高四尺，宽四寸，厚二寸五分的标杆，在标杆中央的位置从上往下画一条黑线，接着把绳子垂直放下，如果绳子对齐墨线，那么证明地面是水平的（在真尺保持水平的地方，让标杆和墨线保持平衡，就可以用曲尺来确定真尺和立表的垂直关系了）。

墙

《周官·考工记》："匠人为沟洫，墙厚三尺，崇三之。"郑司农注云："高厚以是为率，足以相胜。"

《尚书》："既勤垣墉①。"

《诗》："崇墉屹屹②。"

《春秋左氏传》："有墙以蔽恶。"

《尔雅》："墙谓之墉。"

《淮南子》："舜作室，筑墙茨屋，令人皆知去岩穴，各有室家，此其始也。"

《说文》："堵，垣也；五版为一堵。""壔，周垣也。""埒③，卑垣也。""壁，垣也。""垣蔽曰墙。""栽，筑墙长版也。"今谓之膊版。"干，筑墙端木也。"今谓之墙师。

《尚书·大传》："天子贲墉④，诸侯疏杼⑤。"贲，大也，言大墙正道直也。疏，犹衰也。杼亦墙也；言衰杀其上，不得正直。

《释名》："墙，障也，所以自障蔽也。""垣，援也，人所依止以为援卫也。""墉，容也，所以隐蔽形容也。""壁，辟也，所以辟御风寒也。"

《博雅》："墎、力雕切。隒、音篆。墉、院、音桓。廦，音壁，又即壁反。墙垣也。"

《义训》："庑，音毛。楼墙也。""穿垣谓之窒。"音空。"为垣谓之厽⑥。"音累。"周谓之撩。"音了。"撩谓之奂。"音垣。

【注释】①墉：指城墙。

②屹屼：高耸挺立的样子。

③埒（liè）：矮墙，场地四周的土围墙。

④赟墉，通赟庸，指帝王居处的大墙。

⑤疏杼：即衰墙。属于诸侯一级的障壁。

⑥厽：垒土块为墙。

【译文】《周官·考工记》上说："工匠建造沟渠，墙体厚三尺，高度是厚度的三倍（司农郑众注释说："建筑高度和厚度的比例是固定的，这样才能够相互包容"）。"

《尚书》上说："勤劳地修筑了垣墙。"

《诗经》上说："城墙高耸。"

《春秋左氏传》上说："有围墙就可以掩蔽恶行。"

《尔雅》上说："墙，被称为墉。"

《淮南子》上说："舜建造了屋室，以土石砌墙以茅草为顶，于是人们都知道离开了洞穴，各自建造了自己的房屋，拥有了自己的家庭，就是从这时开始建造房屋的。"

《说文解字》上说："堵即墙；一堵等于五版。""撩即围墙。""埒即矮墙。""壁是墙。""垣蔽也是墙。""栽就是筑墙用的长版（如今称为"膊版"）。""干是筑墙时用在两端的木材（如今称为"墙师"）。"

《尚书·大传》上说："天子有赟庸，诸侯有衰墙（赟，即大，就是说高墙修建得宏伟气派。疏，即衰。杼，即墙。衰墙就是显得不方不正没气势）。"

《释名》上说："墙，即是障，可以用来遮挡、遮蔽。""垣，即是援，人们既可以依靠它等待救援，也能依托它进行防卫。"墉，即是容，可以用来遮掩形体容貌。""壁，即是辟，可以用来躲避风雨，抵御寒冷。"

《博雅》上说："墝、隊（与篆同音）、墉、院（与桓同音）、廦（与壁同音），它们都是墙垣的意思。"

《义训》上说："庌（与毛同音），即楼墙。""穿垣被称为腔（与空同音）。""为垣被称为厽（与累同音）。""周被称作墝（与了同音）。""墝被称为窦（与垣同音）。"

看详：——今来筑墙制度，皆以高九尺，厚三尺为祖。虽城壁与屋墙、露墙，各有增损，其大概皆以厚三尺，崇三之为法，正与经传相合。今谨按《周官·考工记》等群书修立下条。

筑墙之制：每墙厚三尺，则高九尺；其上斜收，比厚减半。若高增三尺，则厚加一尺；减亦如之。

凡露墙：每墙高一丈，则厚减高之半；其上收面之广，比高五分之一。若高增一尺，其厚加三寸；减亦如之。其用葽、橛，并准筑城制度。凡抽纴①墙：高厚同上；其上收面之广，比高四分之一。若高增一尺，其厚加二寸五分。如在屋下，只加二寸。划削并准筑城制度。

右三项并入"壕寨制度"。

【注释】①纴（rèn）：织布帛的丝缕。

【译文】看详：——如今的筑墙制度，统一规定墙高九尺，厚三尺。虽然城壁、屋墙、露墙各有增减，但都以墙厚三尺，高是三的倍数为标准，制度与书上的说法相结合。如今严格按照《周官·考工记》等书的规定，制定以下条例。

筑墙的规制标准：城墙厚三尺，则墙高九尺，墙的上端斜收的宽度是它厚度的二分之一，若高每增加三尺，则厚度也应该增加一尺，同样的高度降低与增加的情况相同。

对露墙来说，倘若墙高一丈，则厚半丈，即厚度是高度的一半，墙上端斜收的宽度是墙高的五分之一，若墙高每增加一尺，那么厚度就增加三寸，减少的情况也是这样（露墙用到草葽和木橛子时，得按照筑城的标准建造）。关于抽纤墙，墙的高度与厚度相同，墙高的四分之一是墙上端斜收的宽度。若墙高每增加一尺，那么相应的厚度就增加三寸五分，如果增加二寸（若是在屋下，其设计和建造也应该按照筑城的标准执行）。

以上三项都写入"壕寨制度"。

举 折

《周官·考工记》："匠人为沟洫[1]，葺屋三分，瓦屋四分。"郑司农注云：各分其修，以其一为峻。

《通俗文》："屋上平曰陠[2]。"必孤切。

《匡谬正俗·音字》："陠，今犹言陠峻也。"

唐柳宗元《梓人传》："画宫于堵，盈尺而曲尽其制；计其毫厘而构大厦，无进退焉。"

皇朝景文公宋祁《笔录》："今造屋有曲折者，谓之庸峻[3]。齐魏间，以人有仪矩可喜者，谓之庸峭，盖庸峻也。"今谓之举折。

【注释】①沟洫：指田间水道、井田、水利工程等。

②陠（pū）：偏斜。

③庯（bū）峻：也称为庯峭，意思是屋势倾斜曲折的样子。

【译文】《周官·考工记》上说："工匠在修建农田水利工程及有关附属建筑的时候，草屋的举高是跨度的三分之一，瓦屋的举高是跨度的四分之一（司农郑众注释说：举屋制度，以前后橑方心相去远近，分为四分；自檐方背上至脊背上，四分中举起一分）。"

《通俗文》上说："屋势倾斜曲折被称做陠。"

《匡谬证俗》上说："陠，现在任然会被叫做陠峻。"

唐朝柳宗元在《梓人传》上说："将房子的设计规划图画在墙壁上，将建造的形制和方法按照等比例尺寸详尽地展示出来；按照绘制的图画，精确的计算出每一个建造的细节，然后用来建造高大的房屋，这样就不会有差错了。"

北宋景文公宋祁在《笔录》上说："如今筑造的房屋如果有屋势倾斜的，就被称作庯峻。齐魏年间，因为人仪表有风致，知礼法守规矩而称之为庯峭，庯峻大概也是此义吧（如今称之为"举折"）。"

看详：——今来举屋制度，以前后橑檐方①心相去远近，分为四分；自橑檐方背上至脊槫背上，四分中举起一分。虽殿阁与厅堂及廊屋之类，略有增加，大抵皆以四分举一为祖，正与经传相合。今谨按《周官·考工记》修立下条。

举折之制：先以尺为丈，以寸为尺，以分为寸，以厘为分，以毫为厘，侧画所建之屋于平正壁上，定其举之峻慢，折之圜和，然后可见屋内梁柱之高下，卯眼之远近。今俗谓之定侧样，亦曰点草架。

举屋之法：如殿阁楼台，先量前后橑檐方心相去远近，分为三分，若余屋柱梁作，或不出跳者，则用前后檐柱心。从橑檐方背至脊槫背，举起一分，如屋深三丈，即举起一丈之类；如甋瓦②厅堂，即四分中举起一分。又通以四分所得丈尺③，每一尺加八分；若甋瓦廊屋及瓪瓦④厅堂，每一尺加五分；或瓪瓦廊屋之类，每一尺加三分。若两椽屋不加。其副阶或缠腰，并二分中举一分。

折屋之法：以举高尺丈，每尺折一寸，每架自上递减半为法。如举高二丈，即先从脊槫背上取平，下至橑檐方背，其上第一缝折二尺，右逢上第一缝槫背取平，下至橑檐方背，于第二缝折一尺，若椽数多，即逐缝取平，皆下至橑檐方背，每缝并减上缝之半。如第一缝二尺，第二缝一尺，第三缝五寸，第四缝二寸五分之类。如取平⑤，皆从槫心抨绳令紧为则。如架道不匀，即约度远近，随宜加减。以脊槫及橑檐方为准。

若八角或四角斗尖亭榭，自橑檐方背举至角梁底，五分中举一分；至上簇角梁，即两分中举一分。若亭榭只用瓪瓦者，即十分中举四分。

簇角梁之法⑥：用三折。先从大角梁背，自橑檐方心量，向上至枨杆卯心，取大角梁背一半，立上折簇梁，斜向枨杆举分尽处。其簇角梁上下并出卯。中、下折簇梁同。次从上折簇梁尽处量至橑檐方心？取大角梁背一半立中折簇梁，斜向上折簇梁当心之下。又次从橑檐方心立下折簇梁，斜向中折簇梁当心近下，令中折簇梁上一半与上折簇梁一半之长同，其折分并同折屋之制。唯量折以曲尺于弦上取方量之，用瓪瓦者同。

右入"大木作制度"。

【注释】①橑檐方：即橑檐枋。宋代斗栱外端用以承托屋檐之枋料。

②瓱（tóng）瓦：半圆形瓦。

③以四分所得丈尺：即前后橑檐枋间距的四分之一。

④瓯（bǎn）瓦：板瓦，弯曲弧度较小，片状的瓦。

⑤取平：这里指拉成一条直线。⑥簇角梁之法：用于平面是等边多角形的亭子上。

【译文】看详：——如今的举屋制度，要先测量前后橑檐枋的中线之间的距离，分为四份；从橑檐枋背到脊槫背四份中举起一份。虽然殿阁、厅堂、廊屋之类的建筑，略有增加，都以四份中举起一份为标准，制度与书上的说法相结合。如今严格按照《周官·考工记》的规定，制定以下条例。

举折的规制标准：先把丈缩小为尺、把尺缩小为寸、把寸缩小为分、把分缩小为厘、把厘缩小为毫的作图比例（即按照1∶10的比例），然后在平整的墙壁上画出要建造屋子的草图，测出屋子上举和下折的程度，进而标注出屋内梁柱的高低，卯眼的远近程度（也就是我们所说的"定测样"或是"点草架"）。

举屋的方法：若是殿阁楼台，要先测量前后橑檐枋的中线之间的距离，平均分成三份（若其他屋内用梁柱建造，或不出跳，那就测量前后檐柱中线的距离），从橑檐枋背到脊槫背举一份（例如，屋进深三丈，则举一丈，其他情况参照这个标准）。若是瓱瓦厅堂，则在四份中举一份。统一按照前后橑檐枋间距的四分之一，在每一尺上加八分，若是瓱瓦廊屋到瓯瓦厅堂，则每一尺加五分。若是瓯瓦廊屋这类建筑，则每一尺加三分（若是两椽屋，则不加，副阶或缠腰是二份中举一份）。

折屋的方法：参照举高的尺寸，每一尺折一寸，每架由上递减一半。若举高二丈，则先于脊槫背上取平，下到橑檐枋背部，其上第一缝折二尺；从右逢上第一缝的槫背取平，下到橑檐枋的背面，第二缝折一尺，如果椽比较多，就将每个缝逐一取平，都下到橑檐枋的背面，每一缝都比上一缝少一半（如第一缝为二尺，第二缝是一尺，第三缝是五寸，第四缝则是二寸五分以此类推）。如需取平，都是从榑心拉成一条直线为标准。若架道不均匀，则要估摸距离，视不同情况增减（以脊榑和梁檐方为标准）。

如果是八角或四角的斗尖亭榭，从橑檐枋背举高到角梁底部，五份中举一份，到上簇角梁处，是两份中举一份（若是使用瓪瓦建造的亭榭，则十份中举四份）。

簇角梁的方法：采用三次下折，首先从大角梁背，从橑檐枋的中线位置向上量到枨杆卯心，量取大角梁背的一半，立起上折簇梁，斜对着枨杆上举的最末位置（簇角梁上下都出卯，中折簇梁与下折簇梁一样）。其次从上折簇梁最末位置到橑檐枋的中线测量出大角梁背的一半，将中折簇梁竖立起，斜对着上折簇梁中心位置以下的部分，再次从橑檐枋的中线位置立起下折簇梁，斜对着中折簇梁向下的位置（使中折簇梁的一半等于下折簇梁的一半）。其折分法同于折屋的方法（量折时候用曲尺在弦上取方侧量，瓪瓦参照此法）。

以上都写入"大木作制度"。

诸作异名

今按群书修立"总释"，已具《法式》净条第一、第二卷内，凡四十九篇，总二百八十三条。今更不重录。

【译文】如今按照各类典籍修立"总释"，都全部列入《营造法式》的第一、第二卷内，有四十九篇，共计二百八十三条（如今就不需重复录入）。

看详：——屋室等名件，其数实繁。书传所载，各有异同；或一物多名，或方俗语滞。其间亦有讹谬相传，音同字近者，遂转而不改，习以成俗。今谨按群书及其曹所语，参详去取，修立"总释"二卷。今于逐作制度篇目之下，以古今异名载于注内，修立下条。

【译文】看详：——屋室等构件，数目繁多。书上所载和口口相传中，各不相同；或者是一物多名，或者是俗话俚语。流传过程中可能以讹传讹，音同字近，流传下来不做更改，习以成俗。现在严格按照各类书籍及俗称，仔细研究后，修立"总释"两卷。现在写入各制度篇目条例之下，古今异名都载入注释中，制定以下条例。

墙其名有五：一曰墙，二曰墉，三曰垣，四曰墽，五曰壁。
右入"壕寨制度"。

【译文】墙（它有五种叫法：一是墙，二是墉，三是垣，四是墽，五是壁）。
以上载入"壕寨制度"。

柱础其名有六：一曰础，二曰礩①，三曰碣②，四曰磩③，五曰碱④，六曰磉⑤。今谓之石碇。
右入"石作制度"。

【注释】①礩（zhì）：柱子下边的石礅子。

②碍（xì）：柱子下面的础石。

③磌（tián）：指柱子下边的石墩子。

④碱（zhú）：柱下面的石墩。

⑤磉（sǎng）：柱下的石礅。

【译文】柱础（它有六种叫法：一是础，二是礩，三是碍，四是磌，五是碱，六是磉。现在我们称为石碇）。

以上载入"**石作制度**"。

材其名有三：一曰章，二曰材，三曰方桁①。

【注释】①方桁（héng）：也称为材，包括柱头枋、罗汉枋等材料。

【译文】材（它有三种叫法：一是章，二是材，三是方桁）。

栱其名有六：一曰開①，二曰槉②，三曰欂③，四曰曲枅④，五曰栾，六曰栱。

【注释】①開（biàn）：门柱上的斗拱。

②槉（jí）：房柱上的弓形承重结构，即栱。

③欂（bó）：柱顶上承托栋梁的方木。

④枅（jī）：柱子上的支承大梁的方木。

【译文】栱（它有六种叫法：一是開，二是槉，三是欂，四是曲，五是栾，六是栱）。

飞昂其名有五：一曰櫼，二曰飞昂，三曰英昂，四曰斜角，五曰下昂。

【译文】飞昂（它有五种叫法：一是檐，二是飞昂，三是英昂，四是斜角，五是下昂）。

爵头其名有四：一曰爵头，二曰耍头，三曰胡孙头，四曰蜉蚁头。

【译文】爵头（它有四种叫法：一是爵头，二是耍头，三是胡孙头，四是蜉蚁头）。

枓其名有五：一曰棳①，二曰栭②，三曰栌，四曰楮，五曰枓。

【注释】①棳（jié）：斗拱，支承大梁的方木。
②栭（ér）：柱顶上支承梁的方木。
【译文】枓（它有五种叫法：一是棳，二是栭，三是栌，四是楮，五是枓）。

平坐其名有五：一曰阁道，二曰墱道，三曰飞陛，四曰平坐，五曰鼓坐。

【译文】平坐（它有五种叫法：一是阁道，二是墱道，三是飞陛，四是平坐，五是鼓坐）。

梁其名有三：一曰梁，二曰亲廇①，三曰欐。

【注释】①亲廇（máng liù）：房屋的大梁。
【译文】梁（它有三种叫法：一曰梁，二曰亲廇，三曰欐）。

柱其名有二：一曰楹，二曰柱。

【译文】柱(它有两种叫法：一是楹，二是柱)。

阳马其名有五：一曰觚棱，二曰阳马，三曰阙角，四曰角梁，五曰梁抹。

【译文】阳马(它有五种叫法：一是觚棱，二是阳马，三是阙角，四是角梁，五是梁抹)。

侏儒柱①其名有六：一曰棁②，二曰侏儒柱，三曰浮柱，四曰楯③，五曰楹，六曰蜀柱。

【注释】①侏儒柱：也称蜀柱，指立于梁上的短柱。
②棁(zhuō)：梁上的短柱。
③楯(zhuō)：梁上的短柱。

【译文】侏儒柱(它有六种叫法：一是棁，二是侏儒柱，三是浮柱，四是楯，五是楹，六是蜀柱)。

斜柱其名有五：一曰斜柱，二曰梧，三曰迕，四曰枝樘，五曰叉手。

【译文】斜柱(它有五种叫法：一是斜柱，二是梧，三是迕，四是枝樘，五是叉手)。

栋其名有九：一曰栋，二曰桴①，三曰檼②，四曰棼③，五曰薨④，六曰极，七曰槫⑤，八曰檁⑥，九曰榜。

【注释】①桴(fú)：房屋的次栋，即二栋。

②檼（yǐn）：屋脊。

③棼（fén）：指阁楼的栋。

④甍（méng）：指屋脊、屋栋。

⑤槫（tuán）：檩。位于草栿之上用以承椽。其中位于三架梁的正中，蜀柱叉手上的称为脊槫；位于三架梁两端的称为上平槫；位于四椽栿两端的称为中平槫。

⑥檩（lǐn）：用于架跨在房梁上起托住椽子或屋面板作用的小梁。亦称"桁"。

【译文】栋（它有九种叫法：一是栋，二是桴，三是檼，四是棼，五是甍，六是极，七是槫，八是檩，九是櫋）。

搏风版其名有二：一曰荣，二曰搏风。

【译文】搏风版（它有两种叫法：一是荣，二是搏风）。

柎其名有三：一曰柎，二曰复栋，三曰替木。

【译文】柎（它有三种叫法：一是柎，二是复栋，三是替木）。

椽其名有四：一曰桷①，二曰椽，三曰榱②，四曰橑③。短椽，其名有二：一曰栋，二曰禁楄。

【注释】①桷（jué）：指方形的椽子。

②榱（cuī）：指架屋承瓦的木头，其中方形的称为"榱"，圆形的称为"椽"。

③橑（liáo）：屋椽。

④禁楄(piān)：宫殿建筑的短椽木。

【译文】椽(它有四种叫法：一是桶，二是椽，三是榱，四是橑。短椽，有两种叫法：一是栋，二是禁楄)。

檐其名有十四：一曰宇，二曰檐，三曰橑①，四曰楣，五曰屋垂，六曰梠，七曰棂，八曰联櫋，九曰橝②，十曰庌③，十一曰庑④，十二曰槾⑤，十三曰槐⑥，十四曰庮⑦。

【注释】①橑(dī)：屋檐。

②橝(diàn)：屋檐。

③庌(yǎ)：大厅、厅堂。

④庑(wǔ)：屋檐。

⑤槾(màn)：屋檐。

⑥槐(pí)：屋檐。

⑦庮(yóu)：指古建筑的屋檐。

【译文】檐(它有十四中叫法：一是宇，二是檐，三是橑，四是楣，五是屋垂，六是梠，七是棂，八是联櫋，九是橝，十是庌，十一是庑，十二是槾，十三是槐，十四是庮)。

举折其名有四：一曰陠，二曰峻，三曰陠峭，四曰举折。

右入"大木作制度"。

【译文】举折(它有四种叫法：一是陠，二是峻，三是陠峭，四是举折)。

以上载入"大木作制度"。

乌头门其名有三：一曰乌头大门，二曰表楬①，三曰阀阅。今呼为棂星门。

【注释】①楬（jiē）：作标记用的小木桩。

【译文】乌头门（它有三种叫法：一是乌头大门，二是表楬，三是阀阅；今呼为棂星门）。

平棊①其名有三：一曰平机，二曰平橑，三曰平棊，俗谓之平起。其以方椽施素版者，谓之平闇。

【注释】①平棊（qí）：即如今的天花板，古代也叫做"承尘"。

【译文】平棊（它有三种叫法：一是平机，二是平橑，三是平棊，俗称平起。在方椽上安置没有花纹的版子，称作平闇）。

斗八藻井其名有三：一曰藻井，二曰圜泉，三曰方井。今谓之斗八藻井。

【译文】斗八藻井（它有三种叫法：一是藻井；二是圜泉；三是方井，现在叫斗八藻井）。

钩阑其名有八：一曰棂槛，二曰轩槛，三曰栊①，四曰梐牢，五曰阑楯②，六曰柃，七曰阶槛，八曰钩阑。

【注释】①栊（lóng）：窗上格木；窗户。
②楯（shǔn）：阑槛横木，指阑干。

【译文】钩阑（它有八种叫法：一是棂槛；二是轩槛；三是栊；四是梐牢；五是阑楯；六是柃；七是阶槛；八是钩阑）。

拒马叉子其名有四：一曰梐枑[1]，二曰梐拒，三曰行马，四曰拒马叉子。

【注释】①梐枑(bì hù)：指古代官署前拦挡行人的栅栏，用木条交叉制成。

【译文】拒马叉子(它有四种叫法：一是梐枑；二是梐拒；三是行马；四是拒马叉子)。

屏风其名有四：一曰皇邸，二曰后版，三曰扆[1]，四曰屏风。

【注释】①扆(yǐ)：指古代宫殿内设在门和窗之间的大屏风。

【译文】屏风(它有四种叫法：一是皇邸，二是后版，三是扆，四是屏风)。

露篱其名有五：一曰櫋[1]，二曰栅，三曰櫄[2]，四曰藩，五曰落。今谓之露篱。

右入"小木作制度"。

【注释】①櫋(lí)：藩篱。
②櫄(qú)：篱笆。

【译文】露篱(它有五种叫法：一是櫋，二是栅，三是櫄；四是藩；五是落。现在叫做露篱)。

以上载入"小木作制度"。

涂其名有四：一曰垷[1]；二曰墐[2]；三曰涂；四曰泥。

右入"泥作制度"。

【注释】①垷（xiàn）：涂抹。

②墐（jìn）：指用泥涂塞。

【译文】涂（它有四种叫法：一是垷；二是墐；三是涂；四是泥）。

以上载入"泥作制度"。

阶其名有四：一曰阶，二曰陛，三曰陔^①，四曰墒。

右入"砖作制度"。

【注释】①陔（gāi）：台阶的层次。

【译文】阶（它有四种叫法：一是阶，二是陛，三是陔，四是墒）。

瓦其名有二：一曰瓦，二曰甋。

【译文】瓦（它有二种叫法：一是瓦，二是甋）。

以上载入"砖作制度"。

砖其名有四：一曰甓^①，二曰瓴甋^②，三曰毂，四曰甊砖

右入"窑作制度"。

【注释】①甓（pì）：古代指砖。

②瓴甋（líng dì）：砖块。

【译文】砖（它有四种叫法：一是甓，二是瓴甋，三是毂，四是甊砖）。

以上载入"窑作制度"。

总诸作看详

看详：——先准朝旨，以《营造法式》旧文只是一定之法。

及有营造，位置尽皆不同，临时不可考据，徒为空文，难以行用，先次更不施行，委臣重别编修。今编修到海行《营造法式》"总释"并"总例"共二卷，"制度"一十三卷，"功限"一十卷，"料例"并"工作等第"共三卷，"图样"六卷，"目录"一卷，总三十六卷；计三百五十七篇，共三千五百五十五条。内四十九篇，二百八十三条，系于经史等群书中检寻考究。至或制度与经传相合，或一物而数名各异，已于前项逐门看详立文外，其三百八篇，三千二百七十二条，系自来工作相传，并是经久可以行用之法，与诸作谙会经历造作工匠详悉讲究规矩，比较诸作利害，随物之大小，有增减之法，谓如版门制度，以高一尺为法，积至二丈四尺；如枓栱等功限，以第六等材为法，若材增减一等，其功限各有加减法之类。各于逐项"制度""功限""料例"内创行修立，并不曾参用旧文，即别无开具看详，因依其逐作造作名件内，或有须于画图可见规矩者，皆别立图样，以明制度。

【译文】看详：——之前遵循圣旨，因为《营造法式》旧版只是特定条件下的规则。等到施工营造的时候，建筑构件实际地方都各不相同，无法临时考据，只是徒有空名，没有使用价值，无法通行运用，之前的法规无法实施，让我重新编修。现在修成可以通行天下的《营造法式》"总释"和"总例"共二卷，"制度"十三卷，"功限"十卷，"料例"和"工作等第"共三卷，"图样"六卷，"目录"一卷，总计三十六卷；三百五十七篇，共三千五百五十五条条例。其中四十九篇，二百八十三条，来自于经史等古书通过检验考察后使用的。至于制度与史书上的说法相结合的条例，或者是同一物件不同叫法的，已经详细罗列在看详篇中，此外的三百八篇，三千二百七十二条，都自来工匠工作相传，且经时间验证是可通行天下的规则，经过与经验丰富的工匠的详细研究，讨论各种工艺的优缺点，根据物件的大小，制定增减之法（例如版门制度，以高一尺为标准，累计到二丈四尺；若是枓栱等的功限，以第六等材为标准，若材增减一等，其功限则根据实际情况进行增减），分别逐项在"制度""功限""料例"内另外制定标准，且不参考前代的典籍，即没有另写看详，因各建筑构件，或者有需要画图来解释的话，都需要另外画出图样，用来阐明其制度。

卷第一

总释上

宫

《易·系辞下》："上古穴居而野处，后世圣人易之以宫室，上栋下宇，以待风雨。"

《诗》："作于楚宫，揆之以日，作于楚室。"

《礼记·儒有》："一亩之宫，环堵之室。"

《尔雅》："宫谓之室，室谓之宫。"皆所以通古今之异语，明同实而两名。"室有东、西厢曰庙；夹室前堂。无东、西厢有室曰寝；但有大室。西南隅谓之奥，室中隐奥处。西北隅谓之屋漏，《诗》曰，尚不愧于屋漏，其义未详。东北隅谓之宦①，宦见《礼》，亦未详。东南隅谓之窔②。《礼》曰：'归室聚窔，窔亦隐闇。'"

《墨子》："子墨子曰：古之民，未知为宫室时，就陵阜而居，穴而处，下润湿伤民，故圣王作为宫室之法曰：宫高足以辟润湿，旁足以圉③风寒，上足以待霜雪雨露；宫墙之高，足以别男女之礼。"

《白虎通义》:"黄帝作宫。"

《世本》:"禹作宫。"

《说文》:"宅,所托也。"

《释名》:宫,穹也。屋见于垣上,穹④崇然也。室,实也;言人物实满其中也。寝,寝也,所寝息也。舍,于中舍息也。屋,奥也;其中温奥也。宅,择也;择吉处而营之也。

《风俗通义》:"自古宫室一也。汉来尊者以为号,下乃避之也。"

《义训》:"小屋谓之廑⑤。"音近。"深屋谓之庝。"音同。"偏舍谓之庌。"音亶。"庌谓之庩。"音次。"宫室相连谓之謻⑥。"直移切。"因岩成室谓之广。"音俨。"坏室谓之庘。"音压。"夹室谓之厢。""塔下室谓之龛⑦。""龛谓之椌⑧。"音空。"空室谓之康良。"上音康,下音郎。"深谓之邖邖。"音欥。"颓谓之䜌䜌。"上音批,下音甫。"不平谓之庸庩。"上音遒,下音途。

【注释】①宦(yí):屋子里的东北角。
②窔(yào):室中东南角。
③圉:通"御",抵挡,防御。
④穹:隆起。
⑤廑:指小屋,临时性、暂时性的居所。
⑥謻(yí):古代宫殿的侧门。
⑦龛:小窟或小屋。
⑧椌:古代塔下宫室的名称。
【译文】《易·系辞》上说:"远古时期的人们住在洞穴里,在野

外活动，之后的贤能之人开始建造屋室，他们建造的屋室上边是栋梁，栋梁下边是屋檐，可以用来遮风避雨。"

《诗经》上说："（宫室营造之时即定星行于中天之时）接着就趁着吉时开始动手营造楚宫，利用太阳的影子来测定方向，楚丘开始正式建造宫室。"

《礼记》上说："儒者有一亩之大的宅院，住的房间只有一丈见方，四周围绕着一圈土墙。"

《尔雅》上说："宫指的就是室，室指的就是宫（这只是因为古今对同一个物体有两种不同的说法，实则就是一个物体有两个名称）。"由东、西厢房组成的室称为庙（东、西厢房称为夹室前堂）；没有东、西厢房（但是有大室）的称之为寝。室的西南角被称为奥（古代室中隐奥的地方，指房屋的西南角，同时也是设立神位或尊位的地方），西北角被称为屋漏（古时会把小帐安置在室内西北角），东北角被称为宦（据《礼》中的记载，宦字可能是指奴仆站立的位置），东南角被称为窔（《礼记》中说：'回家后就在窔聚集，越发显得窔幽深'）。"

《墨子》上说："先生墨子说过：'远古时期，人们还不懂修建宫室的时候，就选择靠近山陵的地方居住，有的人以洞穴为住所，因为地下湿气重，会对人体造成伤害。所以圣王就开始建造宫室，并规定了建造宫室的标准：宫室修建的高度能够躲避潮湿，四周围墙能够抵御风寒，上边房顶能够防御风、霜、雨、雪，宫墙的高度还能够分隔男女，从而使男女有别。"

《白虎通义》上说："黄帝为了抵御寒暑建造了宫室。"

《世本》上说："禹受到尧帝的指派建造了宫室。"

《说文解字》上说："住宅，是可以安居的地方。"

《释名》上说：宫也就是穹，中央隆起四周垂下。屋顶搭建在四周墙壁之上，这样房子就显得很宏伟。室即充实；说的是人和器物充满了整间屋子。寝即寝，是人们睡觉休憩的地方。舍，是可以在其中休息休养的地方。屋即奥；在里面既温暖又隐蔽。宅即择；选择风水好的地方建造房屋。

《风俗通义》上说："自古以来'宫'和'室'是一样的。自汉以后，'宫室'就成了地位尊贵的人的特有名词，而地位低下的人就避开这种叫法，把他们自己住的地方称为'室'。"

《义训》上说："小屋被称为廑（与近同音）。""深屋被称为庝（与同同音）。""偏屋被称为庌（与亶同音）。""庌被称为康（与次同音）。""相连的宫与室被称为謻。""依靠山岩筑造而成的房屋被称作广（与俨同音）。""有所损毁的房屋被称作庮（与压同音）。""夹室被称作是厢。""塔下的房屋被称作龛。""龛即栊（与空同音）。""空室被称作廤（与康音同）庰（与郎同音）。""里屋被称作狋狋（与軦音同）。""倒塌毁坏的房屋被称作敾（与批同音）敆（与甫音同）。""不平的房屋被称作庯（与逋音同）庩（与途音同）。"

阙

《周官》："太宰以正月示治法于象魏[①]。"

《春秋公羊传》："天子诸侯台门；天子外阙两观，诸侯内阙一观。"

《尔雅》："观谓之阙。"宫门双阙也。

《白虎通义》："门必有阙者何？阙者，所以释门，别尊卑也。"

《风俗通义》："鲁昭公设两观于门，是谓之阙。"

《说文》："阙，门观也。"

《释名》："阙，阙也，在门两旁，中央阙然为道也。观，观也,于上观望也。"

《博雅》:"象魏,阙也。"

崔豹《古今注》:"阙,观也。古者每门树两观于前,所以标②表宫门也。其上可居,登之可远观。人臣将朝,至此则思其所阙,故谓之阙。其上皆垩土③,其下皆画云气、仙灵、奇禽、怪兽,以示四方,苍龙、白虎、元武、朱雀,并画其形。"

《义训》:"观谓之阙。""阙谓之皇。"

【注释】①象魏:即阙,古代天子、诸侯宫门外的一对高建筑。

②标:标榜的意思。

③垩(è)土:白色的土。

【译文】《周官》上说:"正月初一,太宰把法典悬挂于象魏之上,让各国诸侯和王畿内的采邑明了法典内容。"

《春秋公羊传》上说:"天子和诸侯的门楼可以建有高台;天子的阙在外边,建有两座高台;诸侯的阙在里边,建有一座高台。"

《尔雅》上说:"人们把观称为阙(皇宫门前两边的楼台用来瞭望)。"

《白虎通义》上说:"在宫门前为什么一定要有阙门呢?其实,修建阙门是为了衬托宫门,区别尊卑。"

《风俗通义》上说:"鲁昭公在门前建造了两个楼台,称之为阙。"

《说文解字》上说:"阙,就是门上建造的观。"

《释名》上说:"阙是围墙缺口两侧的建筑,在门之两旁,而两阙之间的空隙就是可供进出的道路。观,是在阙门上边瞭望的地方。"

《博雅》上说:"象魏,也就是阙。"

崔豹的《古今注》上说:"阙即观。筑造于宫室前面,是表明宫门位置之所在的建筑。阙里可以居住，阙上可以瞭望远处。大臣们上朝，到了此地就要思考自己是否有所疏漏，因此将它称为阙。阙的上面是白色的土墙，下面都画有云气、仙灵、奇禽、怪兽等，用苍龙、白虎、玄武、朱雀来代表四个方位，画面栩栩如生。"

《义训》上说："观被称为阙。""阙被称为皇。"

殿堂附

《苍颉篇》："殿，大堂也。"徐坚注云：商周以前其名不载，《秦本纪》始曰"作前殿"。

《周官·考工记》："夏后氏世室，堂修二七，广四修一；殷人重屋，堂修七寻，堂崇三尺；周人明堂，东西九筵，南北七筵，堂崇一筵。"郑司农注云：修，南北之深也。夏度以"步"，今堂修十四步，其广益以四分修之一，则堂广十七步半。商度以"寻"，周度以"筵"，六尺曰步，八尺曰寻，九尺曰筵。

《礼记》："天子之堂九尺，诸侯七尺，大夫五尺，士三尺。"

《墨子》："尧舜堂高三尺。"

《说文》："堂，殿也。"

《释名》："堂，犹堂堂，高显貌也；殿，殿鄂也。"

《尚书·大传》："天子之堂高九雉，公侯七雉[①]，子男五雉。"雉长三尺。

《博雅》："堂堭[②]，殿也。"

《义训》："汉曰殿，周曰寝。"

【注释】①雉：古代计算城墙面积的单位。长三丈、高一丈为一雉。
②堭：殿堂。

【译文】《仓颉篇》上说："殿，就是大堂（徐坚注释说：殿的名称在商、周两代以前未见记载，到了《秦本纪》中才有了"先作阿房前殿"的记载）。"

《周官·考工记》上说："夏后氏建造的明堂，南北为十四步，东西为十七步半；商朝修筑的明堂，南北为七寻，堂基高三尺；周朝修筑的明堂，东西宽九筵，南北长七筵，堂基高一筵（司农郑众注释说：修指的是南北长度。夏朝以"步"作为长度单位，比如明堂的长为十四步，宽最好是逢四加一，也就是十七步半。商朝以"寻"作为长度单位，周朝以"筵"作为长度单位，基本换算公式为：一步等于六尺，一寻等于八尺，一筵等于九尺）。"

《礼记》上说："天子的朝堂高九尺，诸侯的官府高七尺，大夫的厅堂高五尺，士的厅堂高三尺。"

《墨子》上说："帝尧和帝舜的朝堂高三尺。"

《说文解字》上说："堂，指的就是殿。"

《释名》上说："堂，即堂堂，宏大辉煌的样子；殿，高大凸起的建筑。"

《尚书·大传》上说："天子的殿堂高九雉，公侯的府堂有高七雉，子男的厅堂高五雉（一雉等于三尺）。"

《博雅》上说："堂堭，指的就是殿。"

《义训》上说："汉朝称殿，周朝称寝。"

楼

《尔雅》："狭而修曲曰楼。"

《淮南子》："延楼栈道，鸡栖井干①。"

《史记》："方士言于武帝曰：黄帝为五城十二楼以候神人。

帝乃立神明台井干楼，高五十丈。"

《说文》："楼，重屋②也。"

《释名》："楼谓牖③户之间有射孔，慺慺然也。"

【注释】①井干：指井干式结构，一种不用立柱和大梁的房屋结构。

②重屋：屋顶分两层的房屋，指楼阁。

③牖（yǒu）：本意指窗户，古建筑中室和堂之间的窗子。

【译文】《尔雅》上说："狭窄且修长弯曲的建筑被称之为楼。"

《淮南子》上说："高楼间架空的通道，鸡舍、水井采用的是井干式结构。"

《史记》上说："方士对汉武帝说：'黄帝建造了五座城池、十二座高楼来迎接神仙。'汉武帝于是建造了神明台、井干楼，有五十五丈高。"

《说文解字》上说："楼，就是楼阁。"

《释名》上说："被称作'楼'的主要原因在于门窗之间有射孔，光线照进屋内，显得十分明亮。"

亭

《说文》："亭，民所安定也。亭有楼，从高省①，从丁声也。"

《释名》："亭，停也，人所停集也。"

《风俗通义》："谨按春秋国语有寓望②，谓今亭也。汉家因秦，大率十里一亭。亭，留也；今语有'亭留''亭待'，盖行旅宿食之所馆也。亭，亦平也；民有讼净③，吏留辨处，勿失其正也。"

【注释】①从高省：指"亭"字取自"高"字的上半部分，省去了下面的"口"字。

②寓望：古代边境上所设置的以备瞭望、迎送的楼馆。

③诤：纷争。

【译文】《说文解字》上说："亭，是人民可以安稳生活的地方。在亭的高处有瞭望楼，'亭'字取自'高'字的上半部分，省去了下面的'口'字，读的时候从'丁'的发音。"

《释名》上说："亭，就是停，是行旅停歇的地方。"

《风俗演义》上说："《春秋》《国语》中提到'古代边境上所设置的以备瞭望、迎送的楼馆'，称之为亭。汉承秦制，大概十里建一亭。亭，也就是留，所以现在用语中有"亭留""亭待"，它们都是指为旅者提供食宿的场所。亭，也指公平，是百姓有纠纷需要打官司时，官吏留下当事者进行审理办案的地方，以求不失其公平。"

台 榭

《老子》：九层之台，起于累①土。

《礼记·月令》：五月可以居高明，可以处台榭。

《尔雅》：无室曰榭。榭，即今堂埠。

又：观四方而高曰台，有木曰榭。积土四方者。

《汉书》：坐皇堂上。室而无四壁曰皇。

《释名》：台，持也。筑土坚高，能自胜持②也。

【注释】①累：堆积、累积。

②持：保持。

【译文】《老子》上说："九层高台，是用一筐一筐的土堆积起来的。"

《礼记·月令》上说："五月份，可以住在高处明亮的地方，也可以住在亭台楼榭间。"

《尔雅》上说："没有房间用以隔离的地方就称作榭（榭，也就是现在的堂埕）。"

又说："建在高处，站在上面能够观望到四方的称之为台，用木头架起来的称为榭（台是用土建成正方形平台）。"

《汉书》上说："坐于宽敞明亮的殿堂之上（没有四周墙壁的房间称为皇）。"

《释名》上说：台，有保持之意。土筑的越高越坚固，就能够越长久地保持原貌。

城

《周官·考工记》："匠人营国，方九里，旁三门。国中九经九纬，经涂九轨。王宫门阿之制五雉，宫隅之制七雉，城隅之制九雉。"国中，城内也。经纬，涂也。经纬之涂，皆容方九轨。轨谓辙广，凡八尺。九轨积七十二尺。雉长三丈，高一丈。度高以"高"，度广以"广"。

《春秋左氏传》："计丈尺，揣高卑，度厚薄，仞沟洫，物土方，议远迩，量事期，计徒庸，虑材用，书糇①粮，以令役，此筑城之义也。"

《公羊传》："城雉者何？五版而堵，五堵而雉，百雉而城。"天子之城千雉，高七雉；公侯百雉，高五雉；子男五十雉，高三雉。

《礼记·月令》："每岁孟秋之月，补城郭；仲秋之月，筑城郭。"

《管子》："内之为城，外之为郭。"

《吴越春秋》："鲧②越筑城以卫君，造郭以守民。"

《说文》："城，以盛民也。墉，城垣也。堞③，城上女垣也。"

《五经异义》："天子之城高九仞，公侯七仞，伯五仞，子男三仞。"

《释名》："城，盛也，盛受国都也。郭，廓也，廓落在城外也。城上垣谓之睥睨④，言于孔中睥睨非常也；亦曰陴⑤，言陴助城之高；亦曰女墙，言其卑小，比之于城，若女子之于丈夫也。"

《博物志》："禹作城，强者攻，弱者守，敌者战。城郭自禹始也。"

【注释】①糇（hóu）粮：干粮。

②鲧（gǔn）：中国远古传说中的人物，是大禹的父亲。

③堞（dié）：城上如齿状的矮墙。

④睥睨：原意是指斜着眼睛看，意指高傲，瞧不起人。此处是指城墙居高临下，从城墙洞里看出去就像用眼睛高傲地看人一般。

⑤陴（pí）：城上的矮墙。亦称"女墙"；俗称"城垛子"。

【译文】《周官·考工记》上说："工匠建造城池，方圆九里，城墙每侧都有三个城门。有三条南北方向的干道，每条干道由三条南北道路组成；有三条东西方向的干道，每条干道由三条东西方向的道路组成，这些道路可供九辆车并列行驶。王宫的宫门有五雉高，宫墙有七雉高，城墙有九雉高（国中，指的就是城里面。经纬，指的是南北方向和东西方向的道路。这些道路，都可以供九辆车并列行驶。轨也称辙广，轨的宽度一般等于八尺。九轨就是七十二尺。雉的长度一般为三丈，高为一丈。可以用其高来度量物体的高度，用其长度来度量物体的长度）。"

《春秋左氏传》上说："计算城墙的长度，估量城墙的高低，度量城墙的宽度，测量护城河的深度，寻找构筑城墙的土方，讨论运输的路线，估算工程的工期，计算工程服劳役的数量，考虑工程的材料用度，提前准备工程修造要用的粮食，以此来让参与修建城墙的诸侯共同承担物资耗费，这就是构筑城墙的方案。"

《公羊传》上说："什么是城雉？一堵由五版构成，一雉由五堵构成，一座城池由百雉构筑（天子的城池面积有上千雉，七雉高；王公诸侯的城池面积为上百雉，五雉高；子爵和男爵的城池面积只有五十雉，三雉高）。"

《礼记·月令》上说："每年到了七月，开始修补城墙；到了八月，开始构筑城墙。"

《管子》上说："内城的墙被称为城，外城的墙被称为郭。"

《吴越春秋》上说："鲧修筑了内城来保卫国君，筑建了外城来守卫百姓。"

《说文解字》上说："城池，就是百姓在里面生活的地方。墉，指的是城墙。堞，指的就是城墙上砌有射孔的小墙，即女墙。"

《五经异义》上说："天子的城池高九仞，王公诸侯的城池高七仞，伯爵的城池高五仞，子爵和男爵的城池高三仞。"

《释名》上说："城，即盛，能把整个国都都装进去。郭，即廓，廓位于城外。城墙上的矮墙被称之为睥睨，意思就是可以透过这个墙向外窥视，用来观察突发的情况；这种墙也被称为陴，就是说陴可以使城池变的更高；也叫做女墙，就是指它与城墙相比很矮小，就像女子与男子的对比一样。"

《博物志》上说:"大禹修筑了城墙,强大时可用来进攻,衰弱时可用来防守,敌人入侵时可以凭借城墙与之交战。内外城相结合自大禹时就开始建造了。"

墙

《周官·考工记》:"匠人为沟洫,墙厚三尺,崇三之。"高厚以是为率,足以相胜。

《尚书》:"既勤垣墉。"

《诗》:"崇墉屹屹。"

《春秋左氏传》:"有墙以蔽恶。"

《尔雅》:"墙谓之墉。"

《淮南子》:"舜作室,筑墙茨屋,令人皆知去岩穴,各有室家,此其始也。"

《说文》:"堵,垣也;五版为一堵。""壛,周垣也。""㙻,卑垣也。""壁,垣也。""垣蔽曰墙。""栽,筑墙长版也。今谓之膊版;干,筑墙端木也。"今谓之墙师。

《尚书·大传》:"天子贲墉,诸侯疏杼。"贲,大也,言大墙正道直也。疏,犹衰也。杼亦墙也;言衰杀其上,不得正直。

《释名》:"墙,障也,所以自障蔽也。""垣,援也,人所依止以为援卫也。""墉,容也,所以隐蔽形容也。""壁,辟也,所以辟御风寒也。"

《博雅》:"壛、力雕切。隊、音篆。墉、院、音桓。廦,音壁,又即壁反。墙垣也。"

《义训》："庀，音毛。楼墙也。""穿垣谓之窒。"音空。"为垣谓之厽。"音累。"周谓之藔。"音了。"藔谓之窔。"音垣。

【译文】《周官·考工记》上说："工匠建造沟渠，墙体厚三尺，高度是厚度的三倍（建筑高度和厚度的比例是固定的，这样才能够相互包容）。"

《尚书》上说："勤劳地修筑了垣墙。"

《诗经》上说："城墙高耸。"

《春秋左氏传》上说："有围墙就可以掩蔽恶行。"

《尔雅》上说："墙，被称为墉。"

《淮南子》上说："舜建造了屋室，以土石砌墙以茅草为顶，于是人们都知道离开了洞穴，各自建造了自己的房屋，拥有了自己的家庭，就是从这时开始建造房屋的。"

《说文解字》上说："堵即墙；一堵等于五版。""藔即围墙。""圬即矮墙。""壁是墙。""垣蔽也是墙。""栽就是筑墙用的长版（如今称为"膊版"）。""干是筑墙时用在两端的木材（如今称为"墙师"）。"

《尚书·大传》上说："天子有贲庸，诸侯有衰墙（贲，即大，就是说高墙修建得宏伟气派。疏，即衰。杚，即墙。衰墙就是显得不方正没气势）。"

《释名》上说："墙，即是障，可以用来遮挡、遮蔽。""垣，即是援，人们既可以依靠它等待救援，也能依托它进行防卫。""墉，即是容，可以用来遮掩形体容貌。""壁，即是辟，可以用来躲避风雨，抵御寒冷。"

《博雅》上说："藔、隊（与篆同音）、墉、院（与桓同音）、廦（与壁同音），它们都是墙垣的意思。"

《义训》上说："庀（与毛同音），即楼墙。""穿垣被称为窒

（与空同音）。”“为垣被称为厽（与累同音）。”“周被称作墝（与了同音）。”“墝被称为窦（与垣同音）。”

柱 础

《淮南子》：“山云蒸，柱础润。”

《说文》：“櫍①，之日切。柎②也，柎，阑足也。”“楮③，章移切。柱砥也。古用木，今以石。”

《博雅》：“础、碣、音昔。磌，音真，又徒年切。礩也。”“镵，音谗。谓之铍。音披。”“镌，醉全切，又予兖切。谓之鏨。惭敢切。”

《义训》：“础谓之碱。”仄六切。“碱谓之礩。”“礩谓之碣。”“碣谓之磉。”音颡，今谓之石锭，音顶。

【注释】①櫍（zhì）：柱子下边的石礅子。

②柎（fū）：钟鼓架的足，亦泛指器物的足。

③楮（zhī）：指柱子下面的木础或石础。

【译文】《淮南子》上说：“山上云雾升腾，柱子下的基石就会湿润。”

《说文解字》上说：“櫍即是柎。”“柎即为阑足。”“楮即为柱砥。古时候用的是木材，如今用的是石材。”

《博雅》上说：“础、碣（与昔同音）、磌（与真同音）即为礩。”“镵（与谗同音）被称作铍（与披同音）。”“镌被称作鏨。”

《义训》上说：“础被称作碱。”“碱被称作礩。”“礩被称作碣。”“碣被称作磉（与颡同音，现在叫做石锭。锭与顶同音）。”

定 平

《周官·考工记》："匠人建国，水地以悬。"于四角立植而垂，以水望其高下，高下既定，乃为位而平地。

《庄子》："水静则平中准，大匠取法焉。"

《管子》："夫准，坏险以为平。"

【译文】《周官·考工记》上说："工匠建造城邑，应用悬挂重物的方式，以水平法定地平（在四个角树立标杆，使它垂直于地面，用水平法查看它们的高低，确定高低以后，才能根据他们的位置平整土地）。"

《庄子》上说："水面静止的时候就是水平的标准，大匠采用的就是这种方法来判断是否水平的。"

《管子》上说："准器，可以破险为平。"

取 正

《诗》："定之方中。"又："揆之以日。"定，营室也；方中，昏正四方也；揆，度也。度日出日入以知东西；南视定，北准极，以正南北。

《周官·天官》："惟王建国，辨方正位"。

《考工记》："置槷以悬，视以景。为规识日出之景与日入之景；夜考之极星，以正朝夕。"自日出而画其景端，以至日入既，则为规。测景两端之内规之，规之交，乃审也。度两交之间，中屈之以指槷，则南北正。日中之景，最短者也。极星，谓北辰。

《管子》："夫绳，扶拨以为正。"

《字林》："楗，时钏切。垂臬望也。"

《匡谬正俗·音字》："今山东匠人犹言垂绳视正为楗也"。

【译文】《诗经》上说："十月之交，营室星行至当空。"又说："根据日影来测量方向（定，就是营室星；方中，昏中而正，宜定方位；揆，即度，测量的意思；根据日出日落可以判断东西方向；"南"已确定，以此来确定"北"，这样就能够确定南北方向）。"

《周礼·天官》上说："只有建造国都的时候，才会辨别四方，端正方位"。

《考工记》上说："树立标杆，以悬绳校直，观察日影，画圆，分别识记日出与日落时的杆影。白天参究日中时的杆影，夜里考察北极星的方位，用以确定东西（南北）的方向（从日出到日落全程记录下标杆影子的变化，根据观测可以得出日出日落的规律。记录影子两端之间的距离变化，观测日升日落的变化，就是审。测量两端之间的影线，如果与标杆重合，那么南北的方位就是正确的，其中可以看出，到了太阳高挂于中天时，影子最短。极星，就指北极星）。"

《管子》上说："绳墨，可以扶偏为正。"

《字林》上说："楗，就是竖立一根标杆，用来观察日影变化。"

《匡谬正俗·音字》上说："如今山东地区的工匠还会把垂绳取正叫做楗。"

材

《周官》："任工以饬材事。"

《吕氏春秋》："夫大匠之为官室也，景小大而知材木矣。"

《史记》："山居千章之楸①。"章，材也。

班固《汉书》："将作大匠②属官有主章长丞。"旧将作大匠主材吏名章曹掾。

又《西都赋》："因瓌材③而究奇。"

弁兰《许昌宫赋》："材靡隐而不华。"

《说文》："栔，刻也。"栔音至。

《傅子》："构大厦者，先择匠而后简材。"今或谓之方桁，桁音衡；按构屋之法，其规矩制度，皆以章栔为祖。今语，以人举止失措者，谓之"失章失栔"盖此也。

【注释】①楸（qiū）：落叶乔木，干高叶大，木材质地致密，耐湿，可造船，亦可做器具。

②将作大匠：指古代主管土木建筑工程的官员。

③瓌材：珍奇的栋、梁、材。瓌，同"瑰"。

【译文】《周官》上说："任命工匠来管理材料方面的事情。"

《吕氏春秋》上说："那些大匠建造宫室时，估量一下其大小，就知道用多少木材。"

《史记》上说："山中可出产千株楸树（章，指的就是材）。"

班固在《汉书》上说："将作大匠的下属是主章长丞，主要职责是管理材料（古时把主管材料的将作大匠称作曹掾）。"

在《西都赋》上又讲："根据材料的珍奇之处来制造各种奇巧的式样。"

弁兰在《许昌宫赋》上说："要选择细腻而不浮华的木材。"

《说文解字》上说："栔（与至同音），指的是刻。"

《傅子》上说："准备建造大厦的人，一定要先挑选工匠然后再挑选合适的材料（如今有人将这称为"方桁"，桁与"衡"同音。按照建造房屋的法规，其规矩制度都是以章栔为祖例的。今天，人们举止失当，通常会被称为"失章失栔"，可能就是来源于此）。"

栱

《尔雅》："开谓之槉①。"柱上构也，亦名枅，又曰楶。開，音弁。槉，音疾。

《苍颉篇》："枅②，柱上方木。"

《释名》："欒，挛也；其体上曲，挛拳然也。"

王延寿《鲁灵光殿赋》："曲枅要绍而环句。"曲枅，栱也。

《博雅》："欂③谓之枅，曲枅谓之挛。"枅音古妍切，又音鸡。

薛综《西京赋》注"：欒，柱上曲木，两头受栌者。

左思《吴都赋》："雕欒镂楶④。"欒，栱也。

【注释】①槉：房柱上的弓形承重结构，即栱。

②枅：柱子上的支承大梁的方木。

③欂（bó）：椽子，柱顶上承托栋梁的方木。

④楶（jié）：支承大梁的方木。

【译文】《尔雅》上说："开称为槉（柱子上支撑大梁的方木，也叫，又叫楶。開，与弁音同。槉，与疾音同）。"

《苍颉篇》上说："枅就是柱上支撑大梁的方木。"

《释名》上说："欒，指的就是挛；整体向上弯曲，就像一个紧握的拳头。"

王延寿在《鲁灵光殿赋》上说："曲交错环环相扣（曲，也就是栱，立柱和横梁之间成弓形的承重结构）。"

《博雅》上说："欂被称为，曲被称作是栾（枅与鸡同音）。"

薛综在《〈西京赋〉注》上说："栾，柱上的曲木，两端以承斗拱。"

左思在《吴都赋》上说："于栾上雕刻，镂穿斗拱（栾，也就是栱）。"

飞 昂

《说文》："櫼，楔也。"

何晏《景福殿赋》："飞昂[1]鸟踊。"

又："櫼栌各落以相承。"李善曰：飞昂之形，类鸟之飞。今人名屋四阿栱曰櫼昂，櫼即昂也。

刘梁《七举》："双覆井菱，荷垂英昂。"

《义训》："斜角谓之飞棉。"今谓之下昂者，以昂尖下指故也。下昂尖面䫜下平。又有上昂如昂桯挑斡者，施之于屋内或平坐之下。昂字又作枊，或作棉者，皆吾郎切。䫜，于交切，俗作凹者，非是。

【注释】①飞昂：即飞枊，指宋式斗栱组合构件名称，即房子四隅向外伸出承受屋檐的部分。

【译文】《说文解字》上说："櫼即为楔。"

何晏在《景福殿赋》上说："飞昂的外形就像是在飞翔的鸟儿。"

又说："櫼和栌错落有致，相互承托（李善注释说："飞昂的外形就像是飞翔的小鸟。"如今房屋四个斗拱的地方被人们称为櫼昂，櫼也就是昂）。"

刘梁在《七举》上说："两个覆有菱叶的藻井，就像有荷花从上边的昂垂下来一样。"

《义训》上说："斜角也被称为飞棉（如今把它称做下昂的原因，就是昂尖向下斜置的缘故。下昂尖表面平滑。如昂桯一般昂头旋转上挑的上昂，用于屋内斗栱里或者平座斗栱的下面。昂字又能写成枊字，棉字，都与昂同音。颙与岰同音，通常被认为是凹的意思，其实并非如此）。"

爵头

《释名》："上入曰爵头，形似爵头也。"今俗谓之耍头，又谓之胡孙头；朔方①人谓之蜉蚁头。蜉，音勃；蚁，音纵。

【注释】①朔方：指北方。

【译文】《释名》上说："最上一层栱或昂之上，与令栱相交而向外伸出的部分叫做爵头，其形状好像是蚂蚱头（如今俗称"耍头"，也被称为"胡孙头"。北方人叫"蜉蚁头"。蜉，与勃同音；蚁，与纵同音）。"

枓

《论语》："山节藻棁①。"节，枓也。

《尔雅》："栭②谓之楶。即栌也。"

《说文》："栌，柱上柎也。栭，枅上标③也。"

《释名》："栌在柱端。""都卢④，负屋之重也。""枓在栾两头，如斗，负上檼⑤也。"

《博雅》："棸谓之栌。"节棸古文通用。

《鲁灵光殿赋》："层栌磥^⑥佹^⑦以岌峩^⑧。"栌，枓也。

《义训》："柱斗谓之楷。"音沓。

【注释】①栜(zhuō)：指梁上的短柱。

②栭(ér)：指柱顶上支承梁的方木。

③标：标抹，屋梁上的短柱。

④都卢：古代杂技名。今之爬竿戏。

⑤檼(yǐn)：屋脊。

⑥磥：古同"垒"，堆砌的意思。

⑦佹：累积，重叠。

⑧岌(jí)峩：亦作"岌峨"。意思是高貌，倾颓貌。

【译文】《论语》上说："雕刻成山形的斗拱，刻有水中植物的梁上短柱(节指的是栭)。"

《尔雅》上说："栭被称为棸(即是栌)。"

《说文解字》上说："栌，指的就是柱子上的枅。栭，指的就是枅上的标抹。"

《释名》上说："栌在柱子的顶部。""就如爬竿戏的表演者一般，承载着整个屋顶的重量。""枓在栾两头，跟斗一样，背负着上面的屋脊。"

《博雅》上说："棸被称作栌(在古文中棸和节是可以通用的)。"

《鲁灵光殿赋》上说："一层层的栌累积重叠在一起，显得宏大壮观(栌即枓)。"

《义训》上说："柱斗被称为楷(与沓同音)。"

铺 作

汉《柏梁诗》："大匠曰：'柱枅欂栌①相支持。'"

《景福殿赋》："桁②梧③复迭，势合形离。"桁梧，科栱也，皆重迭而施，其势或合或离。

又："欂栌各落以相承，栾栱夭蛲④而交结。"

徐陵《太极殿铭》："千栌赫奕，万栱峻层。"

李白《明堂赋》："走栱夤⑤缘。"

李华《含元殿赋》："云薄万栱。"

又："悬栌骈凑。"今以科栱层数相迭出跳多寡次序，谓之铺作。

【注释】①欂栌：亦作"欂卢"，指柱上承托栋梁的方形短木。

②桁（héng）：梁上或门框、窗框等上的横木。

③梧：屋梁上两头起支架作用的斜柱。

④夭蛲（jiǎo）：形容姿态的伸展屈曲而有气势。

⑤夤（yín）：指攀附上升。

【译文】汉《伯梁诗》上说："大匠说：'柱枅欂栌是相互支撑的。'"

《景福殿赋》上说："横木和斜柱交错重叠，互相支撑，总体结构完整，但各个部件又相互独立(桁梧，就是科栱，都交错重叠在一起，外形有的重合在一起，有的互相独立)。"

又说："欂栌错落叠放而互相支撑，栾栱伸展屈曲而相互交错。"

徐陵在《太极殿铭》上说："成千上万的短木竖立在柱头异常光辉炫耀，无数斗栱交错相连显得高耸重叠。"

李白在《明堂赋》上说:"逐层向外挑出的斗拱攀援向上叠升。"

李华在《含元殿赋》上说:"成千上万的斗拱在薄云中的时隐时现。"

又说:"上千的短柱排列整齐,紧紧依靠(现在人们把这种按照由多到少次序建造的,交错重叠攀援上升的斗拱结构叫做"铺作")。"

平 坐

张衡《西京赋》:"阁道穹隆。"阁道,飞陛①也。

又:"隥道②逦倚以正东。"隥道,阁道也。

《鲁灵光殿赋》:"飞陛揭孽③,缘云上征;中坐垂景,俯视流星。"

《义训》:"阁道谓之飞陛。""飞陛谓之墱④。"今俗谓之平坐,亦曰鼓坐。

【注释】①飞陛:通向高处的台阶。

②隥(dèng)道:阁道,由石级组成的山道。

③揭孽:非常高的样子。

④墱(dèng):古同"磴",台阶或楼梯的层级。

【译文】张衡在《西京赋》上说:"阁道漫长而曲折(阁道,也就是飞陛)。"

又说:"由石级组成的山道路曲折蜿蜒伸向东方(隥道,就是阁道)。"

《鲁灵光殿赋》上说:"高处的阶梯就像悬挂在高空中,沿着云彩向上攀援;坐在台阶上既可以欣赏风景,也可以凭栏俯视高空中闪现的流星。"

《义训》上说："阁道也被称为飞陛。""飞陛也被称为墱（现在人们把它称为"平坐"或是"鼓坐"）。"

梁

《尔雅》："栋庿谓之梁。"屋大梁也。栋，武方切；庿，力又切。

司马相如《长门赋》："委参差以糠梁。"糠，虚也。

《西京赋》："抗应龙之虹梁①。"梁曲如虹也。

《释名》："梁，强梁也。"

何晏《景福殿赋》："双枚既修。"两重作梁也。

又："重桴②乃饰。"重桴，在外作两重牵也。

《博雅》："曲梁谓之罳。"音柳。

《义训》："梁谓之欐。"音礼。

【注释】①虹梁：指弧形的梁，此处指高架而栱曲的屋梁。

②重桴：古代的建筑常有檐檩和挑檐檩，有时可以用两根檩条，这被称为重桴。

【译文】《尔雅》上说："栋庿叫做梁（也就是房屋的大梁）。"

司马相如在《长门赋》上说："承托屋内大大小小结构的架空的大梁（糠即虚）。"

《西都赋》上说："横搭着像应龙一样的弧形的大梁（大梁弯曲如彩虹一般）。"

《释名》上说："梁，指的就是强梁。"

何晏在《景福殿赋》上说："重叠的屋梁又长又大（两重即作

梁）。"

又说："在檐檩和挑檐檩上雕刻（重桴，在外面作两重作梁，起着牵拉屋顶各种建构的作用）。"

《博雅》上说："曲梁也被称作罳（与柳同音）。"

《义训》上说："梁也被称为欚（与礼同音）。"

柱

《诗》："有觉其楹①。"

《春秋·庄公》："丹桓宫楹。"

又："礼：'楹，天子丹，诸侯黝，大夫苍，士黈②。'"黈：黄色也。

又："三家视桓楹③。"柱曰植，曰桓。

《西京赋》："雕玉瑱④以居楹。"瑱，音镇。

《说文》："楹，柱也。"

《释名》："柱，住也。""楹，亭也；亭亭然孤立，旁无所依也。齐鲁读曰轻：轻，胜也。孤立独处，能胜任上重也。"

何晏《景福殿赋》："金楹齐列，玉舄⑤承跋"。玉为矴⑥以承柱下，跋，柱根也。

【注释】①楹：指堂屋前部的柱子。

②黈（tǒu）：指黄色。

③桓楹：古代天子、诸侯葬时下棺所植的大柱子。柱上有孔，穿索悬棺以入墓穴。

④玉瑱：美石制的柱础。

⑤舄（xì）：古同"舄"，指脚。

⑥矴（dìng）：同"碇"，任何一种像锚那样用来把船固定在一个地方的东西（如石头或水泥块）

【译文】《诗经》上说："有挺拔高耸柱子的房屋显得端庄高大。"

《春秋·庄公》上说："用红色的漆装饰桓表和桓楹。"

又说："《礼记》上说：'堂前柱子的颜色，天子是红色的，诸侯是青黑色的，卿大夫是青色的，士人是黄色的。'"

又说："仲孙、叔孙、季孙三家下葬比照的是桓楹。"

《西都赋》上说："雕刻成漂亮的石头作为柱础以支撑殿柱（瑱，与镇同音）。"

《说文解字》上说："楹，指的就是柱子。"

《释名》上说："柱，就是住。""楹，是亭子；高耸孤立，四周没有可以依靠的物体。齐鲁大地上的人们称其为轻，就是胜。孤独的仁立着，却可以胜任沉沉重压。"

《景福殿赋》上说："金黄色的柱子整齐的排列，玉制的柱脚石承托着柱子（用玉石来作为承托柱子的石墩，跋，就是柱子的根部）。"

阳 马

《周官·考工记》："殷人四阿①重屋。"四阿若今四注屋也。

《尔雅》："直不受檐谓之交。"谓五架屋际，椽不直上檐，交于檼上。

《说文》："栌棱②，殿堂上最高处也。"

何晏《景福殿赋》："承以阳马。"阳马,屋四角引出以承短椽者。

左思《魏都赋》："齐龙首而涌溜。"屋上四角,雨水入龙口中,泻之于地也。

张景阳《七命》："阴虹负檐,阳马翼阿。"

《义训》："阙角谓之柧棱。"今俗谓之角梁。又谓之梁抹者,盖语讹也。

【注释】①四阿:指屋宇或棺椁四边的檐溜,可使水从四面流下。

②柧棱(gū léng):指宫阙上转角处的瓦脊。

【译文】《周官·考工记》上说："殷商时期的人们建造并居住在有四边檐溜的阁楼中(四阿就是现在屋宇四边有檐,可使顶上的水从四面流下的房屋)。"

《尔雅》上说："直的但是不能承担屋檐的被称为交(叫做五架屋际,并非直着连接上檐,在屋脊相交)。"

《说文解字》上说："柧棱也就是殿堂屋顶上最高的地方。"

何晏在《景福殿赋》上说："承担着阳马(阳马,是古代建筑的一种构件,具体而言就是指房屋四角承檐的长桁条,因为它们的顶端刻有马形,故称阳马)。"

左思在《魏都赋》上说："从龙头所在的地方喷出水来(屋顶上的四个角汇聚的雨水进入龙口中,再从龙口中流到地上)。"

张景阳在《七命》上说："飞龙能够担负屋檐,阳马负担四面的房梁。"

《义训》上说："阙角被称为柧棱(现在人们称为角梁,又有人叫做梁抹,这大概就是言语讹误了)。"

侏儒柱

《论语》："山节藻梲。"

《尔雅》："梁上楹谓之梲。"侏儒柱也。

杨雄《甘泉赋》："抗浮柱之飞榱。"浮柱即梁上柱也。

《释名》："棁，棁儒也；梁上短柱也。棁儒犹侏儒，短，故因以名之也。"

《鲁灵光殿赋》："胡人遥集于上楹。"今俗谓之蜀柱。

【译文】《论语》上说："雕刻成山形的斗拱，刻有水中植物的梁上短柱。"

《尔雅》上说："梁上的短柱被称作梲(指的就是侏儒柱)。"

杨雄在《甘泉赋》上说："承载着浮柱上边高架的飞榱(浮柱即梁上柱)。"

《释名》上说："棁即是棁儒，也就是房梁上短小的柱子。棁儒因像侏儒一样短小而得名。"

《鲁灵光殿赋》上说："北方胡人的形象也开始大批的在柱子的雕画中出现(现在人们称作蜀柱)。"

斜 柱

《长门赋》："离楼梧①而相樘②。丑庚切。"

《说文》："樘，衺柱也。"

《释名》："梧，在梁上，两头相触梧也。"

《鲁灵光殿赋》："枝樘杈枒^③而斜据。"枝樘，梁上交木也。权枒相柱，而斜据其间也。

《义训》："斜柱谓之梧。"今俗谓之叉手。

【注释】①梧：屋梁上两头起支架作用的斜柱。

②樘（chēng）：支柱。

③杈枒（chā yá）：参差交错貌。

【译文】《长门赋》上说："众多斜柱交叠相互支撑。"

《说文解字》上说："樘就是斜柱。"

《释名》上说："梧，也就是在房梁上两头与房梁相互交接的地方。"

《鲁灵光殿赋》上说："斜柱参差交错，互相支撑（枝樘，房梁上相交的木柱，斜柱相互支撑，支撑在房梁的各个重要部位）。"

《义训》上说："斜柱结构被称为梧（如今人们把这种构件称为叉手）。"

卷第二

总释下

栋

《易》：“栋隆吉。”

《尔雅》：“栋谓之桴。”屋檼也。

《仪礼》：“序则物当栋，堂则物当楣。”是制五架之屋也。正中曰栋，次曰楣，前曰庋^①，九伪切，又九委切。

《西京赋》：“列棼橑以布翼，荷栋桴而高骧。”棼、桴，皆栋也。

杨雄《方言》：“甍谓之雷^②。”即屋檼也。

《说文》：“极，栋也。”“栋，屋极也。”“檼，棼也。”“甍，屋栋也。”徐锴曰：所以承瓦，故从瓦。

《释名》：“檼，隐也；所以隐桷也。或谓之望，言高可望也。或谓之栋；栋，中也，居室之中也。屋脊曰甍；甍，蒙也。在上蒙覆屋也。”

《博雅》：“檼，栋也。”

《义训》："屋栋谓之甍。"今谓之槫，亦谓之檩，又谓之榜。

【注释】①庋（guǐ）：放器物的架子。

②霤（liù）：屋檐。

【译文】《周易》上说："屋栋高大隆起寓意着吉祥。"

《尔雅》上说："栋被称为桴（也就是屋脊的意思）。"

《仪礼》上说："（射于州学），射手站立的十字标记在屋的中脊（栋）下；（射于乡学），其十字标记则在屋前楣（第二檩）下（是建筑五架屋的重要结构。在五架屋中，位于正中的梁称为栋，房间的二梁称为楣，前面的梁称为庋）。"

《西都赋》上说："楼阁的栋橑整齐排列，就像飞鸟的羽翼一般；负重的栋桴也像奔腾的骏马一般气势轩昂（棼和桴，也就是栋）。"

扬雄在《方言》上说："甍又被称为霤（也就是屋脊）。"

《说文解字》上说："极就是栋。""栋就是屋脊。""檼也就是棼。""甍就是屋栋（徐锴说：用来承担瓦的缘故，所以从瓦旁）。"

《释名》上说："檼即隐；因此被称作隐桷。或者是被称作望，意思是居高位而可远望。或者被称作栋，栋即中，在房屋的中间位置。屋脊被称为甍；甍即蒙，在上面能够盖房顶。"

《博雅》上说："檼即栋。"

《义训》上说："屋栋也被叫做甍（现如今被人们称为槫，也被称为檩或榜）。"

两 际

《尔雅》："桷直而遂谓之阅。"谓五架屋际椽正相当。

《甘泉赋》："日月才经于椽桭①。"桭，于两切。桭，音真。

《义训》：“屋端谓之桋桭。”今谓之废。

【注释】①桋桭（yāng zhēn）：半檐。桋，通“央”。

【译文】《尔雅》上说：“椽子，平直并且通达，所以也被称为阆（五家梁、屋栋的两边、椽子建造的恰如其分）。”

《甘泉赋》上说：“日月刚刚经过屋檐的时候（桭与真同音）。”

《义训》上说：“屋端被称为桋桭（现在人们把它称为废）。”

搏 风

《仪礼》：“直于东荣①。”荣，屋翼也。

《甘泉赋》：“列宿乃施于上荣。”

《说文》：“屋桯②之两头起者为荣。”

《义训》：“搏风谓之荣。”今谓之搏风版。

【注释】①荣：指飞檐，即屋檐两头翘起的部分。

②桯（lǐ）：指屋檐。

【译文】《仪礼》上说：“（安置盥洗用的器皿）正对着东边的屋翼（荣，也就是屋翼）。”

《甘泉赋》上说：“星宿就像是陈列于屋翼上一样。”

《说文解字》上说：“屋檐两边翘起的部分叫做荣。”

《义训》上说：“搏风被称作荣（现在人们称之为搏风版）。”

栿

《说文》："棼，复屋①栋也。"

《鲁灵光殿赋》："狡兔跧伏②于栭③侧。"栭，枓上横木，刻兔形，致木于背也。

《义训》："复栋④谓之棼。"今俗谓之替木⑤。

【注释】①复屋：古代称具有双重椽、栋、轩版、垂檐等建筑结构的屋宇为"复屋"。

②跧（quán）伏：蜷伏，趴在地上。

③栭（fū）：本意指足，器物的足。此处是指斗栱上面的横木，主要用来支撑设置于其上的短小木构件。

④复栋：栋下复为一栋以列椽，谓之"复栋"，亦代称复屋。

⑤替木：指中国古代建筑中起拉接作用的辅助构件，有防止檩、枋拔榫的作用。

【译文】《说文解字》上说："棼就是复屋的正梁。"

《鲁灵光殿赋》上说："狡猾的兔子蜷伏在栭的侧面（栭，斗拱上面的横木，刻有兔子的样子，用来支撑短小的木结构组件）。"

《义训》上说："复栋被称为棼（现在人们普遍称之为替木）。"

橼

《易》："鸿渐于木，或得其桷。"

《春秋左氏传》："桓公伐郑，以大宫之椽为卢门之椽。"

《国语》："天子之室，斫其椽而砻①之，加密石焉。诸侯砻之，大夫斫之，士首之。"密，细密文理。石，谓砥也。先粗砻之，加以密砥。首之，斫斫首也。

《尔雅》："桷谓之榱。"屋椽也。

《甘泉赋》："璇②题玉英。"题，头也。榱椽之头，皆以玉饰。

《说文》："秦名为屋椽，周谓之榱，齐鲁谓之桷。"

又："椽方曰桷，短椽谓之楝③。耻绿切。"

《释名》："桷，确也；其形细而疎④确也。或谓之椽；椽，传也，传次而布列之也。或谓之榱，在檼旁下列，衰衰然垂也。"

《博雅》："榱，橑、鲁好切。桷、楝，椽也。"

《景福殿赋》："爰有禁楄，勒分翼张。"禁楄，短椽也。楄，蒲沔切。

陆德明《春秋左氏传音义》："圜曰椽。"

【注释】 ①砻（lóng）：磨。

②璇（xuán）：古同"璇"，美玉。

③楝（sù）：短的椽子。

④疎（shū）：古同"疏"。

【译文】《周易》上说："鸿雁渐渐落于树干之上，或者落在其中平直如桷的树枝之上。"

《春秋左氏传》上说："齐桓公讨伐郑国，将郑国宗庙中的椽运回国都作为都城南城门的椽。"

《国语》上说："天子的宫殿，椽子砍削后需进行打磨，进而用密石加以细磨。诸侯的府邸，椽子砍削后只需进行打磨，不再使用密石加以细磨。大夫的府邸，只需将椽子砍削即可，不加以打磨。士的府邸，只需将椽子的梢头砍去即可（密，就是细密的纹理。石，也叫做砥。先粗略的磨，接着再进行精细的打磨。最开始的步骤就是要把顶端部分削去）。"

《尔雅》上说："桷被称作榱（就是指屋椽）。"

《甘泉赋》上说："椽头通常会用美玉来加以装饰（题就是头，榱椽的头部通常都以美玉装饰）。"

《说文解字》上说："秦国称它为屋椽，周朝称它为榱，在齐鲁之地把它称为桷。"

又说："方形的椽被称作桷，短小的椽被称作棟。"

《释名》上说："桷即确；其外形细小且疏细。有时也被称作榱；椽即传，排列有序。有时也被称作椽，在檼的下部依次减少地低垂着。"

《博雅》上说："榱、橑、桷、棟，说的都是椽。"

《景福殿赋》上说："于是就有了禁楄，如同飞鸟展开翅膀后羽毛的分布一般（禁楄即短椽）。"

陆德明在《春秋左氏传》上说："圜又被称作椽。"

檐

余廉切，或作櫋，俗作簷者非是

《易·系辞》："上栋下宇，以待风雨。"

《诗》："如跂斯翼，如矢斯棘，如鸟斯革，如翚[①]斯飞。"疏云：言檐阿之势，似鸟飞也。翼言其体，飞言其势也。

《尔雅》："檐谓之樀。"屋梠也。

《礼记·明堂位》："复庙重檐，天子之庙饰也。"

《仪礼》："宾升，主人阼阶上，当楣。"楣，前梁也。

《淮南子》："橑檐榱题。"檐，屋垂也。

《方言》："屋梠谓之梴。"即屋檐也。

《说文》："秦谓屋联楋曰楣，齐谓之檐，楚谓之梠。""樀，徒含切。屋梠前也。""庌，音雅。庑也。""宇，屋边也。"

《释名》："楣，眉也，近前若面之有眉也。又曰梠，梠旅也，连旅旅也。或谓之槾；槾，绵也，绵连榱头使齐平也。宇，羽也，如鸟羽自蔽覆者也。"

《西京赋》："飞檐辚辚[2]。"

又："镂槛文槐。"槐，连檐也。

《景福殿赋》："槐梠椽楋。"连檐木，以承瓦也。

《博雅》："楣，檐梠梠也。"

《义训》："屋垂谓之宇。""宇下谓之庑。""步檐谓之廊。""嵏[3]廊谓之岩。檐槐谓之庮。"音由。

【注释】①翚（huī）：古书上指有五彩羽毛的雉，锦鸡。

②辚（niè）：载高貌。

③嵏（zōng）：数峰并峙的山。

【译文】(檐也可以称为檑，俗语称为篃是不对的)

《周易·系辞》上说："房子上有脊檩，下有屋檐，躲在里面就可以遮风避雨了。"

《诗经》上说："房屋端正像像人一般挺立，屋角如同箭簇般棱角分明，飞檐像鸟儿飞翔一样振翅翱翔，又如色彩艳丽的锦鸡一般飞腾(注疏说：屋檐的向上飞起，就像鸟儿展翅飞翔一样。鸟的翅膀形容的是其外表,飞翔形容的则是气势)。"

《尔雅》上说:"檐被称作楠(就是指屋栒)。"

《礼记·明堂位》上说:"拥有双重屋檐的殿堂,那是专属于天子宗庙结构。"

《仪礼》上说:"宾客入席之后,主人从东边的台阶入席,他正对着楣(楣指的就是前梁)。"

《淮南子》上说:"屋檐的橑头(檐,也就是屋垂)。"

《方言》上说:"屋檐也被称作梠(指屋檐)。"

《说文解字》上说:"秦国把屋联榜叫做楣,齐国将它称作檐,楚国将它称作栌。""樀,位于屋栒的前部。""庌即庑。""宇即屋边。"

《释名》上说:"楣即眉,近看如同脸上有眉毛一般。又被称为梠,梠即旅,连接在一起的就像脊梁骨一般。或着称它为櫋;櫋即绵,橑头像丝绵那样在同一一平面上延续不断。宇即羽,如同鸟的羽毛遮蔽在上面。"

《西京赋》上说:"飞檐高耸。"

又说:"镂刻栏杆,用连檐纹饰(槐也就是连檐)。"

《景福殿赋》上说:"绵延至栌橑的边沿。"

《博雅》上说:"楣,就是檐、梠、栌。"

《义训》上说:"屋垂被称作宇。""宇下被称为庑。""步檐被称为廊。""蔓廊被称为岩。檐槐被称为庮(与由同音)。"

举 折

《周官·考工记》:"匠人为沟洫,葺屋三分,瓦屋四分。"各分其修,以其一为峻。

《通俗文》:"屋上平曰陠。必孤切。"

《匡谬正俗·音字》："陠，今犹言陠峻也。"

唐柳宗元《梓人传》："画宫于堵，盈尺而曲尽其制；计其毫厘而构大厦，无进退焉。"

皇朝景文公宋祁《笔录》："今造屋有曲折者，谓之庸峻。齐魏间，以人有仪矩可喜者，谓之庸峭，盖庸峻也。"今谓之举折。

【译文】《周官·考工记》上说："工匠在修建农田水利工程及有关附属建筑的时候，草屋的举高是跨度的三分之一，瓦屋的举高是跨度的四分之一（举屋制度，以前后檐方心相去远近，分为四分；自檐方背上至脊背上，四分中举起一分）。"

《通俗文》上说："屋势倾斜曲折被称做陠。"

《匡谬证俗》上说："陠，现在任然会被叫做陠峻。"

唐朝柳宗元在《梓人传》上说："将房子的设计规划图画在墙壁上，将建造的形制和方法按照等比例尺寸详尽地展示出来；按照绘制的图画，精确的计算出每一个建造的细节，然后用来建造高大的房屋，这样就不会有差错了。"

北宋景文公宋祁在《笔录》上说："如今筑造的房屋如果有屋势倾斜的，就被称作庸峻。齐魏年间，因为人仪表有风致，知礼法守规矩而称之为庸峭，庸峻大概也是此义吧。"

门

《易》："重门击柝①，以待暴客。"

《诗》："衡门之下，可以栖迟。"

又："乃立皋门，皋门有闶②；乃立应门，应门锵锵。"

《诗义》：“横一木作门，而上无屋，谓之衡门。”

《春秋左氏传》：“高其闬闳[3]。”

《公羊传》：“齿着于门阖。”何休云：阖，扇也。

《尔雅》：“闬谓之门，正门谓之应门。”“枨谓之阈。”阈，门限也。疏云：俗谓之地栿，十结切。“柣[4]谓之楔。”门两旁木。李巡曰：捆上两旁木。“楣谓之梁。”门户上横木。“枢谓之椳[5]。”门户扉枢。“枢达北方，谓之落时。”门持枢者，或达北檼，以为固也。“落时谓之戺[6]。”道二名也。“橛谓之阘[7]门阖，阖谓之扉。所以止扉谓之闳。”门辟旁长橛也。长杙[8]即门橛也。“植谓之傅；傅谓之突。”户持鏁[9]值也，见《埤苍》。

《说文》：“合，门旁户也。闺，特立之门，上圜下方，有似圭。”

《风俗通义》：“门户铺首，昔公输班之水，见蠡曰，见汝形。蠡遂出头，般以足画图之，蠡引闭其户，终不可得开，遂施之于门户云，人闭藏如是，固周密矣。”

《博雅》：“闼谓之门。”“阇、呼计切。扇，扉也。”“限谓之丞，櫺巨月切。机，阑柒苦木切。也。”

《释名》：“门，扪也；在外为人所扪摸也。”“户，护也，所以谨护闭塞也。”

《声类》曰：“庑，堂下周屋也。”

《义训》：“门饰金谓之铺。”“铺谓之鏂。”音欧，今俗谓之浮沤钉也。“门持关谓之槏。”音连。“户版谓之篳簜。”上音牵，下音先。“门上木谓之枅。”“扉谓之户。”“户谓之閇。”“桌谓之栿。”“限

谓之闑。"“阃谓之阅。"“闳谓之炭廖。"上音琰,下音移。"炭廖谓之
闰。"音坦。广韵曰:所以止扉。"门上梁谓之楣。"音帽。"楣谓之阑。"
音沓。键谓之庋。"音及。"开谓之闟。"音伟。"闿谓之闺。"音蛭。"外
关谓之扃⑩。"“外启谓之閍。"音挺。"门次谓之阃。"“高门谓之闬。"
音唐。"阓谓之阛。"“荆门谓之荜。"“石门谓之庸。"音孚。

【注释】①柝(tuò):古代打更用的梆子。

②阆(kàng):高大。

③闬闳(hàn hóng):指里巷的大门或住宅的大门。

④帐(chéng):古代门两旁所竖的长木柱,用以防止车过触门。

⑤椳(wēi):门臼,即承托门转轴的臼状物。

⑥卮(è):同"厄",木节。

⑦闑(niè):门橛(古代竖在大门中央的短木)。

⑧杙(yì):木桩。

⑨镤(suǒ):古同"锁"。

⑩扃(jiōng):古同"扃",从外面关门的闩、钩等。

【译文】《周易》上说:"设置重重门户,夜晚敲梆巡更,防备盗
贼。"

《诗经》上说:"横架一根木头做门,便可以在房屋里面居住
了。"

又说:"于是修筑了宫城的城门,城门高耸巍峨;于是又修筑了
宫殿的正门,正门高大宏伟。"

《诗义》上说:"横架一根木头做门,上面没有盖屋顶,这种门
被称为衡门。"

《春秋左氏传》上说:"要比里巷的大门高。"

《公羊传》上说:"把仇牧的牙齿镶在门扇上面(何休说:闿,就
是门扇的意思)。"

《尔雅》上说："闲被叫作门，正门被叫作应门。""枨被称为阈（阈，指的是门限。有疏文说：通俗的叫法是地枨）。""枨被称作楔（就是门两旁的木料。李巡说：如同在其两边绑上了木件一般）。""楣被称作梁（即门户上的横木）。""枢被称为椳（即门扇上的转轴）。""北方地区把枢叫做落时（门上转轴，在北方地区的房屋中，被认为是稳固的）。""落时被称作戺（枢的第二种名称）。""橜被称作闑（也就是门槛）。""阖被称为扉。""因此止扉又被称作闳（也就是门辟旁边的长橛。长杙也叫门橜）。""植被称为傅。""傅被称为突（来源于《埤苍》上的"户持镮值也"）。"

《说文解字》上说："合，也就是旁门。""闺，特别设立的门。上边是圆形的，下边是方形的，形状就像圭一样。"

《风俗通义》上说："门上衔着门环的底座，昔日公输班到水边，见到蠡对它说，现出你的原形。蠡刚刚伸出头，公输班就用脚将它画了下来，蠡躲进了其壳中，并且始终不再出现，于是公输班就将蠡的形象绘制在门环的底座上，人们躲避在房中就如同蠡一般，门户牢固严密无缝。"

《博雅》上说："阊被称作门。""閈、扇即为扉。""限被称作丞，桀机即为闑柣。"

《释名》上说："门即扪；外面的一面被人抚摸。""户即护，主要主要起到隐蔽、遮挡、保护的作用。"

《声类》上说："庑，即堂下四周的房屋。"

《义训》上说："门饰金被称作铺。""铺被称作鏂（鏂与欧同音，显现普遍称之为浮沤钉）。""门持关被称作楗（与连同音）。""户版被称作籥（与牵同音）鏇（与先同音）。""门上横木被称为枅。""扉被称作户。""户被称作閗。""臬被称作枨。""限被称作阃。""闻被称作阅。""阅被称作扊（与琰同音）扅（与移同音）。""扊扅被称作闸（与坦同音。广韵曰：用来关上门扉的物件）。""门上梁被称作楣（与帽同音）。""被称作阘（与沓同音）。""键被称作鐖（与及同音）。""开

被称作闒（与伟同音）。""阖被称作闼（与蛭同音）。""外关被称作
扃。""外启被称作阃（与挺同音）。""门次被称作阒。""高门被称作
闛（与唐同音）。""阇被称作阆。""荆门被称作荜。""石门被称作庮
（与孚同音）。"

乌头门

《唐六典》："六品以上，仍通用乌头①大门。"

唐上官仪《投壶经》："第一箭入谓之初箭，再入谓之乌头，
取门双表②之义。"

《义训》："表楬、阀阅也。"楬音竭，今呼为棂星门③。

【注释】①乌头：指门的柱头为黑色。
②双表：华表。通常成对，故称。
③棂星门：古时学宫孔庙的外门。

【译文】《唐六典》上说："六品以上官员的府邸，通用乌头大
门。"

唐朝上官仪在《投壶经》上说："投入的第一支箭被称为初箭，
第二支箭被称为乌头，这是取门上双表的含义。"

《义训》上说："乌头门就是表楬、阀阅（楬与竭同音，现在人们称为
棂星门）。"

华 表

《说文》："桓^①，亭邮表也。"

《前汉书注》："旧亭传于四角，面百步，筑土四方；上有屋，屋上有柱，出高丈余，有大版，贯柱四出，名曰'桓表'。县所治，夹两边各一桓。陈宋之俗，言'桓'声如'和'，今犹谓之和表。颜师古云，即华表也。"

崔豹^②《古今注》："程雅问曰：'尧设诽谤之木，何也？'答曰：'今之华表，以横木交柱头，状如华，形似桔槔；大路交衢^③悉施焉。'或谓之'表木'，以表王者纳谏，亦以表识衢路。秦乃除之，汉始复焉。今西京谓之'交午柱'。"

【注释】①桓：指表柱，即古代立在驿站、官署等建筑物旁做标志的木桩。

②崔豹：字正雄，西晋时期渔阳郡（今北京）人，官至太子太傅丞。

③衢（qú）：大路，四通八达的道路。

【译文】《说文解字》上说："桓，路途中供人停歇的馆舍外的柱子标识。"

《前汉书注》上说："从前的亭传有四个角，角之间的距离有百步远，在四个方向垒土，上面建有房屋，屋中有柱，每根柱子超出房顶一丈多高，柱子上还有大的木板，穿过柱子往四周伸出，被称作是桓表。县府所在的地方，道路的两边各有一根桓。陈宋地区的方言"桓"的发音和"和"的发音相同，到如今依然将它称为和表。颜师古说，和表也就是华表。"

崔豹在《古今注》上说："程雅问道：'尧设置了诽谤之木，这是为何？'回答说：'如今的华表，将横木放置在柱头，外形像花一样，又像桔槔一样；设置在大道相交的地方。'或者被称为'表木'，用来表明君王接受规劝，也用来标识道路指明方向。秦朝的时候去除了，到了汉朝又恢复了。如今西京称它为'交午柱'。"

窗

《周官·考工记》："四旁两夹窗。"窗，助户为明，每室四户八窗也。

《尔雅》："牖①户之间谓之扆。"窗东户西也。

《说文》："窗穿壁，以木为交窗。向北出牖也。在墙曰牖，在屋曰窗。""栊，楯间子也，梠②，房室之处也。"

《释名》："窗，聪③也，于内窥见外为聪明也。"

《博雅》："窗、牖，闶④虚谅切。也。"

《义训》："交窗谓之牖。""栊窗谓之疏。""牖牍谓之篰。"音部。"绮窗谓之廲音黎。廔⑤。"音娄。"房疏谓之栊。"

【注释】①牖（yǒu）：上古时代所谓的"窗"，是专指开在屋顶上的天窗。而开在墙壁上的窗则为"牖"。后来，牖泛指窗户。
②栊（lóng）：指窗栊木或窗。
③聪（cōng）：古同"聪"，明察。
④闶（xiàng）：两扇门的中间。
⑤廲廔（lí lóu）：雕饰美丽且明亮的窗户。
【译文】《周官·考工记》上说："四门的旁边分别设有两扇窗户

（窗，起到让屋内光线明朗的作用，每一屋室都设有四门和八窗）。"

《尔雅》上说："门窗之间的屏风被称作扆（一般窗位于东面，门位于西面）。"

《说文解字》上说："窗户需要打穿墙壁由横竖木条交错而成。窗户是向北而开。在墙壁上被称为牖，在屋顶上被称为窗。""楯，就是栏杆之间的横木；栊，窗楯木，这里指房屋。"

《释名》上说："窗户，即为聪，从室内可以看到屋外的景象也就是聪明。"

《博雅》上说："窗、牖即为閦。"

《义训》上说："交窗被称作牗。""楯窗被称作疏。牖牍被称作篰（与部同音）。""绮窗被称作麗（与黎同音）廔（与娄同音）。""房疏被称作栊。"

平　　　　基

《史记》："汉武帝建章后合，平机中有驺牙[1]出焉"。今本作平栎者误。

《山海经图》："作平橑，云今之平基也。"古谓之承尘。今宫殿中，其上悉用草架梁栿承屋盖之重，如攀、额、樘、柱、敦、橑、方、槫之类，及纵横固济之物，皆不施斤斧。于明栿[2]背上，架算程方，以方椽施版，谓之平闇；以平版贴华，谓之平基；俗亦呼为平起者，语讹也。

【注释】①驺（zōu）牙：传说中的一种仁兽，不食生物，亦称"驺吴"。

②明栿：指的是天花板以下的梁，宋代的明栿形状如弯月，非常

精致。

【译文】《史记》上说："汉武帝建章宫的后阁中，天花板中有骈牙的团（现在写作"平栎"，是不正确的）。"

《山海经图》上说："造平橑，指的就是现在的平棊（平棊古时称为承尘。现在官殿的屋顶的结构能够承担潦草、架构、房梁、斗拱的重量，诸如攀、额、樘、柱、敦、栿、方、槫之类，各种结构纵横交错起固定的作用，结构中没有斤斧等利器。明栿之上，划作正方形或者长方形的大板格子，形似棋盘，在方椽做天花板，就叫做"平闇"；以贴花的板子做天花板，则叫做"平棊"；百姓把它叫做"平起"，这大概是以讹传讹吧）。"

斗八藻井

《西京赋》："蒂①倒茄于藻井②，披红葩之狎猎。"藻井当栋中，交木如井，画以藻文，饰以莲茎，缀其根于井中，其华下垂，故云倒也。

《鲁灵光殿赋》："圜渊③方井，反植荷蕖。"为方井，图以圜渊及芙蓉，华叶向下，故云反植。

《风俗通义》："殿堂象东井形，刻作荷菱。菱，水物也，所以厌火。"

沈约《宋书》："殿屋之为圜泉方井兼荷华者，以厌火祥。"今以四方造者谓之斗四。

【注释】①蒂（dì）：同"蒂"。
②藻井：指中国传统建筑中覆斗形的窟顶装饰，呈伞盖形，上面一般绘有彩画、浮雕，多用在官殿或寺庙中的宝座、佛坛上面最重要的部位。

③圜(yuán)渊：圆形的水池。

【译文】《西京赋》上说："天花板中的绿荷倒垂、红花重迭接续(藻井对着脊檩，檩木横竖相交就像"井"的形状一样，画有水生植物，以莲茎装饰，将其根部置于井中，其花朵向下倒垂，所以又称为倒)。"

《鲁灵光殿赋》上说："天花板上绘有圆形水池，水中倒植着美丽的芙蕖(在天花板上，画着圆形的水池和芙蓉，繁茂的枝叶向下，故称为反植)。"

《风俗演义》上说："殿堂形似东井，刻有荷菱。菱，水中的植物，有用来避火的寓意。"

沈约在《宋书》上说："殿堂的天花板上会有圆形的水池，水中倒植入荷花，主要取其可以防火的寓意(如今把四方藻井叫做斗四藻井)。"

钩　阑

《西京赋》："舍棂槛而却倚，若颠坠而复稽。"

《鲁灵光殿赋》："长涂升降，轩槛曼延。"轩槛①，钩阑也。

《博雅》："阑、槛、栊、楯，牢也。"

《景福殿赋》："棂槛邳张，钩错矩成；楯类腾蛇，槢②以琼英；如螭之蟠，如虹之停。"棂槛，钩阑也，言钩阑中错为方斜之文。楯，钩阑上横木也。

《汉书》："朱云忠谏攀槛，槛折。及治槛，上曰：'勿易，因而辑之，以旌直臣'。"今殿钩阑，当中两栱不施寻杖；谓之折槛，亦谓之龙池。

《义训》："阑楯谓之柃。""阶槛谓之阑。"

【注释】①轩槛：长廊上的栏杆。

②榠（dié）：槛下横木。

【译文】《西都赋》上说："离开栏杆身体向后靠，如同下坠又被捞起一般。"

《鲁灵光殿赋》上说："重楼间有高高低低的长廊，长廊两边有曲折绵延的栏杆（轩槛就是钩阑）。"

《博雅》上说："阑、槛、栊、桫，这些都指的是牢固的圈。"

《景福殿赋》上说："栏杆张设，错落有致，斜方有度；楯似腾蛇，榠似琼英；既像螭龙盘踞，又像虬龙腾空（根槛就是钩阑，指的就是钩阑中交错为斜方的小栏杆。楯即钩阑上的横木）。"

《汉书》上说："朱云因忠谏（汉成帝）而获罪，将被处死，朱云紧紧攀住殿堂上的栏杆，栏杆被折断了。后来，要修补栏杆，汉成帝说道：'不要换新的，保留其原样，以用来表彰那些敢于直言劝谏的大臣（如今我们看到的宫殿上的钩阑，两拱之间没有设置寻杖，通常称之为"折槛"，亦称"龙池"）。'"

《义训》上说："阑楯被称为柃。""阶槛被称为阑。"

拒马叉子

《周官·天官》："掌舍设梐枑再重。"故书枑为拒。郑司农云：梐，榱梐也；拒，受居溜水涑橐①者也。行马再重者，以周卫有内外列。杜子春读为梐枑，谓行马②者也。

《义训》："梐枑，行马也。"今谓之拒马叉子。

【注释】①橐（tuó）：通"托"，依附。

②行马：拦阻人马通行的木架。一木横中，两木互穿以成四角，施之于官署前，以为路障。俗亦称鹿角，古谓梐枑。清末明初时，衙署及大第宅门旁犹有设者，俗呼拒马叉子。

【译文】《周礼·天官》上说："掌舍在四周设置了两重阻挡行人的栅栏（因此常把枑写成拒。郑司农说：梐，指的是榵梐；拒，就是承受流水涷橐的结构。设有两重行马的地方，例如禁宫内外都有。杜子春叫做梐枑，指的就是行马）。"

《义训》上说："梐枑即行马（说的就是我们现在的拒马叉子）。"

屏 风

《周官》："掌次设皇邸①。"邸，后版也，谓后版屏风与染羽，象凤凰羽色以为之。

《礼记》："天子当扆而立。"

又："天子负扆南乡而立。"扆，屏风也。斧扆为斧文屏风于户牖之间。

《尔雅》："牖户之间谓之扆，其内谓之家。"今人称家，义出于此。

《释名》："屏风，言可以屏障风也。""扆，倚也，在后所依倚也。"

【注释】①皇邸：古代皇帝祭天时置于座后的屏风。

【译文】《周礼》上说："掌次设置有屏风（邸，即后版，之所以叫它后版，是因为屏风上漆染着诸如凤凰之类的珍稀禽兽作为屏风的雕饰）。"

《礼记》上说："君王在屏风之前听政。"

又说："君王坐于屏风之前，面朝南边临朝听政（扆，即屏风。斧扆即雕刻有斧形的屏风，位于门窗之间）！"

《尔雅》上说："门窗之间的屏风被称为扆，其里面就叫家（也就是我们今天所谓的"家"，其含义就来源于此）。"

《释名》上说："屏风，可以遮风避物。""扆即倚，放置在身后，表明有所依靠。"

槏 柱

《义训》："牖边柱谓之槏①。"苦减切，今梁或额及榑之下，施柱以安门窗者，谓之㤞柱，盖语讹也。㤞，俗音蘸，字书不载。

【注释】①槏（qiǎn）：户；窗户旁的柱子。

【译文】《义训》上说："窗户的边柱被称作槏（现如今梁、额及榑的下面，用来安装门窗而设置的柱子，称为㤞柱，这大概是字句上的疏漏差误。㤞，俗语中与蘸同音，这个字在字书中没有记载）。"

露 篱

《释名》："欐，离也，以柴竹作之。""疎①离离也。""青徐曰裾②。""裾，居也，居其中也。""栅，迹也，以木作之，上平，迹然也。又谓之撤；撤，紧也，诜③诜然紧也。"

《博雅》："据、巨于切。栫④、在见切。藩、笮⑤、音必。樐⑥、落、杝⑦，离也。栅谓之棚。音朔。"

《义训》："篱谓之藩。"今谓之露篱。

【注释】①踈（shū）：古同"疏"。事物间距离大，空隙大。

②裾（jū）：衣服的前后襟，这里指篱笆。

③诜诜（shēn）：很多的样子。

④栫（jiàn）：篱笆。

⑤箪：指用荆条、竹子等编成的篱笆或其他遮拦物。

⑥椤（luó）：藩篱。

⑦杝（lí）：古通"篱"，篱笆。

【译文】《释名》上说："欐即离，是用柴竹制作而成的。""也被称作踈离离。""在青州、徐州地区被称作裾。""裾即居，位于中间的意思。""栅即迹，是用木头制作而成的，上部平直，依道路或房屋而建。又被称作撒；撒即紧，密密麻麻地紧靠在一起。"

《博雅》上说："据、栫、藩、箪（与必同音）、椤、落、杝，都指的是篱。栅被称作棚（与朔同音）。"

《义训》上说："篱被称作藩（现在我们把它称为露篱）。"

鸱 尾

《汉纪》："柏梁殿灾后，越巫言海中有鱼虬，尾似鸱，激浪即降雨。遂作其象于屋，以厌火祥①。时人或谓之鸱吻，非也。"

《谭宾录》："东海有鱼虬，尾似鸱，鼓浪即降雨，遂设象于屋脊。"

【注释】①火祥：火灾。亦指火灾的征兆。

【译文】《汉纪》：上说"柏梁殿被火烧之后，越巫说大海之中有一种形似虬的鱼，尾巴就像是鸱，激起浪花就能够降下雨水。于是就雕刻了其形象放在屋顶，以此来避免火灾的发生。现在的人有的称它为鸱吻，事实并非如此。"

《谭宾录》上说："东海之中有一形似虬的鱼，尾巴就像是鸱一样，鼓动起巨浪就形成降雨，因此人们就把其形象雕刻在屋脊之上（取其辟火的寓意）。"

瓦

《诗》："乃生女子，载弄之瓦。"

《说文》："瓦，土器已烧之总名也。""𤬟^①，周家砖埴^②之工也。"𤬟，分两切。

《古史考》："昆吾氏^③作瓦。"

《释名》："瓦，睥也。睥，确坚貌也，亦言睥^④也，在外睥见之也。"

《博物志》："桀作瓦。"

《义训》："瓦谓之甍。"音毂。"半瓦谓之瓪。"音浃。"瓪谓之瓮。"音爽。"牝^⑤瓦谓之瓯。"音版。"瓯谓之庋。"音还。"牡瓦谓之甑。"音皆。"甑谓之瓹。"音雷。"小瓦谓之瓴。"音横。

【注释】①𤬟（fǎng）：古代制作瓦器的工人。

②埴（zhí）：黏土。

③昆吾氏：昆吾，本名樊，居住在昆吾（大约在今山西安邑一带），相传他是陶器制造业的创始人。

④腂（guò）：红肿。

⑤牝（pìn）：泛指阴性的事物 。

【译文】《诗经》上说："如果生了个女孩，那就找来陶制的纺缍让她把玩（期许将来能够精于女工，操持家务，管理内宅）。"

《说文解字》上说："瓦，是各种烧制陶器的总称。""瓬，《周礼》中说它是黏土制成的陶坯。"

《古史考》上说："昆吾氏发明制作了瓦。"

《释名》上说："瓦即腂。腂，外形凸起。也叫作腂，显露于外的是红色。"

《博物志》上说："夏桀制造了瓦。"

《义训》上说："瓦被称作甍（与彀同音）。""半瓦被称作瓶（与浃同音）。""瓶被称作甋（与爽同音）。""牝瓦被称作瓯（与版同音）。""瓯被称作瓲（与还同音）。""牡瓦被称作甑（与皆同音）。""甑被称作瓹（与雷同音）。""小瓦被称作甀（与横同音）。"

涂

《尚书·梓材篇》："若作室家，既勤垣墉，唯其涂塈①茨。"

《周官·守祧》："其祧②，则守祧黝垩之。"

《诗》："塞向墐户。"墐，涂也。

《论语》："粪土之墙，不可杇也。"

《尔雅》："镘谓之杇③，地谓之黝，墙谓之垩。"泥镘也，一名杇，涂工之作具也。以黑饰地谓之黝，以白饰墙谓之垩。

《说文》："垷、胡典切。墐，渠吝切。涂也。杇，所以涂也。秦谓之杇；关东谓之槾。"

《释名》："泥，迩近也，以水沃土，使相黏近也。""塈犹煟[4]；煟，细泽貌也。"

《博雅》："黝、垩、乌故切。垷、岘，又胡典切。墐、墀[5]、塈、幔、奴回切。埲[6]、力奉切。糂[7]、古湛切。塓[8]、莫典切。培、音裴。封，涂也。"

《义训》："涂谓之塓。"音觅。"塓谓之埲。"音垄。"仰谓之塈。"音洎。

【注释】①涂塈（xì）：涂抹，涂饰。塈：指用泥涂抹屋顶。②祧（tiāo）：古代称远祖的庙。

③杇：同"圬"，泥瓦工人用的抹子。

④煟（wèi）：光明。这里指细腻有光泽的样子。

⑤墀（chí）：涂。

⑥埲（lǒng）：泥涂。

⑦糂（xiàn）：涂。

⑧塓（mì）：涂抹，涂刷。

【译文】《尚书·梓材篇》上说："如同建房造屋一般，既然已经勤劳地筑好了围墙，那么就需要用泥土来涂抹茅草搭建的屋顶间的空隙。"

《周官·守祧》上说："供奉先祖先王的祖庙，需要涂抹成黑色和白色。"

《诗经》上说："把朝北的窗户堵上（以避免冬天的寒风吹入），把竹篱做的门涂上泥巴以防风御寒（墐就是涂的意思）。"

《论语》上说："用粪土垒的墙壁无法粉刷。"

《尔雅》上说："镘被称为圬，地被称为黝，墙被称为垩（泥镘，也被称作圬，就是泥瓦工人用的抹子。粉刷成黑色的地面称为"黝"，粉刷成白色的墙壁称之为"垩"）。"

《说文解字》上说："垷、墐即涂抹。圬，是用来涂抹的抹子。秦朝称之为圬；关东地区称之为墁。"

《释名》上说："泥，也就是迩近，用水来调和泥土，使它们能够相互黏在一起。""墍与塈相似；塈即细腻有光泽的样子。"

《博雅》上说："黝、垩、垷、墐、墀、墍、幔、墐、墌、墁、培（与裴同音）、封，都是涂抹的意思。"

《义训》上说："涂被称为墍（与觅同音）。""墍被称为塗（与垄同音）。""仰被称为墍（与洎同音）。"

彩　画

《周官》："以猷①鬼神祇②。"猷，谓图画也。

《世本》："史皇③作图。"宋衷④曰：史皇，黄帝臣。图，谓图画形象也。

《尔雅》："猷，图也，画形也。"

《西京赋》："绣栭云楣，镂槛文㮰。"五臣曰：画为绣云之饰。㮰，连檐也。皆饰为文彩。"故其馆室次舍，彩饰纤缛，裛⑤以藻绣，文以朱绿。"馆室之上，缠饰藻绣朱绿之文。

《吴都赋》："青琐⑥丹楹，图以云气，画以仙灵。"青琐，画为琐文，染以青色，及画云气神仙灵奇之物。

谢赫《画品》："夫图者，画之权舆；缋⑦者，画之末迹。总而名之为画。仓颉造文字，其体有六：一曰鸟书，书端象乌头，此即图书之类，尚标书称，未受画名。逮史皇作图，犹略体物，有虞作缋，始备象形。今画之法，盖兴于重华之世也。穷神测幽，于用甚博。"今以施之于缣素⑧之类者谓之"画"；布彩于梁栋枓栱或素象什物之类者，俗谓之"装銮"；以粉朱丹三色为屋宇门窗之饰者，谓之"刷染"。

【注释】①猷（yóu）：《尔雅·释言》："猷，图也"。

②祇（qí）：同"祇"古代对地神的称呼。

③史皇：指仓颉。传说传说为黄帝的史官，汉字的发明者。

④宋衷：字仲子，也称宋忠或宋仲子，三国时期南阳章陵人。

⑤褏（yì）：缠绕。

⑥青琐：指装饰皇宫门前的青色连环花纹。

⑦缋（huì）：布帛的头尾。这里指画卷的末尾。

⑧缣素：细绢，书册或书画。

【译文】《周官》上说："用图画来展现鬼神形象。"猷，就是画绘的意思。

《世本》上说："仓颉用龟纹画出出各种图案，创造了文字（宋衷说：史皇，皇帝的史官，图，就是把各种形象用图画画出来）。"

《尔雅》上说："猷，也就是图画，描绘形状的意思。"

《西京赋》上说："斗拱横梁上的纹饰如同云状一般，槛杆、连檐也都加以雕刻纹饰（五臣说：以云蒸霞蔚为饰绘画其上。槐，就是连檐。这些构件都绘有绚丽华美的颜色）。""因此馆室屋舍，都有精细华美的彩饰，藻绣环绕，整个画面色彩艳丽（馆室的墙壁之上都刻有精美的图案，而且也都颜色艳丽）。"

《吴都赋》上说："在青色连环花纹的门窗和红色的柱子上，把云气和仙灵的形象绘画其上(青琐,刻为连环的花纹,并在上面染上青色,这样还可以推及描画其他神仙灵异的事物)。"

谢赫在《画品》上说:"图就是画卷的头部;缋是画卷的尾部。他们合在一起被命名为画。仓颉创造了文字,总共有六种字体:有一种被称为鸟篆,字体的上端如同鸟的头部,这种属于图画的范畴,被称作字,而没有被命名为画。当时史皇仓颉绘制的图画,只有物体的轮廓,等到虞舜作画之时,才刚刚具备了具体的形像。如今作画的技法,大概就来源于虞舜的时候。穷究事物之神妙,观测事物之内在,用途特别广泛(如今描绘在细绢等上面的就叫做"画",雕饰在梁栋、斗拱或者素象等实物上的一般叫做"装銮",而用粉色、朱色、红色三种颜色来装饰点缀门窗的则叫做"刷染")。"

阶

《说文》:"除,殿阶也。""阶,陛也。""阼^①,主阶也。""陛,升高阶也。""陔,阶次也。"

《释名》:"阶,陛也。""陛,卑也,有高卑也。天子殿谓之纳陛,以纳人之言也。""阶,梯也,如梯有等差也。"

《博雅》:"阰^②、仕己切。墀,力忍切。砌也。"

《义训》:殿基谓之陛。音堂。殿阶次序谓之陔。除谓之阶;阶谓之墒。音的。阶下齿谓之城。七瓦切。东阶谓之阼。雷外砌谓之阰。

【注释】①阼(zuò):指大堂前东西的台阶,是主阶。

②阤(shì)：台阶两旁所砌的斜石。

【译文】《说文解字》上说："除，也就是殿前的台阶。""阶，就是宫殿的台阶。""阼，就是主人出入行走的台阶。""陞，宫殿高处的台阶。""陔，就是台阶的梯级了。"

《释名》上说："阶即陛。""陛即卑，有高下尊卑的意思。君王的宫殿被称作纳陛，意思是帝王在这里可以纳谏。""阶即梯，就像梯子一样有高低落差。"

《博雅》上说："阤、橉即为砌。"

《义训》上说：宫殿的底部被称作陞（与堂同音）。宫殿台阶的层次被称作陔。除被称作阶。阶被称作墒（与的同音）。整齐排列的台阶被称作堿。东阶被称作阼。房屋外的台阶被称作阤。

砖

《诗》："中唐有甓。"

《尔雅》："瓴甋谓之甓。"甌甎①也。今江东呼为瓴甓。

《博雅》："瓴、音潘。瓳、音胡。瓬、音亭。瓵、甄、音真。瓼、力佳切。瓯、夷耳切。瓴、音零。甋、音的。甓、甌，甄也。"

《义训》："井甓谓之甄。"音洞。"涂甓谓之毂。"音哭。"大砖谓之甌瓳②。"

【注释】①甌甎（lù zhuān）：砖。

②甌瓳（pán hú）：大砖。

【译文】《诗经》上说："用砖来铺砌大门至厅堂的路。"

《尔雅》上说："瓴甋被称为甓（就是甌甎。现在江东地区称之为瓴甓)。"

《博雅》上说:"瓬 (与潘同音)、瓳 (与胡同音)、瓬 (与亭同音)、
瓬、甄 (与真同音)、甗、瓯、瓴(与零同音)、瓿 (与的同音)、甓、瓼,这
些指的就是砖。"

《义训》上说:"井甓被称作甋 (与洞同音)。""涂甓被称作墼
(与哭同音)。""大砖被称作瓬瓳。"

井

《周书》:"黄帝穿井。"

《世本》:"化益①作井。"宋衷曰:化益,伯益也,尧臣。

《易·传》:"井,通也,物所通用也。"

《说文》:"甃②,井壁也。"

《释名》:"井,清也,泉之清洁者也。"

《风俗通义》:"井者,法也,节也;言法制居人,令节其饮
食,无穷竭也。久不渫涤为井泥。"《易》云:井泥不食。渫,息列切。
"不停污曰井渫③。涤井曰浚。井水清曰洌。"《易》曰:井渫不食。
又曰:井洌寒泉。

【注释】①化益:伯益。尧舜时的臣子。东夷部落的首领,为嬴姓氏
族的祖先。相传伯益助禹治水有功,禹欲让位于益,益避居箕山之北。

②甃(zhòu):砖砌的井壁。

③渫(xiè):指除去或淘去污泥。

【译文】《周书》上说:"黄帝开凿了水井。"

《世本》上说："化益开凿了水井（宋衷说：化益，即伯益，唐尧时的臣子）。"

《易·传》上说："井即通，就是被众人通用的东西。"

《说文解字》上说："甃即井壁。"

《释名》上说："井，即清澈之义，它能够让泉水变得更为清澈洁净。"

《风俗通义》上说："井即有法度，有节制；用法律来规范人们的行为，让人们按照法律要求生活，这样资源就不会枯竭。若很久都不淘井中的污泥，最终井中的淤泥就会越积越多（《周易》上说：污泥沉积的井水是不能饮用的。渫，就是除去泥污）。""污泥持续沉积叫做井渫。除去井中污泥叫做浚。井水清澈叫做冽（《周易》上说：刚刚除去淤泥的井水不能饮用。又说：只能饮用澄澈、清冽的井水）。"

总 例

总 例

诸取圜者以规，方者以矩。直者抨绳取则，立者垂绳取正，横者定水取平。

【译文】用圆规画圆形，用矩尺来画直角或者方形，用弹绳取直的方法画直线。直立的物体用垂绳取正，横着的物体用悬挂重物的方法确定水平面。

诸径围斜长依下项：

【译文】各种图形的直径、边长、周长如下：

圜径七，其围二十有二。

【译文】圆直径为七，周长为二十二。

方一百，其斜一百四十有一。

【译文】正方形边长一百，中间对角线长一百四十一。

八棱径六十，每面二十有五，其斜六十有五。

【译文】八边形直径六十，边长二十五，对角线长六十五。

六棱径八十有七，每面五十，其斜一百。

【译文】六边形直径八十七，边长五十，对角线长一百。

圜径内取方，一百中得七十一。

【译文】在圆内取正方形，圆的直径是一百，正方形的边长为七十一。

方内取圜，径一得一。八棱、六棱取圜准此。

【译文】在正方形内画圆，正方形的边长就是圆的直径（八边形，六边形内画圆是一样的他们的直径就等于圆的直径）。

诸称广厚者，谓熟材，称长者皆别计出卯。

【译文】把又粗又大的树木，称为熟材，而那长的树木则分别计算他们的年限。

诸称长功者，谓四月、五月、六月、七月；中功谓二月、三月、八月、九月；短功谓十月、十一月、十二月、正月。

【译文】长功指的就是四月、五月、六月、七月；中功指的就是二月、三月、八月、九月；短功指的就是十月、十一月、十二月、正月。

诸称功者谓中功，以十分为率。长功加一分，短功减一分。

【译文】凡是说功的指的就是中功，用工以十分为标准，长功加一分，短功减一分。

诸式内功限并以军工计定，若和雇人造作者，即减军工三分之一。谓如军工应计三功郎和雇人计二功之类。

【译文】古代建造房屋用工都以军工计算，如果是雇人做工的话, 则比军工少三分之一 (例如, 军工记三功, 雇人则二功)。

诸称本功者, 以本等所得功十分为率。

【译文】凡是被称之为本功的, 本等功都是以十分为标准的。

诸称增高广之类而加功者, 减亦如之。

【译文】凡是需在原有设计上再加高加宽的则需要增加用工, 要是需要减少的时候也是如此。

诸功称尺者, 皆以方计。若土功或材木, 则厚亦如之。

【译文】凡是功称做尺的, 都是以方计算的。比如土功或材木, 厚也是如此。

诸造作功, 并以生材。即名件之类, 或有收旧, 及已造堪就用, 而不须更改者, 并计数; 于元料帐内除豁。

【译文】古代建造房屋的功限, 都用的是新采伐的木材。而名件之类的构件, 或用收藏的旧物, 或是已经制作好可以直接用的, 而不需要再制造更换的构件, 都要计算构件的总数量; 在原料账内要把这些账目去掉。

诸造作并依功限。即长广各有增减法者, 各随所用细计。如不载增减者, 各以本等合得功限内计分数增减。

【**译文**】古代建造房屋用工都要按照功限计算。要是长宽各有要修改的地方，那么所用功限则需要分别仔细计算。要是没有需要修改的地方，那么就把本等功加起来计算功限。

诸营缮计料，并于式内指定一等，随法算计。若非泛抛降，或制度有异，应与式不同，及该载不尽名色等第者，并比类增减。其完葺增修之类准此。

【**译文**】古代建造房屋的工程预算，都要在工程中制定一套标准，各部分依照标准计算。要是不需要大量的修改设计，或者因为制度变换而修改设计，应与原标准不符，那么工程本身所涉及的各种数不清名目的分不清等级的部件结构，都以此标准增减预算（等到工程竣工后的增补之类的情况都参照此标准）。

卷第三

壕寨制度

取　正

　　取正之制：先于基址中央，日内置圜版，径一尺三寸六分。当心立表，高四寸，径一分。画表景之端，记日中最短之景。次施望筒于其上，望日星以正四方。

　　望筒长一尺八寸，方三寸用版合造。两罨头开圜眼，径五分。筒身当中，两壁用轴安于两立颊之内。其立颊自轴至地高三尺，广三寸，厚二寸。昼望以筒指南，令日景透北；夜望以筒指北，于筒南望，令前后两窍内正见北辰极星。然后各垂绳坠下，记望筒两窍心于地，以为南，则四方正。

　　若地势偏衺，既以景表、望筒取正四方，或有可疑处，则更以水池景表较之。其立表高八尺，广八寸，厚四寸，上齐后斜向下三寸，安于池版之上。其池版长一丈三尺，中广一尺。于一尺之内，随表之广，刻线两道；一尺之外，开水道环四周，广深各八分。用水定平，令日景两边不出刻线，以池版所指及立表心为南，则四方正。安置令立表在南，池版在北。其景夏至顺线长三尺，冬至长一丈二尺。其立表内向池版处，用曲尺较令方正。

【译文】取正的规制标准：第一，白天的时候在地基中间放置一个圆版，圆版是的直径一尺三寸六分，然后在圆心处竖立标杆，高四寸，直径是一分。紧接着标记出在标杆影子的尾端，并且记录下一天的时间之内标杆影子最短的地方，最后在此位置安放一个望筒，通过观察日影和星星来辩证营造方位。

望筒长一尺八寸，方三寸（制作材料是木板）。在望筒的两边遮住的地方开两个孔，直径是五分，筒身两壁用轴穿过，轴的中心固定在两侧立柱之上，两侧立柱从轴到地面高为三尺，宽三寸，厚二寸。白天把望筒的筒身指向南方，让日影透过圆孔投射到北方，晚上把望筒的筒身指向北方，从筒内向南观测，当圆筒两端正对北极星时，在两边各悬挂一根挂有重物的线绳，在地上标记出圆孔的圆心的位置，即为正南方，据此可确定营造的方位。

若地势不平，即使是用景表和望筒确定了方向后依旧不能确定方位，那么就需要根据水池景表来进行矫正，水池景表的立柱，高八尺，宽八寸，厚四寸，上端平齐（后来上端变成斜向下三寸），固定在池版之上，池版长一丈三尺，中间位置宽一尺，在一尺的宽度上面，按照立表的宽度画出两个刻线，再在刻线外面，开出水道环绕四周，水道宽八分，深八分，通过水面来确保池版处于水平位置，使日影两头不超过刻线的位置，让池版所对立表的中心是南方，即可确定方位（安放的时候，注意立表一定要位于南方，北方一定是池版，夏至时日影长三尺，冬至时日影长一丈二尺，使用曲尺来确定立表垂直于池版以矫正方向）。

定 平

定平之制：既正四方，据其位置，于四角各立一表，当心安水平。其水平长二尺四寸，广二寸五分，高二寸；下施立桩，长四尺；安镶在内。上面横坐水平，两头各开池，方一寸七分，深一寸三分。或中心更开池者，方深同。身内开槽子，广深各五分，令水通过。于两头池子内，各用水浮子一枚，用三池者，水浮子或亦用三枚，方一寸五分，高一寸二分；刻上头令侧薄，其厚一分，浮于池内。望两头水浮子之首，遥对立表处，于表身内画记，即知地之高下。若槽内如有不可用水处，即于桩子当心施墨线一道，上垂绳坠下，令绳对墨线心，则上槽自平，与用水同。其槽底与墨线两边，用曲尺较令方正。

凡定柱础取平，须用真尺较之。其真尺长一丈八尺，广四寸，厚二寸五分；当心上立表，高四尺，广厚同上。于立表当心，自上至下施墨线一道，垂绳坠下，令绳对墨线心，则其下地面自平。其真尺身上平处，与立表上墨线两边，亦用曲尺较令方正。

【译文】定平的规制标准：定下营造地基的方位后，依据地基所在位置，在四个角上各安放一根标杆，把水平仪放在中央。水平仪水平横杆长二尺四寸，宽二寸五分，高二寸，把竖桩垂直按在水平横杆下方，长四尺（把镶安置在桩里）。在水平横杆两面分别凿开一个边长一寸七分，深一寸三分的正方形小池（也可以在中央位置开一个大小和深度一样的小池）。在水平横杆上挖一个槽沟，宽度和深度都是五分，足以让水过去就行。两端的小池子分别放入一枚水浮子（如果有三个小池子，则可以放三枚），水浮子长宽各一寸五分，高一寸二分；镂刻中空，其壁的厚一分，如此才能漂浮于水面之上。让两头水浮子的上端对准四个角上的标杆，并在标杆位置做记号，以此来确定地面的高低（若水槽里没有水的位置，可将在竖桩中央的位置画一条黑线，从上方垂直放下一根绳子，将其对准黑线，水平横杆上的槽沟自然就可以保持水平，这与用水的效果是一样的。实施过程中还需要用曲尺校正水槽和墨线的垂直情况）。

凡是用柱础取平的方式定水平位置，都需要用水平真尺进行校正。水平真尺长一丈八寸，四寸宽四寸，厚二寸五分，在中央位置按一个高四尺，宽四寸，厚二寸五分的标杆，在标杆中央的位置从上往下画一条黑线，接着把绳子垂直放下，如果绳子对齐墨线，那么证明地面是水平的（在真尺保持水平的地方，让标杆和墨线保持平衡，就可以用曲尺来确定真尺和立表的垂直关系了）。

立　基

立基①之制：其高与材五倍。材分。在大木作制度内。如东西广者，又加五分至十分。若殿堂中庭修广者，量其位置，随宜加高。所加虽高，不过与材六倍。

【注释】①立基：设计殿堂等建筑的台基、阶基。

【译文】立基的规制标准：基的高度是材的五倍（关于材的划分，在"大木作制度"里有详细介绍）。如果东西方向比较宽，可以在高度上加五到十分，若殿堂的中庭部分长而宽，则依据其位置加高，但是必须小于材的六倍。

筑 基

筑基^①之制：每方一尺，用土二担；隔层用碎砖瓦及石札等，亦二担。每次布土厚五寸，先打六杵^②，二人相对，每窝子内各打三杵，次打四杵，二人相对，每窝子内各打二杵，次打两杵，二人相对，每窝子内各打一杵。以上并各打平土头，然后碎用杵辗蹙令平；再攒杵扇扑，重细辗蹙。每布土厚五寸，筑实厚三寸。每布碎砖瓦及石札等厚三寸，筑实厚一寸五分。

凡开基址，须相视地脉虚实。其深不过一丈，浅止于五尺或四尺，并用碎砖瓦石札等，每土三分内添碎砖瓦等一分。

【注释】①筑基：建造殿堂等建筑的台基、阶基。

②杵：筑墙、筑堤时，用来填实泥土的棒槌。

【译文】筑基的规制标准：用尺来计算每一方，二担土为一尺，中间隔层用二担碎砖、碎瓦、碎石等，每次铺五寸厚的土，先打六杵（两人相对，每个窝子各打三杵），接着打四杵（两人相对，每个窝子分别打二杵），然后再打二杵（两人相对，每个窝子分别打一杵）。打平土头之后，依据情况用杵压塌并且平整，接着用杵把夯过的土层全部打到光滑平整为止。每次铺的土层要达到五寸的厚度，夯实后要达到三寸的厚度。每次碎砖、碎瓦、碎石要铺三寸的厚度，夯实后要达到一寸五分的厚度。

只要是要开挖地基的，都要探查土质的松紧，地基要挖开不超过一丈的深度，最浅的地方要高于四到五尺，用碎砖、碎瓦、碎石和土混合，它们之间的比例是1∶3。

城

筑城之制：每高四十尺，则厚加高二十尺；其上斜收减高之半。若高增一尺，则其下厚亦加一尺；其上斜收亦减高之半；或高减者亦如之。

城基开地深五尺，其厚随城之厚。每城身长七尺五寸，栽永定柱，长视城高，径一尺至一尺二寸，夜叉木，径同上，其长比上减四尺，各二条。每筑高五尺，横用纴木^①一条，长一丈至一丈二尺，径五寸至七寸，护门瓮城及马面之类准此。每膊椽^②长三尺，用草葽^③一条，长五尺，径一寸，重四两，木橛子一枚。头径一寸，长一尺。

【注释】①纴木：古代夯土城墙时使用的水平方向的木椽。

②膊椽：古代筑墙用的侧模板。

③草葽（yāo）：古书上说的一种草。

【译文】筑城的规制标准：城高每增加四十尺，相应的城宽应该增加二十尺；城墙上方两侧斜收是高度的二分之一，若高度增加一尺，则下方宽度也应该增加一尺。城墙上方两侧斜收是高度的二分之一，就算高度降低也按照这个比例计算。

城墙地基深五尺，地基的宽度等于城墙的厚度，每隔七尺五寸就要插入一根永定柱（城墙的高度决定永定柱的长度，直径是一尺到一尺二寸），两根夜叉木（直径与永定柱相同，长度比永定柱短四尺），城高每增加五尺，就要横铺一条纴木（长一丈到一丈二尺，直径五到七寸，与这个标准相同的还有护门瓮城和马面之类的构件）。每个筑墙的膊椽长三尺，还要使用到一条草葽（草葽长五尺，粗一寸，重四两），一枚木橛子（头部直径一寸，长一尺）。

墙
其名有五：一曰墙，二曰墉，三曰垣，四曰𤭖，五曰壁

筑墙之制：每墙厚三尺，则高九尺；其上斜收，比厚减半。若高增三尺，则厚加一尺；减亦如之。

凡露墙：每墙高一丈，则厚减高之半；其上收面之广，比高五分之一。若高增一尺，其厚加三寸；减亦如之。其用葽、橛③，并准筑城制度。凡抽纴墙④：高厚同上；其上收面之广，比高四分之一。若高增一尺，其厚加二寸五分。如在屋下，只加二寸。划削并准筑城制度。

【译文】筑墙的规制标准：城墙厚三尺，则墙高九尺，墙的上端斜收的宽度是它厚度的二分之一，若高每增加三尺，则厚度也应该增加一尺，同样的高度降低与增加的情况相同。

对露墙来说，倘若墙高一丈，则厚半丈，即厚度是高度的一半，墙上端斜收的宽度是墙高的五分之一，若墙高每增加一尺，那么厚度就增加三寸，减少的情况也是这样（露墙用到草葽和木橛子时，得按照筑城的标准建造）。关于抽纴墙，墙的高度与厚度相同，墙高的四分之一是墙上端斜收的宽度。若墙高每增加一尺，那么相应的厚度就增加三寸五分，如果增加二寸（若是在屋下，其设计和建造也应该按照筑城的标准执行）。

筑临水基

　　凡开临流岸口修筑屋基之制：开深一丈八尺，广随屋间数之广。其外分作两摆手，斜随马头①，布柴梢，令厚一丈五尺。每岸长五尺，钉桩一条。长一丈七尺，径五寸至六寸皆可用。梢上用胶土打筑令实。若造桥两岸马头准此。

　　【注释】①马头：即码头。旧时水岸泊舟，商船聚会的地方。

　　【译文】在河岸、海湖边修建码头、港口的规制标准：地基深一丈八尺，地基宽度由码头房屋的数量和宽度而定。在地基两侧紧靠岸边的地方筑墙，斜收按照码头，布置柴梢，厚度为一丈五尺。根据岸的长度，每隔五尺钉一根木桩（木桩高一丈七尺，直径是五寸到六寸之间）。以此来固定柴梢，把黏土放在柴梢上面夯实（如果是建设桥梁两岸的码头，也参照这个规制标准）。

石作制度

造作次序

　　造石作次序之制有六：一曰打剥；用鏨①揭剥高处。二曰粗搏；稀布鏨凿，令深浅齐匀；三曰细漉②；密布鏨凿，渐令就平。四曰褊棱[3]；用褊錾镌棱角，令四边周正。五曰斫砟[4]；用斧刃斫砟，令面平正。六曰磨砻[5]。用沙石水磨去其斫文。

其雕镌制度有四等：一曰剔地起突；二曰压地隐起华；三曰减地平钑；四曰素平。如素平及减地本钑，并斫砟三遍，然后磨砻；压地隐起两遍；剔地起突一遍；并随所用描华文。如减地平钑，磨砻毕，先用墨蜡，后描华文钑造。若压地隐起及剔地起突，造毕并用翎羽刷细砂刷之，令华文之内石色青润。

其所造华文制度有十一品：一曰海石榴华；二曰宝相华；三曰牡丹华；四曰蕙草；五曰云文；六曰水浪；七曰宝山；八曰宝阶；以上并通用。九曰铺地莲华；十曰仰覆莲华；十一曰宝装莲华。以上并施之于柱础。或于华文之内，间以龙凤狮兽及化生之类者，随其所宜，分布用之。

【注释】①錾（zàn）：雕凿金石的工具。

②细漉（lù）：将石头的表面凿平。

③褊棱：将石头的边棱凿整齐。

④斫砟（zhuó zhá）：用刀斧凿，使石头的表面更加平整。

⑤磨砻（lóng）：同"磨砻"，磨石、打磨。

【译文】石作次序的规制标准总共有六项：第一项是打剥（用錾凿掉突出的部分）；第二项是粗搏（凿掉小凸起，平衡深浅）；第三项是细漉（凿平表面）；第四项是褊棱（把边棱凿整齐方正）；第五项是斫砟（用斧子击打，平整表面）；第六项是磨砻（用水砂磨掉斫痕）。

雕镌有四种方法：第一种是剔地起突，即浮雕；第二种是压地隐起，也是浮雕，但浮雕题材不是石面凸起，而是在磨平的市面上，将图案錾去，但是花纹得低于表面；第三种是减地平钑，把除了花纹以外的石面浅浅的剥去一层；第四种是素平，在石面上不处理任何雕饰（在素平和减地平钑时，首先用斧錾三次，压地隐起要用斧錾两次，剔地起突要用斧錾一次，将研痕抹掉，用水砂磨，同时要画出花纹）。在减地平钑中，用水砂磨掉研痕后，先用黑蜡进行涂抹，接着镌刻花纹。在压地隐起和剔地起突中，雕刻好花纹后，要先用羽毛刷和细砂刷掉黑蜡，使的露出的花纹线条清晰。

石作上面的花纹类型共有十一种：第一种是海石榴花，第二种是宝相花，第三种是牡丹花，第四种是蕙草，第五种是云文，第六种是水浪，第七种是宝山，第八种是宝阶（以上八种花纹可一起使用），第九种是铺地莲花，第十种是仰覆莲花，第十一种是宝装莲花（这三个可同时在柱础上用），也可以将三者放在花纹上，穿插龙凤狮兽和人文的图案，根据情况使用。

柱 础

其名有六：一曰础，二曰礩，三曰碣，
四曰磌，五曰碱，六曰磩，今谓之石碇

造柱础之制：其方倍柱之径。谓柱径二尺，即础方四尺之类。方一尺四寸以下者，每方一尺，厚八寸；方三尺以上者，厚减方之半；方四尺以上者，以厚三尺为率。若造覆盆[①]，铺地莲华同。每方一尺，覆盆高一寸；每覆盆高一寸，盆唇厚一分。如仰覆莲华，其高加覆盆一倍。如素平及覆盆用减地平钑[②]、压地隐起华、剔地起突；亦有施减地平钑及压地隐起于莲华瓣上者，谓之宝装莲华。

【注释】①覆盆：古代建筑构件柱础的一种样式。因其呈盘状隆起，看上去就像倒置的盆，所以称为"覆盆"。

②减地平钑：也称为平雕或平花，是宋代一种印刻的线雕。其做法为使图案部分凹下去，而原应作为底部的部分则凸出来，且凹下去的图案部分都在一个平面上，凸出来的部分也在一个平面上。

【译文】建造柱础的规制标准：柱础的边长是其上柱子直径的两倍（例如柱子直径二尺，那么柱础的边长就是四尺）。若柱础边长小于一尺四寸的，则边长是一尺，厚是八寸，柱础边长大于三尺的，则边长是厚度的一倍，柱础边长大于四尺的，那么厚度最多为三尺。若造覆盆样式的柱础（与铺地莲花相同），边长为一尺，覆盆的高就是一寸；覆盆高增加一寸，盆唇厚就增加一分。若是造仰覆莲花样的柱础，则高是覆盆莲花的一倍。其上有不雕刻花纹的，有在覆盆上采取减地平钑、压地隐起华或者剔地起突的雕刻手法，在莲花瓣上采用减地平钑和压地隐起的雕刻手法称之为"宝装莲花"。

角 石

造角石①之制：方二尺。每方一尺，则厚四寸。角石之下，别用角柱。厅堂之类或不用。

【注释】①角石：殿堂阶基四角上的石雕，常为云龙、盘凤、狮子等形象。

【译文】建造角石的规制标准：角石一般是边长为二寸的正方形，边长每增加一尺，厚度相应增加四寸，在角石下方，要用角柱卡住角石来固住（通常厅堂等地方不设角石）。

角 柱

造角柱^①之制：其长视阶高；每长一尺，则方四寸。柱虽加长，至方一尺六寸止。其柱首接角石处，合缝令与角石通平。若殿宇阶基用砖作叠涩^②坐者，其角柱以长五尺为率；每长一尺，则方三寸五分。其上下叠涩，并随砖坐逐层出入制度造。内版柱上造剔地起突云。皆随两面转角。

【注释】①角柱：指阶基四周角石之下的石柱。
②叠涩：古代一种砖石结构建筑的砌法。

【译文】建造角柱的规制标准：角柱的长由台阶的高度决定，长度每增加一尺，则底面边长增加四寸，即使是很长的角柱，其边长最长为一尺六寸，角柱的柱头连接角石的结合缝，向外的两面都要和角石合缝对齐，如果殿宇的阶基用砖采取叠涩的手段，那么角柱的长度以五尺为标准；长度每增加一尺，则底面边长增加三寸五分，角柱采用上下叠涩的手法，建造每一层的标准都按照叠加的制度。把浮雕雕刻在内版柱上，全都要沿着两个面一起转角。

殿阶基

造殿阶基^①之制：长随间广，其广随间深。阶头随柱心外阶之广。以石段长三尺，广二尺，厚六寸，四周并叠涩坐数，令高五尺；下施土衬石。其叠涩每层露棱五寸；束腰露身一尺，用隔身版柱; 柱内平面作起突壶门造②。

【注释】①殿阶基: 指古代建筑物与室外地面间的台基。
②起突壶门造: 指浮雕壶门样的造型。

【译文】建造殿阶基的规制标准: 殿阶级的长由屋宽而定, 其宽由屋深而定。阶基的外缘宽由柱中线以外部分的阶基宽决定, 用的石段长三尺, 宽二尺, 厚六寸, 阶基周围用多层殿阶叠涩的式样, 其高为五尺; 下方铺土层来衬垫石阶, 殿阶基的叠涩每层露棱的尺度是五寸, 束腰, 露出一尺基体; 用隔身版柱, 柱身上刻有浮雕壶门。

压阑石地面石

造压阑石①之制: 长三尺, 广二尺, 厚六寸。地面石同。

【注释】①压阑石: 指建筑台基四周外缘铺墁的长方形条石。

【译文】建造压阑石的规制标准: 长三尺, 宽二尺, 厚六寸 (地面石与此相同)。

殿阶螭首

造殿阶螭首①之制: 施之于殿阶, 对柱②; 及四角, 随阶斜出。其长七尺; 每长一尺, 则广二寸六分, 厚一寸七分。其长以十分为率, 头长四分, 身长六分。其螭首令举向上二分。

【注释】①螭（chī）首：也称为螭头，指古代彝器、碑额、庭柱、殿阶及印章等上面的螭龙头像。螭：古代汉族神话传说中一种没有角的龙。古建筑或器物、工艺品上常用它的形状作装饰。

②对柱：正对着角柱。

【译文】建造殿阶螭首的规制标准：把殿阶螭首置于殿阶之上，下方对着角柱；在台阶的四个角上，随着殿阶的走向上延伸出来。螭首长七尺；长度每增加一尺，宽度就相应增加二尺六寸，厚度增加一寸七分。其长度以十分为标准，则头部长四分，身体长六分，身部比头部低二分。

殿内斗八

造殿堂内地面心石斗八①之制：方一丈二尺，匀分作二十九窠。当心施云卷，卷内用单盘或双盘龙凤，或作水地飞鱼、牙鱼，或作莲荷等华。诸窠②内并以诸华间杂。其制作或用压地隐起华或剔地起突华。

【注释】①斗八：指中国传统建筑天花板上的一种装饰处理。

②窠：框格。

【译文】建造殿堂内地面心石斗八的规制标准：边长为一丈二尺，平均分成二十九个方格，在中央位置作云卷造型，云卷里单盘或双盘龙凤图案，或制作水地飞鱼，牙鱼造型，或制作莲荷等造型。所有的方格里都制作各种形状夹杂其间。采用浮雕或高浮雕的制作手法。

踏 道

造踏道^①之制：长随间之广。每阶高一尺作二踏；每踏厚五寸，广一尺。两边副子^②，各广一尺八寸，厚与第一层象眼^③同。两头象眼，如阶高四尺五寸至五尺者，三层，第一层与副子平，厚五寸，第二层厚四寸半，第三层厚四寸。高六尺至八尺者，五层，第一层厚六寸，第一层各递减一寸，或六层，第一层，第二层厚同上，第三层以下，每一层各递减半寸。皆以外周为第一层，其内深二寸又为一层，逐层准此。至平地施土衬石，其广同踏。两头安望柱石坐。

【注释】①踏道：即台阶，宋代称踏道。

②副子：踏道两侧的斜坡条石。

③象眼：踏道两侧副子之下的三角形部分，用层层叠套的池子做线脚。

【译文】建造踏道的规制标准：踏道的长度由房屋的宽度决定，每级台阶高一尺，要按两个踏道，每个单踏道厚五寸，宽一尺。踏道的两边各有一个，副子宽一尺八寸（厚与第一层的象眼相同）。象眼在踏道的两头，如果在四尺五寸到五尺的台阶上，则做三层象眼的角线（第一层与副子齐平，厚五寸；第二层厚四寸半；第三层厚四寸），若台阶高六到八尺，那么做五层（第一层厚六寸，从第二层起，逐层递减一寸），或做六层（第一，二层厚度都是六寸，三层以下，每一层减少半寸），规定第一层是最外面一层，第二层向内缩两寸，以此类推逐层向内缩两寸。到平地以土铺平以石垫衬，其宽度等同于踏道宽度（两头设置望柱石座）。

重台钩阑_{单钩阑、望柱}

造钩阑①之制: 重台钩阑每段高四尺, 长七尺。寻杖②下用云栱③瘿项④, 次用盆唇, 中用束腰, 下施地栿。其盆唇之下, 束腰之上, 内作剔地起突华版。束腰之下, 地栿之上, 亦如之。单钩阑每段高三尺五寸, 长六尺。上用寻杖, 中用盆唇, 下用地栿。其盆唇、地栿之内作万字, 或透空, 或不透空, 或作压地隐起诸华。如寻杖远, 皆于每间当中施单托神或相背双托神。若施之于慢道, 皆随其拽脚, 令斜高与正钩阑身齐。其名件广厚, 皆以钩阑每尺之高积而为法。

望柱: 长视高, 每高一尺, 则加三寸。径一尺, 作八瓣。柱头上狮子高一尺五寸。柱下石作覆盆莲华。其方倍柱之径。

蜀柱: 长同上, 广二寸, 厚一寸。其盆唇之上, 方一寸六分, 刻为瘿项以承云栱。其项, 下细比上减半, 下留尖高十分之二; 两肩各留十分中四分。如单钩阑, 即撮项造。

云栱: 长二寸七分, 广一寸三分五厘, 厚八分。单钩阑, 长三寸二分, 广一寸六分, 厚一寸。

寻杖: 长随片广, 方八分。单钩阑, 方一寸。

盆唇: 长同上, 广一寸八分, 厚六分。单钩阑广二寸。

束腰: 长同上, 广一寸, 厚九分。及华盆大小华版皆同, 单钩阑不用。

华盆地霞: 长六寸五分, 广一寸五分, 厚三分。

大华版：长随蜀柱内，其广一寸九分，厚同上。

小华版：长随华盆内，长一寸三分五厘，广一寸五分，厚同上。

万字版：长随蜀柱内，其广三寸四分，厚同上。重台钩阑不用。

地栿：长同寻杖，其广一寸八分，厚一寸六分。单钩阑，厚一寸。

凡石钩阑，每段两边云栱、蜀柱，各作一半，令逐段相接。

【注释】①钩阑：也称为勾阑，即现在的栏杆。

②寻杖：也称巡仗，指栏杆上部横向放置的构件。

③云栱：指雕饰有云状花纹的斗栱。

④瘿（yǐng）项：指直接承着云栱的一个上下小、中间扁圆的鼓状构件。

【译文】建造钩阑的规制标准：重台钩阑每段栏板高四尺，长七尺，寻杖下是云栱和瘿项，接着是盆唇，中间是束腰，地栿在最下面。在盆唇和束腰中间是高浮雕大华版，在束腰和地栿之间是高浮雕小华版。单钩阑每段栏板高三尺五寸，长六尺，寻杖在上，盆唇在中间，地栿在下方，在盆唇和地栿之间制作万字版（镂空或者不镂空），或者做高浮雕花纹（若寻杖位置高，可在它和盆唇之间设置单个托神或者两个背对的托神），如果在缓坡的斜坡道上设置钩阑，则要顺着拽角方向，此时斜线高度要与钩阑的高度相同。钩阑有很多构件，按照钩阑高度一尺为标准，其他构件以此标准换算。

建造望柱的规制标准：其长度取决定于钩阑的高度，钩阑高度每增一尺，那么望柱的长度增加三寸（望柱内切圆直径是一尺，八角柱，柱头上石狮子高一尺五寸，柱子底座做成覆盆莲花的模样，望柱的方形边长是直径的一倍）。

蜀柱：其长度取决于钩阑的高度，宽二寸，厚一寸，在盆唇上方镌刻瘿项来承载云栱（瘿项的上部比下部粗一半，有瘿项脚，高是瘿项高的十分之二,两肩宽是高的十分之四,在单钩阑里,称之为"撮项")。

云栱:长二寸七分,宽一寸三分五厘,厚八分,单钩阑长三寸二分,宽一寸六分,厚一寸。

寻杖:长与两柱之间的宽相同,边长是八分的(单钩阑边长一寸)。

盆唇:长与寻杖相同,宽一寸八分,厚六分(单钩阑宽二寸)。

束腰:长与寻杖相同,宽一寸,厚九分(盆唇和大小华版一样,不在单钩阑内使用)。

华盆地霞:长六寸五分,宽一寸五分,厚三分。

大华版:长与蜀柱长相同,宽一寸九分,厚和蜀柱厚一样。

小华版:长一寸三分五厘,宽一寸三分,厚与上面相同。

万字版:长等于蜀柱长度,宽三寸四分,厚与上面相同(重台钩阑没有万字版)。

地栿:长与寻杖长相同,宽一寸八分,厚一寸六分(单钩阑厚一寸)。

关于石作钩阑,每段两边建造的云栱与蜀柱各做二分之一,然后将它们逐段衔接。

螭子石

造螭子石①之制:施之于阶棱钩阑蜀柱卯②之下,其长一尺,广四寸,厚七寸。上开方口,其广随钩阑卯。

【注释】①螭子石:指台阶栏杆蜀柱下的石构件。

②卯:指木器上安榫头的孔眼。

【译文】建造螭子石的规制标准:安置于阶棱钩阑蜀柱卯的下方,长一尺,宽四寸,厚七寸。在上方开一个方形口子,宽等同于钩阑卯宽。

门砧限

造门砧①之制：长三尺五寸；每长一尺，则广四寸四分，厚三寸八分。

门限②长随间广，用三段相接。其方二寸，如砧长三尺五寸，即方七寸之类。若阶断砌，即卧柣长二尺，广一尺，厚六寸。凿卯口与立柣合角造。其立柣长三尺，广厚同上。侧面分心凿金口一道，如相连一段造者，谓之曲柣。

城门心将军石③：方直混棱④造，其长三尺，方一尺。上露一尺，下栽二尺入地。

止扉石：其长二尺，方八寸。上露一尺，下栽一尺入地。

【注释】①门砧（zhēn）：指古代承放门扇立轴的石台。

②门限：门槛。

③将军石：两扇城门合缝处下端埋置的石樽，用以固定门扇的位置。

④混棱：就是磨圆了的棱角。

【译文】建造门砧的规制标准：长三尺五寸，长度每增加一尺，那么宽度相应增加四寸四分，厚三寸八分。

门限：长由房屋的宽度设置（采取三段连接的方式），门限边长是二寸（例如门砧昌都市三尺五寸，那么门限边长就设置为七寸）。如果台阶分为上下段砌筑，那么卧柣长二尺，宽一尺，厚六寸（雕凿卯口与立柣拼合）。立柣长三尺，厚度宽度和卧柣一样（侧面凿金口），如果立柣与其他部件相连，则被称为曲柣。

城门心将军石：指抹圆了棱角的长方体造型，长三尺，边长是一尺（上端露出地面一尺，下端埋入地下二尺）。

止扉石：长二尺，边长是八寸（上端露出地面一尺，下端埋入地下一尺）。

地 栿

造城门石地栿①之制：先于地面上安土衬石，以长三尺，广二尺，厚六寸为率。上面露棱广五寸，下高四寸。其上施地栿，每段长五尺，广一尺五寸，厚一尺一寸；上外棱混二寸；混内一寸凿眼立排叉柱。

【注释】①城门石地栿：设置于城门洞内两边，沿着洞壁脚铺设的物体。地栿：指栏杆的阑板或房屋的墙面底部与地面相交处的长板，即望柱与栏板的基座。

【译文】建造城门石地栿的规制标准：把土衬石安置在地面上（标准是长三尺，宽二尺，厚六寸），地面上露棱部分宽五寸，深埋入地下的部分高四寸。把地栿安置于土衬石上，每段的长五尺，宽一尺五寸，厚一尺一寸，上面露棱的外沿倒边，宽二寸。在倒边朝内一寸的地方刻出卯眼设置排叉柱。

流杯渠 剜凿流杯、垒造流杯

造流杯石渠①之制：方一丈五尺，用方三尺石二十五段造。其石厚一尺二寸。剜凿渠道广一尺，深九寸。其渠道盘屈，或作"风"字，或作"国"字。若用底版垒造，则心内施看盘一段，长四尺，广三尺五寸；

外盘渠道石并长三尺，广二尺，厚一尺。底版长广同上，厚六寸。余并同剜凿之制。出入水项子石二段，各长三尺，广二尺，厚一尺二寸。剜凿与身内同。若垒造，则厚一尺，其下又用底版石，厚六寸。出入水斗子二枚，各方二尺五寸，厚一尺二寸；其内凿池，方一尺八寸，深一尺。垒造同。

【注释】①流杯石渠：指石制的流杯渠。流杯渠，指地面上修建的专用于"曲水流觞"的渠道，其形状类似于"风"字或"国"字，水从一端流入，然后经过曲渠再从另一端流出。

【译文】建造流杯石渠的规制标准：流杯石渠的边长是一丈五尺（用二十五段三尺见方的石块建造而成），选择石块的厚一尺二寸，剜凿的流杯渠道宽一尺，深九寸（流杯石渠的渠道盘旋曲折，形状类似于"风"字或"国"字。若底版采用垒造的方式，那么在中央位置设置一段看盘，长四尺，宽三尺五寸；在外设置渠道石，长三尺，宽二尺，厚一尺，底版的长宽同上，厚六寸的，别的地方的制作方法同于剜凿流杯渠），出水和入水的项子石各一段，长三尺，宽二尺，厚一寸二分（与剜凿流杯渠的主体相同，如果垒造流杯渠道，那么其厚度就是一尺，在下方铺六寸厚度的底版石），出水和入水的斗子各一枚，边长二尺五分，厚一尺二寸，在斗子里开凿池子，池子边长是一尺八寸，深一尺（与垒造流杯渠道相同）。

坛

造坛之制：共三层，高广以石段层数，自土衬上至平面为高。每头子各露明五寸。束腰露一尺，格身版柱造，作平面或起突作壶门①造。石段里用培填后，心内用土填筑。

【注释】①壶门: 既是佛教建筑中一种门的型制, 也是一种镂空的装饰样式。

【译文】建造坛的规制标准: 坛分为三层, 根据石段层数决定坛的高度和宽度, 高从土衬到平面的距离。叠涩部分漏出五寸, 束腰的长一尺, 采用格身版柱, 用浮雕壶门或高浮雕壶门(石段里砌砖, 并用土填充)。

卷輂水窗

造卷輂水窗①之制: 用长三尺, 广二尺, 厚六寸石造。随渠河之广。如单眼卷輂②, 自下两壁开掘至硬地, 各用地钉木橛也。打筑入地, 留出镶卯。上铺衬石方三路, 用碎砖瓦打筑空处, 令与衬石方平; 方上并二③横砌石涩一重; 涩上随岸顺砌并二厢壁版, 铺垒令与岸平。如骑河者, 每段用熟铁鼓卯二枚, 仍以锡灌。如并三以上厢壁版者, 每二层铺铁叶一重。于水窗当心, 平铺石地面一重; 于上下出入水处, 侧砌线道④三重, 其前密钉擗石桩二路。于两边厢壁上相对卷輂。随渠河之广, 取半圆为卷輂秦内圆势。用斧刃石⑤斗卷合; 又于斧刃石上用缴背一重; 其背上又平铺石段二重; 两边用石随卷势补填令平。若双卷眼造, 则于渠河心依两岸用地钉打筑二渠之间, 补填同上。若当河道卷輂, 其当心平铺地面石一重, 用连二⑥厚六寸石。其缝上用熟铁鼓卯与厢壁同。及于卷輂之外, 上下水随河岸斜分四摆手, 亦砌地面, 令与厢壁平。摆手内亦砌地面一重, 亦用熟铁鼓卯。地面之外, 侧砌线道石三重, 其前密钉擗石桩三路。

【注释】①卷輂(jú)水窗：古代控制水流的开关闸门，即通常所说的"水门"。

②单眼卷輂：即单孔水门。

③并二：即两个并列。

④线道：即所谓牙子。

⑤斧刃石：用来作卷輂楔形石块。

⑥连二：两个相连续。

【译文】卷輂水车的规制标准：用三尺长，二尺宽，六寸厚的石段建造而成，宽由水渠或河流宽而定。如果建造单孔卷輂(即单孔水门)，下水处的两壁直到挖到硬质地面为止，两边分别用地钉(或木橛)打进地下(上端留出镶卯)。上面铺设三路衬石方，用碎砖瓦石填塞石缝，用来平整衬石方；把两排碎石方并列横向砌在衬石方上，石段做一层涩，涩的上面沿着水岸砌两排并列的厢壁版，铺垒层与水岸齐平(若是跨河的卷輂，每段上埋入两枚熟铁鼓卯，仍用锡水灌注，若为三排并列的厢壁版，在每两层之间铺一重铁叶)，把一层地面石铺在涵洞的中央；出水和入水两侧各砌三重线道，前方紧密钉二重护桩。在两侧的厢壁版上对齐卷輂(依据渠道河道的宽度，卷輂作半圆形)。用斧刃石拼成卷；在斧刃石上安一层缴背石，在后背铺二层石段，两侧依据卷的走向用石头补填平整，若是建造双孔卷輂(那么根据两岸的施工方式在渠道或者河道中央位置打入地钉，两渠间的填补方式和前面一样)，若是河道上方的卷輂，在正中铺地面石，用厚六寸的连二石，缝隙的处理方式与厢壁一样，同样使用熟铁鼓卯。依据河岸走向，在卷輂的外面砌筑，在上下水方向上，修建四道摆手，与此同时休整平齐于厢壁的地面(在摆手内修筑地面并用熟铁鼓卯)。地面外，修砌三重线道石，前面钉三路护桩。

水槽子

造水槽子①之制：长七尺，方二尺。每广一尺，唇厚二寸；每高一尺，底厚二寸五分。唇内底上并为槽内广深。

【注释】①水槽子：指古代供饮马或存水用的石槽。

【译文】建造水槽子的规制标准：水槽子长七尺，边长二尺。宽度每增加一尺，唇的厚度就增加二寸；高度每增加一尺，底部的厚度就增加二寸五分。水槽的宽度为唇内壁，水槽深度为从底板到上面的距离。

马 台

造马台①之制：高二尺二寸，长三尺八寸，广二尺二寸。其面方，外余一尺八寸，下面分作两踏。身内或通素，或迭涩造；随宜雕镌华文。

【注释】①马台：古时高门大户前供上下马的石台，也称为上马石。

【译文】建造马台的规制标准：马台高二尺二寸，长三尺八寸，宽二尺二寸。正面是正方形（即正外体），正外体外面多出一尺八寸的部分，分作两个脚踏。马台或不做任何雕饰，或者用迭涩工艺雕刻，根据不同情形雕刻各种花纹。

井口石井盖子

造井口石①之制：每方二尺五寸，则厚一尺。心内开凿井口，径一尺；或素平面，或作素覆盆，或作起突莲华瓣造。盖子径一尺二寸，下作子口，径同井口。上凿二窍，每窍径五分。两窍之间开渠子，深五分，安讹角铁手把。

【注释】①井口石：指古代位于井口的石构件。

【译文】建造井口石的规制标准：井口石边长二尺五寸，厚一尺，中央开凿直径为一尺的井口，进口造型或是不做任何雕饰的平面，或是没有花纹的覆盆，或是高浮雕的莲花瓣。盖子的直径是一尺二寸（下方开凿一个直径和井口一样的子口），井盖上开两个直径五分的小孔（在两个小孔之间开一个深度五分的小沟用来安装转角铁手把）。

山棚锭脚石

造山棚锭脚石①之制：方二尺，厚七寸；中心凿窍，方一尺二寸。

【注释】①山棚锭脚石：古代搭山棚时系绳用的方形石框。山棚：为庆祝节日而搭建的彩棚，其状如山高耸，故名。

【译文】建造山棚锭脚石的规制标准：石框边长是二尺，厚七寸，中央位置开凿一个边长为一尺二寸的窍。

幡竿颊

造幡竿颊之制：两颊各长一丈五尺，广二尺，厚一尺二寸，笋②在内；下埋四尺五寸。其石颊下出笋，以穿锭脚。其锭脚长四尺，广二尺，厚六寸。

【注释】①幡竿颊：指夹住旗杆的两片石头，清代称为夹杆石。幡竿：系幡的杆。

②笋：同"榫"。器物利用凹凸方式相接处凸出的部分。

【译文】建造幡竿颊的规制标准：石片两边各长一丈五尺，宽二尺，厚一尺二寸（内部有榫），石片埋入地下四尺五寸，石片下边露出榫，用来穿锭脚。锭脚的长四尺，宽二尺，厚六寸。

赑屃鳌坐碑

造赑屃鳌坐碑①之制：其首为赑屃盘龙，下施鳌坐。于土衬之外，自坐至首，共高一丈八尺。其名件广厚，皆以碑身每尺之长积而为法。

碑身：每长一尺，则广四寸，厚一寸五分。上下有卯。随身棱并破瓣。

鳌坐：长倍碑身之广，其高四寸五分；驼峰广三寸。余作龟文造。

碑首：方四寸四分，厚一寸八分；下为云盘，每碑广一尺，则高一寸半。上作盘龙六条相交；其心内刻出篆额天宫。其长广计字数随宜造。

土衬：二段，各长六寸，广三寸，厚一寸；心内刻出鳌坐版，长五尺，广四尺，外周四侧作起突宝山，面上作出没水地。

【注释】①赑屃（bì xì）鳌坐碑：古代石碑的一种形式，上面是盘龙石碑，下面是神龟底座。赑屃，传说中的动物，像龟，又传说赑屃是龙的九子之一，性好负重，所以用来负石碑。

【译文】建造赑屃鳌坐碑的规制标准：碑头是盘着的赑屃，把鳌坐放置在下方。不含有土衬，从鳌坐到碑头的高一丈八尺，坐碑构件的大小，是以碑身的长、宽、厚的比例作为标准。

碑身：长度增加一尺，宽度增加四寸，厚度增加一寸五分（若上下有卯口，那么沿着碑身棱边分瓣）。

鳌坐：长度比碑身宽度多一倍，高四寸四分；驼峰宽三分，其他地方雕刻龟文的纹理。

碑首：边长是四寸四分，厚一寸八分。碑首底部是云盘（碑首宽度每增加一尺，则高度增加一寸半），上方建造六条交缠的盘龙，在碑首中央地方雕刻篆额天宫（其长度和宽度由字数决定）。

土衬：二段，每段长六寸，宽三寸，厚一寸；在中央位置雕刻鳌坐版（长五尺，宽四尺的度），鳌坐外面四周雕刻起突宝山，其平面要比水平面高。

笏头碣

造笏头碣①之制：上为笏首，下为方坐，共高九尺六寸。碑身广厚并准石碑制度。笏首在内。其坐，每碑身高一尺，则长五寸，高二寸。坐身之内，或作方直，或作叠涩，随宜雕镌华文。

【注释】①笏(hù)头碣：赑屃鳌坐碑的一种简化形式，只有碑身和碑座。笏头：宋人称方团球路花纹为"笏头"。笏，古代君臣在朝廷上相见议事时手中拿的狭长板子，上面可以记事。笏头碣的形制像笏的头部。

【译文】建造笏头碣的规制标准：笏首在上，方坐在下，高九尺六寸，碑身宽度和厚度按照石碑的规制标准(包括笏首)。碑身高度每增加一尺，笏头碣的长度就要增加五寸，高度增加二寸。座身之内或者雕刻成方正形状，或者是叠涩，依据情况雕刻花纹。

卷第四

大木作制度一

材

其名有三：一曰章，二曰材，三曰方桁

凡构屋之制，皆以材为祖；材有八等，度屋之大小，因而用之。

第一等：广九寸，厚六寸。以六分为一分。

右殿身九间至十一间则用之。若副阶①并殿挟屋②，材分减殿身一等；廊屋③减挟屋一等。余准此。

第二等：广八寸二分五厘，厚五寸五分。以五分五厘为一分。

右殿身五间至七间则用之。

第三等：广七寸五分，厚五寸。以五分为一分。

右殿身三间至殿五间或堂七间则用之。

第四等：广七寸二分，厚四寸八分。以四分八厘为一分。

右殿三间，厅堂五间则用之。

第五等：广六寸六分，厚四寸四分。以四分四厘为一分。

右殿小三间, 厅堂大三间则用之。

第六等: 广六寸, 厚四寸。以四分为一分。

右亭榭或小厅堂皆用之。

第七等: 广五寸二分五厘, 厚三寸五分。以三分五厘为一分。

右小殿及亭榭等用之。

第八等: 广四寸五分, 厚三寸。以三分为一分。

右殿内藻井或小亭榭施铺作多则用之。

广六分, 厚四分。材上加栔④者谓之足材。施之栱眼内两枓之间者, 谓之闇栔。

各以其材之广, 分为十五分, 以十分为其厚。凡屋宇之高深, 名物之短长, 曲直举折之势, 规矩绳墨之宜, 皆以所用材之分, 以为制度焉。凡分寸之"分"皆如字。材分之"分", 音符问切。余准此。

【注释】①副阶: 殿堂周围如有回廊, 构成重檐, 则下层的檐称为副阶。

②挟屋: 殿堂两侧与之并列的小殿堂, 在住宅中称耳房。

③廊屋: 廊室, 主屋前两侧的房屋带有前廊。

④栔: 指的是上下栱之间填充的断面尺寸。

【译文】所有建造房屋的规制标准, 都是以材料为基础, 材分为八个等级。按照建筑的等级和类型采用不同等级的材。

第一等材: 高九寸, 宽六寸(以六分为一分)。

以上适用于九间到十一间宫殿(如果是副阶和殿堂两侧的挟屋, 那么要用比殿堂本身降低一个级别的材, 廊室的材要比挟屋降低一个级别。其余建筑依次类减)。

第二等材: 高八寸二分五厘, 宽五寸五分(以五分五厘为一分)。

以上适用于五间到七间宫殿。

第三等材：高七寸五分，宽五寸（以五分为一分）。

以上适用于三间到五间宫殿或者七间殿堂。

第四等材：高七寸二分，宽四寸八分（以四分八厘为一分）。

以上适用于三间堂殿五间宫殿。

第五等材：高六寸六分，宽四寸四分（以四分四厘为一分）。

以上适用于小三间宫殿大三间厅堂殿。

第六等材：高六寸，宽四寸（以四分为一分）。

以上适用于亭榭或者小厅堂。

第七等材：高五寸二分五厘，宽三寸五分（以三分五厘为一分）。

以上适用于小殿和亭榭。

第八等材：高四寸五分，宽三寸（以三分为一分）。

以上适用于殿内藻井或者小亭榭。

絜高六分，宽四分，足材就是一材加上一絜的高度。"闇絜"即是栱眼里两枓之间的高度。

每个级别材的高度均为十五分，宽度为十分。依据屋宇的高度和深度，每个构件的长短，屋顶坡度曲面的形式，圆方平直的情况，都有相应的材分别作为其制度规定（凡是"分寸"的"分"都是字面意思。"材分"的"分"读四声。其余都一样）。

栱

其名有六：一曰開，二曰槉，三曰欂，四曰曲枅，五曰栾，六曰栱

造栱之制有五：

一曰华栱[①]，或谓之杪栱，又谓之卷头，亦谓之跳头。足材栱[②]也。若补间铺作[③]，则用单材[④]。两卷头者，其长七十二分。若铺作多

者，里跳⑤减长二分。七铺作以上，即第二里外跳各减四分。六铺作以下不减。若八铺作下两跳偷心⑥，则减第三跳，令上下两跳交互枓畔相对。若平坐出跳，杪栱并不减。其第一跳于栌枓口外，添令与上跳相应。每头以四瓣卷杀⑦，每瓣长四分。如裹跳减多，不及四瓣者，祇用三瓣，每瓣长四分。与泥道栱相交，安于栌枓口内，若累铺作数多，或内外俱匀，或里跳减一铺至两铺。其骑槽⑧檐栱，皆随所出之跳加之。每跳之长，心不过三十分；传跳虽多，不过一百五十分。若造厅堂，里跳承梁出楷头⑨者，长更加一跳。其楷头或谓之压跳。交角内外，皆随铺作之数，斜出跳一缝。栱谓之角栱，昂谓之角昂。其华栱则以斜长加之。若跳头长五寸，则加二寸五厘之类。后称斜长者准此。若丁头栱⑩。其长三十三分，出卯长五分。若只里跳转角者，谓之虾须栱。用股卯到心，以斜长加之。若入柱者，用双卯，长六分至七分。

二曰泥道栱⑪，其长六十二分。若枓口跳⑫及铺作全用单栱造者，只用令栱。每头以四瓣卷杀，每瓣长三分半。与华栱相交，安于栌枓口内。

三曰瓜子栱⑬，施之于跳头。若五铺作以上重栱造⑭，即于令栱内，泥道栱外⑮用之。四铺作以下不用。其长六十二分；每头以四瓣卷杀，每瓣长四分。

四曰令栱⑯，或谓之单栱施之于里外跳头之上，外在橑檐方之下，内在算桯方⑰之下，与耍头相交，亦有不用耍头者，及屋内槫缝之下。其长七十二分。每头以五瓣卷杀，每瓣长四分。若里跳骑栿⑱，则用足材。

五曰慢栱⑲，或谓之肾栱，施之于泥道、瓜子栱之上。其长九十二分；每头以四瓣卷杀，每瓣长三分。骑栱及至角，则用足材。

凡栱之广厚并如材。栱头上留六分，下杀九分；其九分匀分为四大分；又从栱头顺身量为四瓣。瓣又谓之胥，亦谓之根，或谓之生。各以逐分之首，自下而至上，与逐瓣之末，自内而至外，以真尺对斜画定，然后斫造。用五瓣及分数不同者准此。栱两头及中心，各留坐枓处，余并为栱眼，深三分。如用足材栱，则更加一栔，隐出心枓⑳及栱眼。

凡栱至角相交出跳，则谓之列栱㉑。其过角栱或角昂处，栱眼外长内小，自心向外量出一材分，又栱头量一枓底，余并为小眼。

泥道栱与华栱出跳相列。

瓜子栱与小栱头出跳相列。小栱头从心出，其长二十三分；以三瓣卷杀，每瓣长三分；上施散枓。若平坐铺作，即不用小栱头，却与华栱头相列。其华栱之上，皆累跳至令栱，于每跳当心上施耍头。

慢栱与切几头㉒相列。切几头微刻材下作两卷瓣。如角内足材下昂造，即与华头子出跳相列。华头子承昂者，在昂制度内。

令栱与瓜子栱出跳相列。承替木头或橑檐方头。

凡开栱口之法：华栱于底面开口，深五分，角华栱深十分，广二十分。包栌枓耳在内。口上当心两面，各开子荫㉓通栱身，各广十分，若角华栱连隐枓通开，深一分。余栱谓泥道栱、瓜子栱、令栱、慢栱也上开口，深十分，广八分。其骑栱，绞昂栱㉔者，各随所用。若角内足材列栱，则上下各开口，上开口深十分连栔，下开口深五分。

凡栱至角相连长两跳者，则当心施枓，枓底两面相交，隐出栱头，如令栱只用四瓣，谓之鸳鸯交手栱。里跳上栱同。

【**注释**】①华栱：宋代栱的一种，也称抄栱、卷头、跳头等，用于出跳，相当于清代的翘。

②足材栱：高二十一分的栱。

③补间铺作：两个柱头之间的枓栱。

④单材：宽度为15分的材。

⑤里跳：从枓出层层华栱或昂，向里出的叫里跳，向外出的叫外跳。

⑥偷心："计心"就是每跳华栱或昂头上都用横栱；不用横栱叫偷心。

⑦卷杀：木构件端部、外轮廓采用转折的弧形艺术处理作法，使线条柔和。

⑧骑槽：与枓拱出跳相交的一列枓拱的中线称槽，横跨于槽上的华栱，一半在槽外，一半在槽内，称为骑槽。

⑨楂头：一种样式，方木出头。

⑩丁头栱：只有一个卷头，即半截栱。

⑪泥道栱：宋代栱的一种，用于铺作的横向中心线上，相当于清代的正心瓜栱。

⑫枓口跳：直接承托檐方的做法，栌枓口只出华栱一跳，上放置一枓。

⑬瓜子栱：宋代栱的一种，用于跳头。

⑭重栱造：跳头上用一层瓜子栱，上面再用一层慢栱；或者上用泥道栱，再在上面用慢栱。

⑮令栱内，泥道栱外：就是各个位于泥道栱与令栱之间的跳。

⑯令栱：宋代栱的一种，用于铺作里外最上一跳的跳头之上和屋檐槫下，有时还用于单栱造之扶壁栱上。

⑰算桯方：即算桯枋。指铺作最外跳上承托的方。

⑱骑栿：横跨于梁上。

⑲慢栱：宋代栱的一种，又称泥道重栱，位于泥道栱、瓜子栱的上面。

⑳隐出：刻出，即浮雕。心枓：齐心枓，栱中心上的枓。

㉑列栱：就是一种构件，一头是出头，一头是横栱。

㉒切几头：长度短的出头，不按栱头形式卷，不能承受一个枓。

㉓子荫：就是在构件上凿出的用以固定与另一构件的相互位置的宽而浅的凹槽。

㉔绞昂栿：不"骑"在梁上，与昂或梁相交。

【译文】建造栱有五条规制标准：

第一个规制标准：华栱（也可以叫做"杪栱""卷头"或"跳头"）。华栱是足材栱（若是补间铺作，那就用单材）。有两个卷头的华栱，长七十二分（假设有较多的出跳，那么里跳的长度减少二分。超过七铺作的，第一里跳和第二外跳的长度每个都减少四分。长度在六铺作以下的长度不变。如果长度在八铺作以下，第一第二跳不设横栱，那么减少第三跳的长度，使枓沿边处与上下跳齐平。如果是平坐枓栱出跳，则枓栱里跳的长度不用减少），**每头按照四瓣卷杀建造，每一瓣的长四分**（如果里跳长度减少的比较多，达不到建造四瓣的长度，那么只需建造三瓣，每瓣的长度仍为四分）。华栱和泥道栱交叉，安装在栌枓口里。铺作数量如果建造的比较多，或者里跳外跳的层数相同，或者里跳减少一铺到两铺。通过出跳来承担华栱骑槽，承载枓栱重量。每一出跳的中心长度不超过三十分，每层出跳的中心长度不超过一百五十分（若是建造厅堂，里跳承载方梁出头，加一倍的长度，压跳就是楷头），转角朝内朝外的地方要依据铺作的数目斜向出跳，出跳部分交叉位于角中线（栱被称为"角栱"，昂被称为"角昂"），根据斜长来增加华栱的材分（如果跳头加长五寸，那么华栱的长度则增长二寸五厘，其后都以此为准），例如丁头栱，长三十三分，出卯长五分，到相交栱的中线地方（倘若仅为里跳转角，则称为"虾须栱"，根据斜长增加，从用股出卯到中心位置。需要采用六分到七分的双卯来接入柱头）。

第二个规制标准：泥道栱。长六十二分（只用令栱的条件是科口跳和铺作都是用单栱建造）。每头造四瓣卷杀，每瓣长三分半。泥道栱与华栱交叉，被安装在栌科口里。

第三个规制标准：瓜子栱。设置在各跳跳头之上。倘若建造五层铺作以上的重栱造，那么在柱心泥道栱和外跳令栱之间使用（瓜子栱不适用于四铺作以下）。瓜子栱的长六十二分，每头造四瓣卷杀，每瓣卷杀的长四分。

第四个规制标准：令栱。也称为"单栱"。安置在华栱里跳或者外跳最外一跳的跳头上面（外侧在橑檐枋的下面，内侧在算桯枋的下面，用以承接外檐的栱檐方和内檐天花的算桯枋），正交于耍头（可不使用），一直延伸到屋内槫缝的下面。令栱的长七十二分。每头造五瓣卷杀，每一瓣的长四分。若令栱里跳横跨在梁上，就用足材。

第五个规制标准：慢栱。放在泥道栱、瓜子栱的上面，也叫"肾栱"。长九十二分，每头造四瓣卷杀，每一瓣的长三分。当慢栱需要横跨过梁，延伸至屋角是，则需用足材。

所有栱使用的材的长度都是十五分。栱头部分长是六分，栱身部分长是九分，其中九分需要平均分成四份，四瓣卷杀指的是栱头到栱身部分（瓣也叫做"胥""生""枨"）。从每一瓣的底部和每一份的顶部（由下往上），沿着对角的斜线用直尺画出线，进而砍削雕刻（按照这个标准的还有作五瓣或者其他份数的），承载科的地方是在栱的两头和中心位置，其余部分凿深三分的栱眼，足材栱的话，则要多加一栔（六分），雕凿出心科和栱眼。

在转角铺作中，两头分别是出跳和横栱，称之为"列栱"（角栱和角昂中，越靠外栱眼越大，反之越小。在栱头留出科底宽度的位置，由中心向外留出的宽一材分，其余雕凿小的卯眼）。

泥道栱正交于华栱的出跳。

瓜子栱正交于小栱头的出跳（华栱的中心是小栱头，其长度为二十三分，三瓣卷杀的小栱头，每一瓣的长三分，在上方安置散枓，在平坐铺作中，则不用小栱头，而是华栱与瓜子栱相交，华栱的上面是瓜子栱，每一出跳的中心地方加上耍头，到令栱要经过多次出跳）。

慢栱正交于切几头的出跳（切几头微作雕刻，之下造两卷瓣）。如果转角铺作中是用足材下昂，即与华头子出跳相交（华头子用来承托昂的部分，按照昂的规制标准建造）。

令栱正交于瓜子栱的出跳（承接着外檐的栱檐方和檐天花的算桯枋，即枋）。

开栱口的通用规制标准：在华栱底面开口，深度为五分（转角华栱的栱口深十分），宽二十分（包括栌枓耳）。正对中心栱口的两个面上，各凿一个宽度为十分，深度为一分，贯通栱身的凹槽（若是转角华栱则需要开凿一个隐枓）。其他栱（泥道栱，瓜子栱，慢栱，令栱）上开栱口，栱口深十分，宽八分（其他的跨梁或者与昂正交的那些栱，开栱口的方法视情况而定）。如果转角铺作中是足材列栱，则上下都需开栱口，上面的栱口深十分（包括栔），下面的栱口深五分。

连续两次出跳到转角的栱，需在中间位置设置枓，枓底两面相交，雕刻出栱头（如果是令栱则用四瓣卷），被称为"鸳鸯交手栱"（里跳上栱与之相同）。

飞 昂

其名有五：一曰楄，二曰飞昂，三曰英昂，四曰斜角，五曰下昂

造昂之制有二：

一曰下昂，自上一材，垂尖向下，从枓底心下取直，其长二十三分。其昂身上彻屋内。自枓外斜杀向下，留厚二分；昂面中颥[①]二分，令颥势圆和。亦有于昂面上随颥加一分，讹杀[②]至两棱者，谓之琴面

昂③；亦有自枓外斜杀至尖者，其昂面平直，谓之批竹昂④。

凡昂安枓处，高下及远近皆准一跳。若从下第一昂，自上一材下出，斜垂向下；枓口内以华头子承之。华头子自枓口外长九分；将昂势尽处匀分，刻作两卷瓣，每瓣长四分⑤。如至第二昂以上，只于枓口内出昂，其承昂枓口及昂身下，皆斜开镫口，令上大下小，与昂身相衔。

凡昂上坐枓，四铺作、五铺作并归平；六铺作以上，自五铺作外，昂上枓并再向下二分至五分。如逐跳计心造，即于昂身开方斜口，深二分；两面各开子荫，深一分。

若角昂，以斜长加之。角昂之上，别施由昂⑥。长同角昂，广或加一分至二分。所坐枓上安角神⑦，若宝藏神或宝瓶。

若昂身于屋内上出，即皆至下平槫。若四铺作用插昂，即其长斜随跳头。插昂又谓之挣昂；亦谓之矮昂。

凡昂栓，广四分至五分，厚二分。若四铺作，即于第一跳上用之；五铺作至八铺作，并于第二跳上用之。并上彻昂背，自一昂至三昂，只用一栓，彻上面昂之背。下入栱身之半或三分之一。

若屋内彻上明造，即用挑斡，或只挑一枓，或挑一材两栔。谓一栱上下皆有枓也。若不出昂而用挑斡者，即骑束阑方下昂桯。如用平棊，即自槫安蜀柱以叉昂尾；如当柱头，即以草栿或丁栿压之。

二曰上昂，头向外留六分。其昂头外出，昂身斜收向里，并通过柱心。

如五铺作单杪上用者，自栌枓心出，第一跳华栱心长二十五分；第二跳上昂心长二十二分。其第一跳上，枓口内用鞾楔⑧。其平棊方至栌枓口内，共高五材四栔。其第一跳重栱计心造。

如六铺作重杪上用者，自栌枓心出，第一跳华栱心长二十七分；第二跳华栱心及上昂心共长二十八分。华栱上用连珠枓，其枓口内用鞾楔。七铺作、八铺作同。其平棊方至栌枓口内，共高六材五栔。于两跳之内，当中施骑枓栱。

如七铺作于重杪上用上昂两重者，自栌枓心出，第一跳华栱心长二十三分，第二跳华栱心长一十五分；华栱上用连珠枓。第三跳上昂心，两重上昂共此一跳。长三十五分。其平棊方至栌枓口内，共高七材六栔。其骑枓栱与六铺作同。

如八铺作于三杪上用上昂两重者，自栌枓心出，第一跳华栱心长二十六分；第二跳、第三跳华栱心各长一十六分；于第三跳华栱上用连珠枓；第四跳上昂心，两重上昂共此一跳。长二十六分。其平棊方至栌枓口内，共高八材七栔。其骑枓栱与七铺作同。

凡昂之广厚并如材。其下昂施之于外跳，或单栱或重栱，或偷心或计心造。上昂施之里跳之上及平坐铺作之内；昂背斜尖，皆至下枓底外；昂底于跳头枓口内出，其枓口外用鞾楔。刻作三卷瓣。

凡骑枓栱，宜单用；其下跳并偷心造。凡铺作计心、偷心，并在总铺作次序制度之内。

【注释】①䫜：这里指削成凹进去的曲面或者曲线。

②讹杀：削成凸出来的曲面或者曲线。

③琴面昂：宋一种大木构斗拱的构件，属于下昂，之所以叫"琴面昂"，是因为外形酷似琴的外表起伏，有梯形、卷杀梯形几种做法。

④批竹昂：宋一种大木构斗拱的构件，属于下昂，与琴面昂同为早期两种大木结构，就是昂嘴与琴面昂不同，琴面昂昂嘴有弧度，其"昂面平直"形如削竹，没有任何弧度，因此叫"批竹昂"。

⑤华头子自枓口外长九分；将昂势尽处匀分，刻作两卷瓣，每瓣长四分：此处似乎前后存在矛盾：花头子外长九分，无法平均分为两瓣。其实并非原文有误，花子头自斗口出，先平均出一分作为过渡，再卷起两瓣，每瓣长四分，这一细节正是体现出北宋建筑的艺术造诣。

⑥由昂：与耍头齐平，在角枓45度斜线上的昂。

⑦角神：古建筑斗栱中的构件，形制如宝藏神或者宝瓶，其顶端支撑角梁，位于转角斗栱由品之上，由平盘斗承托。

⑧楔：这里指嵌入上昂昂头或下昂昂尾与华栱间的楔形构件。

【译文】建造昂的规制标准有两条：

第一条是下昂的规制标准，下昂是单材，昂尖向下垂着，昂的长是从枓的底部中心位置向下垂直的距离，长二十三分（下昂的昂身延伸到房屋内）。从枓外向下斜削伸出，其余的厚二分；昂面削成凹进二分的曲面，曲面弧度缓和（也有在昂面上依据凹陷的曲面增加一分高度，削成的凹面到两棱，称为"琴面昂"；也有从枓外斜削到昂尖，其昂面平直，称为"批竹昂"）。

安装在枓面的下昂，无论位置高低还是距离远近，都是一跳。若从比它高一层，且里一跳的枋子向下斜垂，则由同层的花头子承担枓口（花头子从枓口伸出长九分，先匀出一分作为过渡，再平均卷起两瓣，每瓣长四分）；若在高二层昂的上方，只在枓口里面出昂，则承托昂的枓口和昂身下面全部斜身开一镫口，镫口上大下小，与昂身紧密连接。

如果昂上有枓，四铺作、五铺作都需要与地面平行。六铺作之上，自五铺作以外，昂上枓都要向下倾斜二分到五分。若层层出跳采用计心法建造的话，则需在昂身上开一个深二分的方形斜口，两面各开一个深一分的凹槽。

若为角昂，则依据斜边的长度增加下昂的材，角昂背上的耍头做成昂的形状，长度与角昂相同，宽度增加一分到二分，在承托的枓上安置角神，角神的形制有宝藏神或宝瓶。

昂身在屋里向上伸出，即伸到平槫。四铺作中采取插昂，长度由斜向而出的跳头决定（插昂也称"矮昂"或"挣昂"）。

昂栓高四分到五分，厚二分。在第一跳上使用的是四铺作；在第二跳上用的是五到八铺作，昂栓向上砌于昂背上。一到三昂只用一个昂栓，砌在上方的昂背上。向下嵌入栱身一半或者三分之一的深度。

若屋里不安置天花板（平棊），那使用昂身后半部分延伸斜上方，即为挑幹，或只挑过一枓，或挑过一材两栔（这就是一栱上下都有枓，若不出昂采取挑幹，则需横跨束阑方下面的昂桯）。若屋里安置天花板（平棊），则需用蜀柱顶住昂尾安在平槫处，若遮住了柱头，那么需用草栿、丁栿把它压住。

第二条是上昂的规制标准。上昂的昂头上挑，昂身向内斜收进去，并通过柱心位置。

若把上昂安在五铺作的单杪上，从栌枓中心位置挑出，第一跳华栱的中线长二十五分，第二跳上昂中线长二十二分，枓口内用楔，平棊方子接入栌枓口。高五材四栔，第一跳采用用重栱计心法建造。

若把上昂安在六铺作的单杪上，从栌枓中心位置挑出，第一跳华栱中线长二十七分，第二跳上昂中线长度二十八分（若连珠枓用在华栱上，则枓口内用鞾楔。七铺作、八铺作与此相同），平棊方子接入栌枓口。高六材五栔，两跳之间是坐骑枓栱。

若把上昂安在七铺作的单杪上，从栌枓中心位置挑出，第一跳华栱中线长二十三分，第二跳上昂中线长一十五分（连珠枓用在华栱上）；第三跳上昂心中线长三十五分（两重上昂都在此跳之上），平棊方子接入栌枓口。高七材六栔（骑枓栱与六铺作相同）。

若在八铺作的三重华栱上安置两重上昂，从栌枓中心位置挑出，第一跳华栱中线长二十六分，第二跳和第三跳上昂中线长一十六分（在第三跳华栱上用连珠枓）；第四跳上昂心中线（两重上昂都在这个出跳之上）长二十六分，平棊方子接入栌枓口。长八材七栔（骑枓栱与七铺作相同）。

上述材的规定适用于所有昂的高度和厚度，下昂用于外跳，在单栱或者重栱，偷心或计心等做法中都可以使用。上昂用于里跳和平坐铺作里，昂背狭隘，延伸于下方的枓底外，昂底由跳头的枓口中伸出，枓口外使用靴楔（雕刻成三卷瓣）。

一般骑枓栱都单独使用，采用下跳和偷心的做法（铺作计心、偷心的造法参考"总铺作次序"这个规制标准）。

爵　头
其名有四：一曰爵头，二曰耍头、三曰胡孙头、四曰蜉蚁头

造耍头之制：用足材自枓心出，长二十五分，自上棱斜杀向下六分，白头上量五分，斜杀向下二分。谓之鹊台。两面留心，各斜抹五分，下随尖各斜杀向上二分，长五分。下大棱上，两面开龙牙口，广半分，斜梢向尖。又谓之锥眼。开口与华栱同，与令栱相交，安于齐心枓下。

若累铺作数多，皆随所出之跳加长，若角内用，则以斜长加之。于里外令栱两出安之。如上下有碍昂势处，即随昂势斜杀，放过昂身。或有不出耍头者，皆于里外令栱之内，安到心①股卯。只用单材。

【注释】①心：就是跳心，到令栱厚的一半。

【译文】建造耍头的规制标准：耍头从枓中间伸出，使用足材，

长二十五分，由上棱向下斜杀六分，头部留五分，向下斜杀二分（称为"鹊台"），两面留心，各面斜抹五分，底部长五分，下端随着尖端方向各向上斜杀二分。下部大棱上，两面各开一个宽度为半分的龙牙口，斜梢朝着尖端的方向（又称作"锥眼"）。耍头的开口和华栱相同，安置在齐心枓的下面，相交于令栱。

若为多层铺作，则耍头的长度随着铺作出跳增加而加长（如果用在转角铺作中，则根据斜长的增加而增加），多层铺作中，耍头与里外令栱相交出头。若在上下方向上有阻碍昂的构件，那么根据昂的走势斜杀而出，跳过昂身则可。若是不出头的耍头，则要在内外令栱中间到跳心处安装股卯（只用于单材）。

枓

其名有五：一曰㭼，二曰枅，三曰栌，四曰楷，五曰枓

造枓之制有四：

一曰栌枓[①]。施之于柱头，其长与广，皆三十二分。若施于角柱之上者，方三十六分。如造圆枓，则面径三十六分，底径二十八分。高二十分；上八分为耳；中四分为平；下八分为欹，今俗谓之"溪"者非。开口广十分，深八分。出跳则十字开口，四耳；如不出跳，则顺身开口，两耳。底四面各杀四分，欹颥一分。如柱头用圆枓，即补间铺作用讹角枓。

二曰交互枓[②]。亦谓之长开枓。施之于华栱出跳之上。十字开口，四耳；如施之于替木下者，顺身开口，两耳。其长十八分，广十六分。若屋内梁栿下用者，其长二十四分，广十八分，厚十二分半，谓之交栿枓；于

梁栿头横用之。如梁栿项归一材之厚者，只用交互枓。如柱大小不等，其枓量柱材随宜加减。

三曰齐心枓③。亦谓之华心枓。施之于栱心之上，顺身开口，两耳；若施之于平坐出头木之下，则十字开口，四耳。其长与广皆十六分。如施由昂及内外转角出跳之上，则不用耳，谓之平盘枓；其高六分。

四曰散枓④。亦谓之小枓，或谓之顺桁枓，又谓之骑互枓。施之于栱两头。横开口，两耳；以广为面。如铺作偷心，则施之于华栱出跳之上。其长十六分，广十四分。

凡交互枓、齐心枓、散枓，皆高十分；上四分为耳，中二分为平，下四分为歊。开口皆广十分，深四分，底四面各杀二分，歊颤半分。

凡四耳枓，于顺跳口内前后里壁，各留隔口包耳，高二分，厚一分半；栌枓则倍之。角内栌枓，于出角栱口内留隔口包耳，其高随耳。抹角内萌入半分。

【注释】①栌枓：也称为栌斗，指斗栱的最下层重量集中处最大的枓。

②交互枓：施于跳头，十字开口的枓。

③齐心枓：指用于栱中心的枓。

④散枓：指施于横向栱的两头或者偷心造的跳头上的枓。

【译文】建造枓的规制标准总共有四条：

第一条是栌枓的规制标准。栌枓安装于柱头，长和宽均为三十二分，若需安装在角柱上面，则边长为三十六分（若要建造圆枓，则顶部圆的直径是三十六分，底部圆面的直径是二十八分）。高二十分。枓耳是枓上面八分长的地方，枓平是中部四分长的部分，枓是下部八分长的地方（现在称为"溪"）。开口宽十分，深八分（出跳开十字口，有四个枓耳；如果不出跳，则要顺着枓身开口，有两个枓耳），底部的四面每个面杀四分的深度，斜四一分（若在柱头处使用圜枓，需在补间铺作中使用圆角枓）。

第二条是交互枓的规制标准（也称"长开枓"）。交互枓安置在华栱出跳上面（开十字口，四个枓耳；若安置在替木之下，则顺着枓身开口，两个枓耳）。长十八分，宽十六分（若安置于屋内梁栿下面，交互枓则长二十四分，宽度十八分，厚度十二分半，又称"交栿枓"；若安置于梁栿顶部，则需要横放，梁栿的厚一材，若柱子大小不一，则枓的长度要根据柱材实际情况来更改）。

第三条是齐心枓的规制标准（也称"华心枓"）。安置于华栱的跳心之上（沿着枓身开口，两个枓耳；若要安置于平坐出头木之下，则开十字口，四个枓耳），其长宽皆为十六分（若安置在飞昂和内外转角的出跳上，则不需要枓耳，高六分，被称为"平盘枓"）。

第四条是散枓的规制标准（也称"小枓""骑互枓""顺桁枓"）。安置于华栱的两端（横向开口，两个枓耳，以宽为面，若铺作使用偷心法建造，则需安置于华栱出跳之上），其长十六分，宽十四分。

齐心枓，交互枓和散枓的高度都是十分，上面四分的位置是枓耳，中部二分的位置是枓平，下部四分的位置是枓敧，开口长十分，深四分，底部四面每面都下杀二分的深度，斜四半分。

若是四耳枓，则在跳口的前后壁上各留一个，高二分，宽一分半的隔口包耳。若是栌枓则要双倍（转角铺作中的栌枓，在出角的栱口内留隔口包耳，其高度和枓耳一致，需要在转口处向内凿半分）。

总铺作次序

总铺作①次序之制：凡铺作自柱头上栌枓口内出一栱或一

昂，皆谓之一跳；传至五跳止。

出一跳谓之四铺作②；或用华头子，上出一昂。

出二跳谓之五铺作；下出一卷头，上施一昂。

出三跳谓之六铺作；下出一卷头，上施两昂。

出四跳谓之七铺作；下出两卷头，上施两昂。

出五跳谓之八铺作；下出两卷头，上施三昂。

自四铺作至八铺作，皆于上跳之上，横施令栱与耍头相交，以承橑檐方；至角，各于角昂之上，别施一昂，谓之由昂，以坐角神。

凡于阑额上坐栌枓安铺作者，谓之补间铺作。今俗谓之步间者非。当心间须用补间铺作两朵，次间及梢间各用一朵。其铺作分布，令远近皆匀。若逐间皆用双补间，则每间之广，丈尺皆同。如只心间用双补间者，若心间用一丈五尺，次间用一丈之类。或间广不匀，即每补间铺作一朵，不得过一尺。

凡铺作逐跳上，下昂之上亦同，安栱，谓之计心；若逐跳上不安栱，而再出跳或出昂者，谓之偷心。凡出一跳，南中谓之出一枝：计心谓之转叶，偷心谓之不转叶，其实一也。

凡铺作逐跳计心，每跳令栱上，只用素方③一重，谓之单栱；素方在泥道栱上者，谓之柱头方；在跳上者，谓之罗汉方；方上斜安遮椽版；即每跳上安两材一栔。令栱、素方为两材，令栱上枓为一栔。

若每跳瓜子栱上，至橑檐方下，用令栱，施慢栱，慢栱上用素方，谓之重栱；方上斜施遮椽版④；即每跳上安三材两栔。瓜子栱、慢栱、素方为三材；瓜子栱上枓、慢栱上枓为两栔。

凡铺作，并外跳出昂；里跳及平坐，只用卷头。若铺作数多，里跳恐太远，即里跳减一铺或两铺；或平棊低，即于平棊方下更加慢栱⑤。

凡转角铺作，须与补间铺作勿令相犯；或梢间近者，须连栱交隐⑥；补间铺作不可移远，恐间内不匀，或于次角补间近角处，从上减一跳。

凡铺作当柱头壁栱，谓之影栱⑦。又谓之扶壁栱。

如铺作重栱全计心造，则于泥道重栱上施素方。方上斜安遮橡版。

五铺作一杪一昂，若下一杪偷心，则泥道重栱上施素方，方上又施令栱，栱上施承橡方。

单栱七铺作两杪两昂及六铺作一杪两昂或两杪一昂，若下一杪偷心，则于栌枓之上施两令栱两素方。方上平铺遮橡版。或只于泥道重栱上施素方。

单栱八铺作两杪三昂，若下雨杪偷心，则泥道栱上施素方，方上又施重栱、素方。方上平铺遮橡版。

凡楼阁上屋铺作，或减下屋一铺。其副阶缠腰铺作，不得过殿身，或减殿身一铺。

【注释】①总铺作：即斗栱，主要由水平放置的方形枓、弓形的栱、翘，以及斜伸的昂和矩形断面的枋组合而成。

②出一跳谓之四铺作：在枓栱中，前后各出一跳；第一铺作是栌斗，第二铺作是华栱，第三铺作是耍头，第四铺作是橡方头。

③素方：即素枋。指在水平方向置有的横向的联系构件。

④遮橡版：又称檐口版。安置在坡屋顶挑檐外边缘上瓦下的通长

木板。一般在椽头或挑檐木端头用钉子固定，用来避免挑檐的内部构件不受雨水浸蚀和同时能够增加建筑的美观。

⑤或平棊低，即于平棊枋下更加慢栱：即跳头处的令栱换成瓜子栱或慢栱，这样就能把平棊枋抬高一材一栔。

⑥连栱交隐：就是鸳鸯交手栱。

⑦影栱：阑额之上柱头壁使用的栱。

【译文】总铺作次序的规制标准：只要是从柱头的栌枓口内出一栱或者一昂的铺作，就是一跳，可以连续五跳。

出一跳就是四铺作（或者华头子里华栱加下昂）；

出二跳就是五铺作（往下做一卷头出头，在上面安置一个飞昂）；

出三跳就是六铺作（往下做一卷头出头，在上面安置两个飞昂）；

出四跳就是七铺作（往下做两卷头出头，在上面安置两个飞昂）；

出五跳就是八铺作（往下做两卷头出头，在上面安置三个飞昂）。

从四铺作到八铺作，都安置在跳头的上方，令栱横向与耍头相交，用来承担橑檐枋的重量。在转角位置，在角昂的上方各置一昂，称为"由昂"，用来放置角神像。

补间铺作指的就是在阑额上承接栌枓安置的铺作（现在人们称为步间者是错的），心间使用补间铺作两朵，次间和梢间各用补间铺作一朵，铺作间的距离平均分布，长度相同（若是每间使用两朵补间，则每间宽度相同，每朵补间大小相同。若是只在心间用两朵补间铺作的话，例如心间宽一丈五尺，次间宽一丈。或者是每间宽度不同，则每间用补间铺作一朵，长度不能超出一尺）。

凡是连续出跳的铺作（上下昂也相同），在每跳上安置的横栱，叫做"计心"；若不在连续的出跳上安置横栱，则出跳或者出昂的铺作，叫做"偷心"（凡是出一跳，南中叫做出一枝，计心叫转叶，偷心叫不转叶，以此类推）。

凡是使用计心做法的铺作出跳，每一跳的令栱上方只用一重素枋，叫做"单栱"（安置在泥道栱上方的素枋，叫做"柱头枋"；安置在跳上的素枋，叫做"罗汉枋"；素枋上斜着安置遮椽版）。即每跳上安置两材一栔（两材就是令栱和素枋，一栔是令栱上的科）。

若在每一跳的瓜子栱上（在橑檐枋下安置令栱）安置慢栱，在慢栱上安置素枋，叫做重栱（素枋上斜处安置遮椽版）；即重栱每跳上安装三材两栔（三材指的是瓜子栱，慢栱，素枋，两栔指的是瓜子栱和慢栱上的科）。

凡是外跳出昂的铺作，在平坐和里跳中只用卷头，若铺作数过多，里跳距离过远，那么里跳则要减少一辅或者两辅；若平棊位置低，则把平棊枋下跳头处的令栱换成慢栱。

凡是转角铺作，一定要避免和补间铺作发生冲突。若梢间很近，则要用鸳鸯交手栱（补间铺作距离不能太远，以防间内距离不均匀），或者在次角补间的近角处从上面减少一跳。

凡是柱头壁上使用的栱，叫做"影栱"（也称"扶壁栱"）。

若是采用计心法建造的铺作重栱，则要把素枋安置在泥道重栱上（素枋上斜着安置遮椽版）。

五铺作的一杪一昂，若用偷心法下设一杪，则在泥道栱上安置素枋，在素枋的上面安置令栱，在令栱的上方安置承椽枋。

单栱七铺作是两杪两昂，单栱六铺作是一杪两昂。若下一杪采用偷心法造，则需在栌科上方安置两令栱两素枋（遮椽版安置于素枋上）。或者仅在泥道重栱上安置素枋。

单栱八铺作是两杪三昂，若下一杪采用偷心法造，则在泥道重栱上方安置两令栱两素枋。素枋上再安重栱、素枋（素枋上平铺安置遮椽版）。

凡是楼阁铺作，上下层铺作跳数可以相同，也可以上层比下层少一跳。其副阶缠腰铺作跳数要少于殿身的铺作跳数，或者比殿身铺作少一跳。

平 坐

其名有五: 一曰阁道, 二曰墱道, 三曰飞陛, 四曰平坐, 五曰鼓坐

造平坐之制: 其铺作减上屋一跳或两跳。其铺作宜用重栱及逐跳计心造作。

凡平坐铺作, 若叉柱造①, 即每角用栌枓一枚, 其柱根叉于栌枓之上。若缠柱造②, 即每角于柱外普拍方③上安栌枓三枚。每面互见两枓, 于附角枓上, 各别加铺作一缝。

凡平坐铺作下用普拍方, 厚随材广, 或更加一栔; 其广尽所用方木。若缠柱造, 即于普拍方里用柱脚方, 广三材, 厚二材, 上坐柱脚卯。凡平坐先自地立柱, 谓之永定柱; 柱上安搭头木, 木上安普拍方; 方上坐枓栱。

凡平坐四角生起, 比角柱减半。生角柱法在柱制度内。平坐之内, 逐间下草栿, 前后安地面方, 以拘前后铺作。铺作之上安铺版方, 用一材。四周安雁翅版, 广加材一倍, 厚四分至五分。

【注释】①叉柱造: 楼阁建筑中, 上层檐柱柱脚一字或十字开口, 叉落于下层平坐铺作中心, 柱底置于铺作栌斗斗面之上的结构方法。

②缠柱造: 上层檐柱立在柱脚方上, 不立在平坐柱及枓栱上。本文义, 柱脚方与阑额齐平, 顶端入柱的枋子。

③普拍方: 即普拍枋。指铺作层里柱子之间带有过渡性质的联系构件。

【译文】建造平坐的规制标准: 平坐比上屋的铺作少一跳到两

跳。平坐铺作可以采取重栱和逐层出跳的计心法建造。

平坐铺作要是采用叉柱造，在每根角柱上用一枚栌科，柱底置于铺作栌科斗面之上。如果采用缠柱造，则要在每根角柱外面的普拍枋上安置三枚栌科（正面、侧面都能看得到两个栌科，在附角科上分别增加一层铺作）。

在平坐铺作下使用普拍枋，普拍枋的厚度根据材的宽度，或者再增加一栔，其宽度根据所用的方木（如果采用缠柱造，那么普拍枋里要用宽度三材厚度二材的柱角方，柱角的卯口在上方位置）。凡平坐是从平地立柱，则称为"永定柱"；在柱上安置搭头木，普拍枋承载着科栱安装在搭头木上。

如果平坐的四角生起，比起角柱生起的幅度降低一半（柱制度内有生角柱法），平坐之内，逐间下置草栿，前后安置在地面方上，用来固定前后铺作。铺作之上安置铺版方，用一材。四周安置宽是材的一倍、厚四分到五分的雁翅版。

卷第五

大木作制度二

梁
其名有三：一曰梁，二曰亲脅，三曰欐

造梁之制有五：

一曰檐栿。如四椽及五椽栿；若四铺作以上至八铺作，并广两材两栔；草栿①广三材。如六椽至八椽以上栿，若四铺作至八铺作，广四材；草栿同。

二曰乳栿②。若对大梁用者，与大梁广同。三椽栿，若四铺作、五铺作，广两材一栔；草栿广两材。六铺作以上广两材两栔；草栿同。

三曰劄牵③。若四铺作至八铺作出跳，广两材；如不出跳，并不过一材一栔。草牵梁准此。

四曰平梁④。若四铺作，五铺作，广加材一倍。六铺作以上，广两材一栔。

五曰厅堂梁栿。五椽、四椽，广不过两材一栔；三椽广两材。余屋量椽数，准此法加减。

凡梁之大小，各随其广分为三分，以二分为厚。凡方木小，须缴贴令大；如方木大，不得裁减，即于广厚加之。如碍榑及替木，即于梁上角开抱榑口。若直梁狭，即两面安榑栿版。如月梁⑤狭，即上加缴背⑥，下贴雨颊；不得刻剜梁面。

造月梁之制：明栿，其广四十二分。如彻上明造，其乳栿、三椽栿各广四十二分；四椽栿广五十分；五椽栿广五十五分；六椽栿以上，其广并至六十分止。梁首谓出跳者不以大小从，下高二十一分。其上余材，自枓里平之上，随其高匀分作六分；其上以六瓣卷杀，每瓣长十分。其梁下当中颜六分。自枓心下量三十八分为斜项。如下两跳者长六十八分。斜项外，其下起颐，以六瓣卷杀，每瓣长十分；第六瓣尽处下顿五分。去三分，留二分作琴面。自第六瓣尽处渐起至心，又加高一分，令颐势圆和。梁尾谓入柱者上背下颐，皆以五瓣卷杀。余并同梁首之制。

梁底面厚二十五分。其项入枓口处。厚十分。枓口外两肩各以四瓣卷杀，每瓣长十分。

若平梁，四椽六椽上用者，其广三十五分；如八椽至十椽上用者，其广四十二分。不以大小从，下高二十五分。背上、下颐皆以四瓣卷杀，两头并同，其下第四瓣尽处颐四分，去两分，留一分作琴面。自第四瓣尽处渐起至心，又加高一分。余并同月梁之制。

若劄牵，其广三十五分。不以大小，从下高一十五分，上至枓底。牵首上以六瓣卷杀，每瓣长八分；下同。牵尾上以五瓣。其下颐，前后各以三瓣。斜项同月梁法。颐内去留同平梁法。

　　凡屋内彻上明造者,梁头相迭处须随举势高下用驼峰。其驼峰长加高一倍,厚一材。枓下两肩或作入瓣,或作出瓣,或圜讹两肩,两头卷尖。梁头安替木处并作隐枓;两头造耍头或切几头,切几头刻梁上角作一入瓣。与令栱或襻间⑦相交。

　　凡屋内若施平棊,平闇亦同。在大梁之上。平棊之上,又施草栿;乳栿之上亦施草栿,并在压槽方之上,压槽方在柱头方之上。其草栿长同下梁,直至撩檐方止。若在两面,则安丁栿。丁栿之上,别安抹角栿,与草栿相交。

　　凡角梁之下,又施隐衬角栿,在明梁之上,外至撩檐方,内至角后栿项;长以两椽材斜长加之。

　　凡衬方头,施之于梁背耍头之上,其广厚同材。前至撩檐方,后至昂背或平棊方。如无铺作,即至托脚木止。若骑槽,即前后各随跳,与方、栱相交。开子荫以压枓上。

　　凡平棊之上,须随槫栿用方木及矮柱敦桥,随宜枝樘固济,并在草栿之上。凡明梁只阁平棊,草栿在上承屋盖之重。

　　凡平棊方在梁背上,其广厚并如材,长随间广。每架下平棊方一道。平闇同。又随架安椽以遮版缝。其椽,若殿宇,广二寸五分,厚一寸五分;余屋广二寸二分,厚一寸二分。如材小,即随宜加减。绞井口并随补间。令纵横分布方正。若用峻脚,即于四阑内安版贴华。如平闇,即安峻脚椽⑦,广厚并与平闇椽同。

　　【注释】①草栿:用来负荷屋盖重量的梁,在平棊之上,工艺潦草,不经艺术加工。

②乳栿：长两椽的梁。

③劄牵：长一椽的梁。

④平梁：位于脊榑下的梁，长两椽。

⑤月梁：梁栿做成新月形式，梁肩呈弧形，梁底略向上凸的梁。

⑥缴背：梁栿垫高的做法，为了加强拱券的整体性，往往在券上随形平砌一层砖或石。

⑦襻间：用于檩（宋称榑）下，是联系各梁架的重要构件，以加强结构的整体性，有单材、两材、实拍等组合形式。

⑧峻脚椽：用于副阶与殿身相交处，斜置于平棊与构架的梁枋间的一排椽子。

【译文】造梁的规制标准有五条：

第一条是檐栿的规制标准。檐栿的长度是四椽栿和五椽栿，若采用四铺作到八铺作，宽两材两栔；草栿宽三材。檐栿的长度大于六椽栿到八椽栿，若采用四铺作到八铺作，宽四材；草栿宽四材。

第二条是乳栿的规制标准（若在大梁中使用，长度与大梁相同）。乳栿长三椽栿，若采用四铺作五铺作，宽两材一栔；草栿宽两材，若六铺作以上，宽两材两栔，草栿同宽。

第三条是劄牵的规制标准。若采用四铺作到八铺作且出跳，那么劄牵宽两材，若不出跳的话，宽度小于一材一栔（草牵梁的规则与此相同）。

第四个是平梁的规制标准。若平梁采用四五铺作，则宽两材。六铺作之上的平梁，宽两材一栔。

第五个是厅堂梁栿的规制标准。长五椽、四椽，宽小于两材一栔；长三椽，宽两材。其他屋舍按照此标准，根据椽的数量来增加或减少其宽度。

梁的大小根据料的尺寸，梁的厚度是来料方木的三分之二（若来料方木尺寸小，则必须根据构件尺寸把其补足，若构件尺寸小于来料方木则不可裁剪，若梁和槫或者和替木相冲，则要在梁的上角处开一个抱砖槫口。若直梁宽度偏窄，就把槫栿板贴在梁的两侧。若月梁宽度偏窄，则在梁上做缴背，梁下处贴两颊；梁面不允许剜刻）。

造月梁的规制标准：明栿宽四十二分（若室内没有平棊，则乳栿，三椽栿各宽四十二分，四椽栿宽五十分，五椽栿宽五十五分，六椽栿以及以上，宽度最大可达到六十分），梁首（称为出跳的部分）不随着明栿大小而改变，下高二十一分。其上其余材料，从枓内直上，平均分成六份；梁首作每瓣长十分的六瓣卷杀，在月梁底部中间位置凹进六分，在枓的中心位置量出长三十八分的斜项（若是向下两跳的构件，则长六十八分）。在斜项外杀凹，作六瓣卷杀，每瓣长十分；在第六瓣的末尾杀凹五分（去三分，其余两分作琴面，从第六瓣末端翘起到中线，高度增加一分，使凹面弧度缓和）。梁尾（也就是入柱部分）的上面缴背，下面杀凹，作五瓣卷杀。其他部分参照梁首的标准。

梁底面厚二十五分。其项（即入枓口处）厚十分。枓口外两肩处分别做四瓣卷杀，每一瓣长十分。

如果是平梁，若长四椽到六椽，宽三十五分。若长八椽到十椽，则宽四十二分。不区分平梁大小，下端宽二十五分。无论是上面缴背还是下面凹杀，都做四瓣卷杀（上下两头相同），下端第四瓣卷杀的末端杀凹四分（去掉二分，留一分用来做琴面，从第四瓣末端地方升起到中线位置，高度增加一分），其余构件参照月梁标准规制。

若是劄牵，宽三十五分。不分劄牵大小，下端高度十五分，（从枓的底部位置到顶端）。牵首作每瓣长度为八分的六瓣卷杀（下端与此相同）；牵尾作五瓣卷杀，在劄牵下方杀凹，前后分别做三瓣卷杀（斜项参照月梁标准规制。同造平梁制度相同的还有杀凹内的去留部位）。

若屋内不用平棊，在梁头重叠的地方使用驼峰，驼峰是根据举折的走势情况位置高低决定的，驼峰厚一材，长是高的一倍。枓下两肩可做成入瓣、出瓣样式，或者造成两肩是圆形，两头的卷杀是尖形，造一隐料，于梁头安装替木的地方安置；两头造耍头或切几头（切几头做成入瓣样式，凿刻在梁上角），与令栱或者襻间相交。

若屋内在大梁上方用平棊（平闇与此相同）。在平棊上安置草栿；在乳栿上也要安置草栿，位于压槽枋上（压槽枋在柱头枋上）。草栿的长度和下梁的一样，直到橑檐枋。若是在两面，则要安置丁栿，在丁栿之上，分别安置抹脚栿，交于草栿。

将隐衬角栿设置在角梁的下方。明梁上面是隐衬角栿，向外延续到橑檐枋处，向内到后角栿处，两椽斜长之和是其长度。

梁背的耍头上面是衬方头，宽度与厚度相同。向前到橑檐枋，向后到昂背或平棊枋（若是没有铺作，则要延伸到托脚木），若衬方头骑槽的话，前后随着出跳相交于方和栱。在压料上方开浅槽。

平棊上要顺着槫栿用方木和矮柱填满，方木和矮柱都是用来支撑加固草栿的，所以要放在草栿上面（明梁上放置平棊、之上的草栿用以承担屋盖的重量）。

若是梁背上的平棊枋，其宽厚由梁的尺寸决定，长由房间的宽度决定：在每一架下安置一道平棊枋（平闇与此相同，沿着架子安装椽方来遮盖版缝，例如殿宇的椽方，若宽二寸五分，厚一寸五分。其他屋内的椽方宽二寸二分，厚一寸三分，若来料尺寸不足，则视情况而定）。补间中将桯和平棊枋相交形成"井口"（纵向横向分布方正。若使用峻脚，即于四栏内安置板材并用花纹装饰，若为平闇，则安置厚宽都和平闇椽相同的峻脚椽）。

阑　额

造阑额①之制：广加材一倍，厚减广三分之一，长随间广，两头至柱心。入柱卯减厚之半。两肩各以四瓣卷杀，每瓣长八分。

如不用补间补作，即厚取广之半。

凡檐额，两头并出柱口；其广两材一栔至三材；如殿阁即广三材一栔或加至三材三栔。檐额下绰幕方②，广减檐额三分之一；出柱长至补间；相对作楮头或三瓣头。如角梁。

凡由额，施之于阑额之下。广减阑额二分至三分。出卯，卷杀并同阑额法。如有副阶，即于峻脚椽下安之。如无副阶，即随宜加减，令高下得中。若副阶额下，即不须用。

凡屋内额，广一材三分至一材一栔；厚取广三分之一；长随间广，两头至柱心或驼峰心。

凡地栿，广加材二分至三分；厚取广三分之二；至角出柱一材。上角或卷杀作梁切几头。

【注释】①阑额：檐柱间联络与承重的水平构件，两头出榫入柱，额背与柱头平。

②绰幕方：即绰幕枋。与清代的雀替相似，作用是减少额枋净跨度与承重。

【译文】建造阑额的规制标准：阑额宽是材的一倍，厚比宽少三分之一，长度由间宽决定，两头出榫到柱子的中心线，榫头卯插入柱子，深是宽的二分之一。阑额每肩造长度八分的四瓣卷杀，不用补间铺作的话，厚是宽的一半。

若是檐额，两端都比柱口长，宽两材一栔到三材，例如殿阁宽为三材一栔，那么檐额宽度或为三材三栔。檐额下为绰幕枋，宽比檐额少三分之一，绰幕方的两头超过柱口延展到补间，相对作楮头或作三瓣头（类似角梁）。

若是由额，安置于阑额下方，宽度比阑额少二分到三分（出卯和卷杀与阑额的制法相同）。如果有副阶，安置于峻脚椽下方。若无副阶，视具体情况增加或减少，使高低适中（若副阶在阑额之下，则无需如此）。

若是屋内阑额，宽一材三分到一材一栔，厚是宽的三分之一，长度由架间宽度决定。两头延伸到柱子或者驼峰中心。

若是地栿，则宽为一材二分到三分；厚是宽的三分之二；在转角处出柱一材（卷杀或上角做成梁的切几头）。

柱
其名有二：一曰楹，二曰柱

凡用柱之制：若殿阁，即径两材两栔至三材；若厅堂柱即径两材一栔，余屋即径一材一栔至两材。若厅堂等屋内柱，皆随举势定其短长，以下檐柱[①]为则。若副阶廊舍，下檐柱虽长不越间之广。至角则随间数生起角柱。若十三间殿堂，则角柱比平柱生高一尺二寸。平柱谓当心间两柱也。自平柱迭进向角渐次生起，令势圆和；如逐间大小不同，即随宜加减，他皆仿此。十一间生高一尺；九间生高八寸；七间生高六寸；五间生高四寸；三间生高二寸。

凡杀梭柱[②]之法：随柱之长，分为三分，上一分又分为三分，如栱卷杀，渐收至上径比栌枓底四周各出四分；又量柱头四分，紧杀如覆盆样，令柱头与栌枓底相副。其柱身下一分，杀令径围与中一分同。

凡造柱下櫍，径周各出柱三分；厚十分，下三分为平，其上并为敧；上径四周各杀三分，令与柱身通上匀平。

凡立柱，并令柱首微收向内，柱脚微出向外，谓之侧脚[③]。

每屋正面，谓柱首东西相向者。随柱之长，每一尺郎侧脚一分；若侧面谓柱首南北相向者。每一尺即侧脚八厘。至角柱，其柱首相向各依本法。如长短不定，随此加减。

凡下侧脚墨，于柱十字墨心里再下直墨，然后截柱脚柱首，各令平正。

若楼阁柱侧脚，祇以柱以上为则，侧脚上更加侧脚，逐层仿此。塔同。

【注释】①檐柱：也称为外柱，指建筑的檐下最外一列支撑屋檐的柱子。

②杀梭柱：就是将柱子两头作卷杀，使柱子的中间粗，两头细，似梭形。

③侧脚：在柱子垂直中线上，把柱脚往外移动一段距离。

【译文】建造柱子的规制标准：殿阁柱直径两材两栔或三材，厅堂柱是两材一栔，其他屋里的柱子直径是一材一栔到两材。若为厅堂柱这样的屋内柱则根据举折的程度来确定柱子的高低，以下檐柱为标准（若是副阶廊舍，下檐柱的城都要小于开间的长度）转角位置，角柱高度随着间数增加而增加，若殿堂十三间，则角柱比平柱高一尺二寸（"平柱"是中间的两根柱子，从平柱到转角逐渐增高，形成缓缓上升的弧线，使建筑外形圆和优美；若相邻房间大小不一样，要根据实际情况增加或减少高度，其他按此标准），十一间的，角柱比平柱高一尺，九间的高八寸，七间的高六寸，五间的高四寸，三间的高二寸。

杀峻柱的规制标准：依据柱子长度分为三大段，最上一段再分为三小段，若栱作卷杀的话，逐渐上收柱身直径，直到比栌科底部四周多出四分，在柱头量取四分的长度，紧杀出形状如覆盆的样式，使柱头与栌科底部吻合，杀柱身下一段，使其和上一段中一小段直径相同。

若在柱下方造櫍，直径比柱身四周各大三分，厚十分，除了下面三分是平的，其余的部分都做倾斜面，上面直径四周各杀三分，使之与柱身相通上下均匀。

把柱子立起来的时侯，柱首向里微收，柱尾稍微向外，称为侧脚。在每间屋子正面，柱首东西相对的那面，依据柱长每长一尺侧脚一分。若在屋子侧面，柱首南北相对的那面，每长一尺侧脚八厘。角柱柱首的朝向各自参照本条规定（若柱子长短不同，则按照此规定增加或减少）。

侧脚使用墨线时，在柱上的十字墨心里吊上垂直墨线。让柱脚柱首全部垂直于水平面。

若楼阁柱侧脚，把每层柱首作为标准，逐层侧脚（造塔与之相同）。

阳 马

其名有五：一曰觚棱，二曰阳马，三曰阙角，四曰角梁，五曰梁抹

造角梁之制：大角梁[①]，其广二十八分至加材一倍；厚十八分至二十分。头下斜杀长三分之二。或于斜面上留二分，外余直，卷为三瓣。

子角梁[②]，广十八分至二十分，厚减大角梁三分，头杀四分，上折深七分。

隐角梁[③]，上下广十四分至十六分，厚同大角梁，或减二分。上两面隐广各三分，深各一椽分。余随逐架接续，隐法皆仿此。

凡角梁之长，大角梁自下平槫至下架檐头；子角梁随飞檐头外至小连檐下，斜至柱心。安于大角梁内。隐角梁随架之广，自下平槫至子角梁尾，安于大角梁中，皆以斜长加之。

凡造四阿殿阁，若四椽、六椽五间及八椽七间，或十椽九间以上，其角梁相续，直至脊槫，各以逐架斜长加之。如八椽五间至十椽七间，并两头增出脊槫各三尺。随所加脊槫尽处，别施角梁一重。俗谓之吴殿，亦曰五脊殿。

凡堂厅并厦两头造，则两梢间用角梁转过两椽。亭榭之类转一椽。今亦用此制为殿阁者，俗谓之曹殿，又曰汉殿，亦曰九脊殿。按唐《六典》及《营缮令》云：王公以下居第并廊厦两头者，此制也。

【注释】①大角梁：角梁一般有上下两层，其中下层梁在宋式建筑中称为大角梁。

②子角梁：角梁的上层梁称为子角梁。

③隐角梁：在大角梁或子角梁尾部。

【译文】建造角梁的规制标准：大角梁，宽二十八分到加材一倍，厚十八分到二十分。从头下斜杀三分之二的长度（或在斜面上留出二分，其余为直，作三瓣卷杀）。

子角梁宽十八分到二十分，厚比大角梁少三分，头部杀四分，上折深七分。

隐角梁上下宽十四分到十六分，厚度和大角梁一致，或者少二分。凿去上方两侧，断面成“凸”字形，两面各宽三分，深度足可以接入椽枋（其余根据各架情况接续，隐法也如此）。

角梁的长度，大角梁的长度是从下平槫到下架的檐头；子角梁的长随飞檐头向外到小连檐的下方，斜伸到角柱的中心处（安置于大角梁之上）。隐角梁的长度和宽度一致，从下平槫到角梁的尾部位置，依据斜长增加（安在大角梁上方）。

对于四阿殿阁，若是四椽、六椽五间或八椽七间，或十椽九间以上，角梁前后相接，一直延续到脊槫，各自依据屋架斜长增加，若四阿殿阁是八椽五间到十椽七间，角梁两端各增加三尺长度一直延伸到脊槫（在增加的脊槫尽头，分别安置一重角梁。俗称"吴殿"，又称"无脊殿"）。

若采用厦两头建造厅堂，那么用于两梢之间的角梁转过两椽（亭榭之类转一椽，这也是建造殿阁的方法，也称"曹殿""汉殿""九脊殿"。在《唐六典》和《营缮令》中说，"王侯公卿以下的住所和厅堂也是采用厦两头建造"，即参照这条制度）。

侏儒柱

其名有六：一曰棁，二曰侏儒柱，三曰浮柱，四曰棳，五曰楹，六曰蜀柱。斜柱附，其名有五：一曰斜柱，二曰梧，三曰迕，四曰枝樘，五曰叉手。

造蜀柱之制：于平梁上，长随举势高下。殿阁径一材半，余屋量槫厚加减。两面各顺平栿，随举势斜安叉手①。

造叉手之制：若殿阁，广一材一栔；余屋，广随材或加二分至三分；厚取广三分之一。蜀柱下安合楂者，长不过梁之半。

凡中下平槫缝，并于梁首向里斜安托脚，其广随材，厚三分之一，从上梁角过抱槫，出卯以托向上槫缝。

凡屋如彻上明造，即于蜀柱之上安枓。若叉手上角内安栱，两面出耍头者，谓之丁华抹颏栱。枓上安随间襻间，或一材，或两材；襻间广厚并如材，长随间广，出半栱在外，半栱连身对隐。若两材造，即每间各用一材，隔间上下相闪，令慢栱在上，瓜子栱在下。若一材造，只用令栱，隔间一材，如屋内通用襻间一材或两材，并与梁头相交。或于两际随槫作楂头以乘替木。凡襻间如在平棊上者，谓之草襻间，并用全条方。

凡蜀柱量所用长短，于中心安顺脊串；广厚如材，或加三分至四分；长随间；隔间用之。若梁上用矮柱者，径随相对之柱；其长随举势高下。

凡顺栿串②，并出柱作丁头栱，其广一足材；或不及，即作楷头；厚如材。在牵梁或乳栿下。

【注释】①叉手：也称斜柱，斜置在平梁梁头之上，直至脊槫，防止其位移的构件。

②顺栿串：与襻间相似，与梁平行，梁的下面，两端安置在前后柱上的联系构件。

【译文】建造蜀柱的规制标准：在平梁的上方安置蜀柱，长度由举折的高低程度决定，殿阁上方的蜀柱的直径是一材半，其他屋内蜀柱的直径根据平梁的厚度变化，蜀柱两个面各沿着平梁的方向，依据举折的样式安置叉手。

建造叉手的规制标准：若是殿阁，叉手宽一材一栔，其余屋内叉手的宽度随着材增加二分到三分，厚宽度的三分之一（在蜀柱下安置合楷，长少于梁的二分之一）。

若是中下平槫缝，并在梁首向里斜着安托脚，宽度和材一样，厚材的三分之一，从上梁角出头超过抱槫，出卯以承担上槫缝。

若屋内不用平棊，那么把枓安在蜀柱之上（若在叉手上角里安栱，两面耍头出头的部位，称为"丁华抹颏栱"）。在每个开间的枓上方安襻间，或一材，或两材；襻间宽厚和材一样，长度等同于房屋开间的宽度，向外挑出半个栱的位置，半栱的栱身相对凿出"凸"字形断面。若用两材建造，则每个开间各用一材，隔间上下互相交错，上面是慢栱，下面是瓜子栱，若用一材建造，则只用令栱，间隔一材。像屋内襻间都采用一材或两材，都相交于梁头（或两际之上顺着槫的方向作梢头以支撑替木）。若平棊之上是襻间，称为"草襻间"。其余都是全条方。

依据蜀柱长短，在中心位置安置顺脊串，厚度宽度和材一样，或加三分到四分，长度根据间宽而定；隔间也使用（若梁上使用短柱，直径与相对的柱子相同；长度由举折的高低决定）。

若是顺栿串，需出柱并造宽一足材的丁头栱；若不足一材，即作楷头；厚度和材一样。安置于牵梁和乳栿下。

栋

其名有九：一曰栋，二曰桴，三曰檼，四曰棼，五曰甍，六曰极，七曰槫，八曰檩，九曰橑，两际附。

用槫之制：若殿阁，槫径一材一栔或加材一倍；厅堂，槫径加材三分至一栔；余屋，槫径加材一分至二分。长随间广。凡正屋用槫，若心间及西间者，头东而尾西；如东间者，头西而尾东。其廊屋面东西者皆头南而尾北。

凡出际之制：槫至两梢间，两际各出柱头，又谓之屋废。如两椽屋，出二尺至二尺五寸；四椽屋，出三尺至三尺五寸；六椽屋，出三尺五寸至四尺；八椽至十椽屋，出四尺五寸至五尺。若殿阁转角造，即出际长随架。于丁栿上随架立夹际柱子，以柱槫梢；或更于丁栿背上，添阁头栿①。

凡橑檐方，更不用橑风槫②及替木，当心间之广加材一倍，厚十分；至角随宜取圜，贴生头木，令里外齐平。

凡两头梢间，槫背上并安生头木，广厚并如材，长随梢间。

斜杀向里, 令生势圆和, 与前后橑檐方相应。其转角者, 高与角梁背平, 或随宜加高, 令椽头背低角梁头背一椽分。凡下昂作, 第一跳心之上用槫承椽, 以代承椽方, 谓之牛脊槫; 安于草栿之上, 至角即抱角梁; 下用矮柱敦桥。如七铺作以上, 其牛脊槫于前跳内更加一缝。

【注释】①阍(qì)头栿: 相当于采步金梁。

②橑风槫: 指铺作最外跳上承托的槫, 它是整个屋架结构中最下面的槫。

【译文】用槫的规制标准: 殿阁中, 槫的直径是一材一栔或者加材一倍; 厅堂内, 槫的直径加材三分到一栔: 其他屋内, 槫的直径加材一分到二分。长度由开间宽度决定。在正屋内用槫, 若在西屋内和中间屋内, 槫头向东, 槫尾向西; 若在东屋, 槫尾向东, 槫头向西, 东边或西边回廊的屋内都是槫头向南, 槫尾向北。

出际的规制标准: 槫延伸到两稍间, 两边伸到柱头以外(又称"屋废")。例如两椽屋, 出二尺到二尺五寸, 四椽屋, 出三尺到三尺五寸, 六椽屋, 出三尺五寸到四寸, 八椽到十椽屋, 出四尺五寸到五尺。若殿阁采用转角造法, 那么出际的长度由步架决定(在丁栿上顺着步架立夹着出际部分的柱子, 用柱承托槫梢, 或在丁栿的背上, 安置阍头栿)。

若为橑檐枋(不用橑风栿和替木)在心间上, 宽度加材一倍, 厚度十分; 转角位置依据形势缓和, 方上粘贴生头木, 使里外齐平。

若在两头的梢间内, 在槫背上安生头木, 宽厚和材一致, 长度由梢间而定, 向内斜杀以缓和生头木的走势, 和前后橑檐枋连接。转角处的橑檐枋, 上方与角梁背面齐平, 或者依据具体的情况增加高度, 使角梁头的背部比椽头背部高一部分。若造下昂, 在第一跳心之上, 用槫承托椽的重量(用来代替承椽方), 称为"牛脊槫"; 安置于草栿之上，到转角处抱住角梁，下面塞满矮柱。若七辅作之上，牛脊槫在前跳内再加一缝。

搏风版
其名有二：一曰荣，二曰搏风

造搏风版①之制：于屋两际出槫头之外安搏风版，广两材至三材；厚三分至四分；长随架道。中、上架两面各斜出搭掌，长二尺五寸至三尺。下架随椽与瓦头齐。转角②者至曲脊内。

【注释】①搏风版：即博风，又称为博缝板、封山板，常用于古代歇山顶和悬山顶建筑。

②转角：指九脊殿的角脊。

【译文】建造搏风版的规制标准：将搏风版安置在屋子两边出槫头的地方，宽两材到三材，厚三分到四分，长度由架道的长度决定。中架和上架的两边都斜伸出搭掌，长二尺五寸到三尺。下架和椽一起平行于瓦头（转角内的搏风版一直延续到曲脊里）。

柎
其名有三：一曰柎，二曰复栋，三曰替木

造替木之制：其厚十分，高一十二分。

单枓上用者，其长九十六分；

令栱上用者，其长一百四分；

重栱上用者，其长一百二十六分。

凡替木两头，各下杀四分，上留八分，以三瓣卷杀，每瓣长四分。若至出际，长与槫齐。随槫齐处更不卷杀。其栱上替木，如补间铺作相近者，即相连用之。

【译文】建造替木的规制标准：其厚十分，高一十二分。

单科上的替木长六十六分；

令栱上的替木长一百零四分；

重栱上的替木长一百二十六分。

替木的两头，分别下杀四分，上面留出八分，作每瓣长四分的三瓣卷杀。若延伸至出际，则长度和槫一样（和槫平齐处不作卷杀。栱上的替木，与补间铺作的做法相似，即相互连接使用）。

椽

其名有四：一曰桷，二曰椽，三曰榱，四曰橑。短椽，其名有二：一曰栋，二曰禁楄

用椽之制：椽每架平不过六尺。若殿阁，或加五寸至一尺五寸，径九分至十分；若厅堂，椽径七分至八分，余屋，径六分至七分。长随架斜；至下架，即加长出檐。每槫上为缝，斜批相搭钉之。凡用椽，皆令椽头向下而尾在上。凡布椽，令一间当心；若有补间铺作者，令一间当耍头心。若四裴回转角①者，并随角梁分布，令椽头疏密得所，过角归间②，至次角补间铺作心，并随上中架取直。其稀密以两椽心相去之广为法：殿阁，广九寸五分至九寸；副阶，广九寸至八寸五分；厅堂，广八寸五分至八寸；廊库屋，广八寸至七寸五分。若屋内有平棊者，即随椽长短，令一头取齐，一头

放过上架，当椽钉之，不用裁截。谓之雁脚钉。

【注释】①四裴回转角：即四面都出檐的回廊转角。"裴回"即"徘徊"，指回廊。

②过角归间：指椽应绕过转角收入房间中。

【译文】用椽的规制标准：每架椽的水平长度小于六尺。若在殿阁，则长度可增加五寸到一尺五寸，直径九分到十分；若在厅堂，椽的直径是七分到八分，其他的屋子则是六分到七分。椽顺着步架倾斜安装，延伸到下架出檐则要加长。槫上开缝，相互斜着搭建用钉子固定（凡是安置椽，都是椽头朝上，椽尾朝下）。在安置椽的时候，让每间的中间正对于两椽的中线。若有补间铺作的房间，需使要头中心正对左右两椽的中线。若是四面都出檐的回廊转角，椽要同角梁一起布置，使椽头排列正当有序，应绕过转角收入房间中（到次角的补间铺作中心），根据上架和中架的调整位置。其稀密程度以两椽中心之间距离为准则：殿阁，宽九寸五分到九寸；副阶，宽九寸到八寸五分；厅堂，宽八寸五分到八寸；廊库屋，宽八寸到七寸五分。若屋里有平棊，则根据椽的长度，使一头对齐，一头放置越过上架。在槫上用钉子固定好，不需要裁截（称为"雁脚钉"）。

檐

其名有十四：一曰宇，二曰檐，三曰樀，四曰楣，五曰屋垂，六曰梠，七曰棍，八曰联櫋，九曰樽，十曰庌，十一曰庑，十二曰榱，十三曰槾，十四曰庮

造檐之制：皆从橑檐方心出，如椽径三寸，即檐出三尺五寸；椽径五寸，即檐出四尺至四尺五寸。檐外别加飞檐①。每檐一尺，出飞子②六寸。其檐自次角补间铺作心，椽头皆生出向外，渐

至角梁:若一间生四寸;三间生五寸;五间生七寸。五间以上,约度随宜加减。其角柱之内,檐身亦令微杀向里。不尔恐檐圈而不直。

凡飞子,如椽径十分,则广八分,厚七分。大小不同,约此法量宜加减。各以其广厚分为五分,两边各斜杀一分,底面上留三分,下杀二分;皆以三瓣卷杀,上一瓣长五分,次二瓣各长四分。此瓣分谓广厚所得之分。尾长斜随檐。凡飞子须两条通造;先除出两头于飞魁内出者,后量身内,令随檐长,结角解开^③。若近角飞子,随势上曲,令背与小连檐平。

凡飞魁,又谓之大连檐。广厚并不越材。小连檐广加栔二分至三分,厚不得越栔之厚。并交斜解造^④。

【注释】①飞檐:多指屋角的檐部向上翘起部分,常用在亭、台、楼、阁、宫殿、庙宇等建筑的屋顶转角处,四角翘伸。

②飞子:在原有圆形断面的檐椽外端,加钉一截方形断面的椽子,以增加屋檐挑出的深度。

③结角解开:节约工料的措施。将长条方木,横向斜劈成两段完全相同的,一端斜杀、一端方正的木条。

④交斜解造:节约供料的措施。将长条方木纵向劈成两条完全相同的、断面作三角形或者不等边四角星的长条。

【译文】建造檐的规制标准:出檐的宽度都从橑檐枋的中线量出来,若椽的直径是三寸,则出檐三尺五寸;若椽的直径是五寸,则出檐四尺到四尺五寸。檐之外还有飞檐。檐出一尺,则飞子出六寸。檐越过次角柱补间辅作的中线,椽头向外生出,慢慢生到角梁的位置:一间生四寸;三间生五寸;五间生七寸(五间以上根据幅度而增加或减少)。在角柱内,檐身稍微杀向里面一点(反之,檐可能不顺直)。

造飞子, 若椽的直径是十分, 则飞子宽八分, 厚七分 (椽大小不同, 参照此条标准视情况而增减)。按照飞子的宽厚分成五分, 两侧分别斜杀一分, 底部上留三分, 下杀二分, 都作三瓣卷杀, 上面一瓣长五分, 两边每瓣各长四分 (此瓣根据宽厚分)。飞子尾部顺着檐斜出 (都使用两条方木造飞子; 先去掉飞魁内超出的两头, 后量飞魁内的长度, 使其长度与檐长相等, 作结角解开。若是靠近角的飞子, 则随着形势而向上曲折, 使背部与小连檐齐平)。

飞魁 (又称"大连檐") 宽度和厚度少于材。小连檐的宽度加架二分到三分, 厚度要小于架的厚度 (并采用交斜解造法造)。

举 折

其名有四: 一曰陠, 二曰峻, 三曰陠峭, 四曰举折

举折之制: 先以尺为丈, 以寸为尺, 以分为寸, 以厘为分, 以毫为厘, 侧画所建之屋于平正壁上, 定其举之峻慢, 折之圜和, 然后可见屋内梁柱之高下, 卯眼之远近。今俗谓之定侧样, 亦曰点草架。

举屋之法: 如殿阁楼台, 先量前后橑檐方心相去远近, 分为三分, 若余屋柱梁作, 或不出跳者, 则用前后檐柱心。从橑檐方背至脊槫背, 举起一分, 如屋深三丈, 即举起一丈之类; 如瓪瓦厅堂, 即四分中举起一分。又通以四分所得丈尺, 每一尺加八分; 若瓪瓦廊屋及瓯瓦厅堂, 每一尺加五分; 或瓯瓦廊屋之类, 每一尺加三分。若两椽屋不加。其副阶或缠腰, 并二分中举一分。

折屋之法: 以举高尺丈, 每尺折一寸, 每架自上递减半为法。如举高二丈, 即先从脊槫背上取平, 下至橑檐方背, 其上第一

缝折二尺，右逢上第一缝槫背取平，下至橑檐方背，于第二缝折一尺，若椽数多，即逐缝取平，皆下至橑檐方背，每缝并减上缝之半。如第一缝二尺，第二缝一尺，第三缝五寸，第四缝二寸五分之类。如取平，皆从槫心抨绳令紧为则。如架道不匀，即约度远近，随宜加减。以脊槫及橑檐方为准。

若八角或四角斗尖亭榭，自橑檐方背举至角梁底，五分中举一分；至上簇角梁，即两分中举一分。若亭榭只用甋瓦者，即十分中举四分。

簇角梁之法：用三折。先从大角梁背，自橑檐方心量，向上至枨杆卯心，取大角梁背一半，立上折簇梁，斜向枨杆举分尽处。其簇角梁上下并出卯。中、下折簇梁同。次从上折簇梁尽处量至橑檐方心？取大角梁背一半立中折簇梁，斜向上折簇梁当心之下。又次从橑檐方心立下折簇梁，斜向中折簇梁当心近下，令中折簇梁上一半与上折簇梁一半之长同，其折分并同折屋之制。唯量折以曲尺于弦上取方量之，用甋瓦者同。

【译文】举折的规制标准：先把丈缩小为尺、把尺缩小为寸、把寸缩小为分、把分缩小为厘、把厘缩小为毫的作图比例（即按照1：10的比例），然后在平整的墙壁上画出要建造屋子的草图，测出屋子上举和下折的程度，进而标注出屋内梁柱的高低，卯眼的远近程度（也就是我们所说的"定测样"或是"点草架"）。

举屋的方法：若是殿阁楼台，要先测量前后橑檐枋的中线之间的距离，平均分成三份（若其他屋内用梁柱建造，或不出跳，那就测量前后檐柱中线的距离），从橑檐枋背到脊槫背举一份（例如，屋进深三丈，则举一丈，其他情况参照这个标准）。若是甋瓦厅堂，则在四份中举一份。统一按照前后橑檐枋间距的四分之一，在每一尺上加八分，若是瓦廊屋到甋瓦厅堂，则每一尺加五分。若是瓪瓦廊屋这类建筑，则每一尺加三分（若是两椽屋，则不加，副阶或缠腰是二份中举一份）。

折屋的方法：参照举高的尺寸，每一尺折一寸，每架由上递减一半。若举高二丈，则先于脊槫背上取平，下到橑檐枋背部，其上第一缝折二尺；从右逢上第一缝的槫背取平，下到橑檐枋的背面，第二缝折一尺，如果椽比较多，就将每个缝逐一取平，都下到橑檐枋的背面，每一缝都比上一缝少一半（如第一缝为二尺，第二缝是一尺，第三缝是五寸，第四缝则是二寸五分以此类推）。如需取平，都是从槫心拉成一条直线为标准。若架道不均匀，则要估摸距离，视不同情况增减（以脊槫和橑檐枋为标准）。

如果是八角或四角的斗尖亭榭，从橑檐枋背举高到角梁底部，五份中举一份，到上簇角梁处，是两份中举一份（若是使用瓪瓦建造的亭榭，则十份中举四份）。

簇角梁的方法：采用三次下折，首先从大角梁背，从橑檐枋的中线位置向上量到枨杆卯心，量取大角梁背的一半，立起上折簇梁，斜对着枨杆上举的最末位置（簇角梁上下都出卯，中折簇梁与下折簇梁一样）。其次从上折簇梁最末位置到橑檐枋的中线测量出大角梁背的一半，将中折簇梁竖立起，斜对着上折簇梁中心位置以下的部分，再次从橑檐枋的中线位置立起下折簇梁，斜对着中折簇梁向下的位置（使中折簇梁的一半等于下折簇梁的一半）。其折分法同于折屋的方法（量折时候用曲尺在弦上取方侧量，瓪瓦参照此法）。

卷第六

小木作制度一

版门 双扇版门　独扇版门

造版门①之制：高七尺至二丈四尺，广与高方②。谓门高一丈，则每扇之广不得过五尺之类。如减广者，不得过五分之一。谓门扇合广五尺，如减不得过四尺之类。其名件广厚，皆取门每尺之高，积而为法。独扇用者，高不过七尺，余准此法。

肘版③：长视门高。别留出上下两镶；如用铁桶子或鞾臼④，即下不用镶。每门高一尺，则广一寸，厚三分。谓门高一丈，则肘版广一尺，厚三寸。丈尺不等。依此加减。下同。

副肘版⑤：长广同上，厚二分五厘。高一丈二尺以上用，其肘版与副肘版皆加至一尺五寸止。

身口版⑥：长同上，广随材，通肘版与副肘版合缝计数，令足一扇之广，如牙缝⑦造者，每一版广加五分为定法。厚二分。

楅⑧：每门广一尺，则长九寸二分，广八分，厚五分。衬关楅同。用楅之数；若门高七尺以下，用五楅；高八尺至一丈三尺，用七楅；高一丈四尺至一丈九尺，用九福；高二丈至二丈二尺，用十一福；高二丈三尺至二丈四尺，用十三福。

额：长随间之广，其广八分，厚三分。双卯入柱。

鸡栖木⑨：长厚同额，广六分。

门簪⑩：长一寸八分，方四分，头长四分半。余分焉三分，上下各去一分，留中心为卯。颊、内额上，两壁各留半分，外匀作三分，安簪四枚。

立颊⑪：长同肘版，广七分，厚同额。三分中取一分为心卯，下同。如颊外有余空，即里外用难子⑫安泥道版⑬。

地栿：长厚同额，广同颊。若断砌门⑭，则不用地栿，于两颊之下安卧柣、立柣。

门砧：长二寸一分，广九分，厚六分。地栿内外各留二分，余并挑肩破瓣。

凡版门如高一丈，所用门关⑮径四寸。关上用柱门拐⑯。搕𨦯柱⑰长五尺，广六寸四分，厚二寸六分。如高一丈以下者，只用伏兔、手栓⑱。伏兔广厚同福，长令上下至福。手栓长二尺至一尺五寸，广二寸五分至二寸，厚二寸至一寸五分。缝内透栓⑲及劄，并间福用。透栓广二寸，厚七分。每门增高一尺，则关径加一分五厘；搕𨦯柱长加一寸，广加四分，厚加一分，透栓广加一分，厚加三厘。透栓若减，亦同加法。一丈以上用四栓，一丈以下用二栓。其劄，若门高二丈以上，长四寸，广三寸二分，厚九分；一丈五尺以上，长同上，广二寸七分，厚八分；一丈以上，长三寸五分，广二寸二分，厚七分；高七尺以上，长三寸，广一寸八分，厚六分。若门高七尺以上，则上用鸡栖木，下用门砧。若七尺以下，则上下并用伏兔。高一丈二尺以上者，或用铁桶子鹅台石砧。高二丈以上者，门上镶安铁锏^⑳，鸡栖木安铁钏^㉑，下镶安铁鞾臼^㉒，用石地栿、门砧及铁鹅台^㉓。如断砌，即卧柣，立柣并用石造。地栿版^㉔长随立柣间之广，其广同阶之高，厚量长广取宜；每长一尺五寸用楅一枚。

【注释】①版门：由若干块木板拼成一大块板的木门，是一种不通透的实门。

②广与高方："广"指两扇合计的宽度，一扇就是"高的一半"的比例。

③肘版：构成版门最靠门边的板，因整扇门的重量都系在肘版上，所以很厚。

④鞾（xuē）臼：在门砧上容纳承托镶的形似碗的凹坑。⑤副肘版：离肘版最远的板，在门扇最靠外。

⑥身口版：副肘版和肘版之间的板。

⑦牙缝：就是压缝或"企口"。

⑧楅：钉在门板背面，使副肘版、身口版、肘版连成一整块木板的横木。

⑨鸡栖木：安在额的背面，两端各留出一个圆孔，用来承接肘版的上镶。

⑩门簪：中国传统建筑的大门构件，安在街门的中槛的上面。有方形、菱形、六边形、八边形等，正面或雕刻，或描绘，饰以花纹图案。簪，古同"簪"。

⑪立颊：立在门两边的构件，清代称"抱框""门框"。

⑫难子：清代称"压缝条""仔边"。框子里装木板时，用来遮盖框和板之间接缝的细木条。

⑬泥道版：清代称"余塞板"。抱框和门框之间，由于用了两根腰枋，有低于腰枋上皮的空挡，在其间塞入一层板，用来槅扇这个空挡。

⑭断砌门：将阶基切断，用来通车马。

⑮门关：大门背面，距地面约无耻的高度，两头插入搕鏁柱的木杠，可挡住门扇使不能开。

⑯柱门拐：塞在门关和门扇之间的空挡里的一块楔形长条木块，使门紧闭不动。

⑰搕鏁柱：搕音合，鏁即锁，读"合锁柱"。安在立颊上，留圆孔用以承纳门关的构件。

⑱伏兔、手栓：伏兔就是小型搕鏁柱，安在背面门板上。手栓是安在伏兔内可以左右移动，但不能取下来的门栓。

⑲透栓：在门板之内，横向穿通全部副肘版、身口版、肘版用来固定各条板材间的连接木条。

⑳铜：原意"车轴上的铁条"，是紧箍在上鏁上的铁箍。

㉑钏：原意"臂环"，这里是安在鸡栖木圆孔内，以利上鏁转动的铁环。

㉒铁鞟臼：安在下下端的"铁鞋"。

㉓铁鹅台：安在石门砧上，上面有碗形圆凹坑用来承受下鏁铁鞟臼的铁块。

㉔地栿版：可以随时安上或者去掉的活动门槛，安在立柣的槽内。

【译文】建造版门的规制标准：版门高七尺到二丈四尺，一扇宽高度的一半（比如门的高度为一丈，那么每扇版门的宽度不能超过五尺）。如果要缩短宽度，缩短的宽度不能超过五分之一（比如一扇门的宽五尺，那么宽度不能少于四尺）。版门构件的宽度和高度的尺寸，都以门的高度为一百，以此百分比来定各个构件的比例尺寸（单独一扇门的高度不能超过七尺，其余都参照此标准）。

肘版：肘版的长度要根据门的高度来确定（另外分别留出上下两鏁；如果用铁桶子或鞟臼，那么下面就不用使用鏁）。门高每增加一尺，宽就增加一寸，厚就增加三分（比如门的高一丈，那么肘版的宽度就是一尺，厚度就是三寸。门的尺寸不相同。参照此标准加减。下面与此相同）。

副肘版：长和宽与肘版相同，厚二分五厘（在高一丈二尺以上的门使用，其肘版和副肘版的宽度最多一尺五寸）。

身口版：长与副肘版相同，宽度由材而定，连同肘版和副肘版的合缝，使其能有一扇门的宽度（如果是采用压缝法，那么每一版的宽度增加五分），厚度为二分。

楅：如果每扇门的宽一尺，那么楅的长度就是九寸二分，宽八分，厚五分（衬关楅与此相同。用楅的数目：如果门高小于七尺，就用五楅；如果门高八尺到一丈三尺，就用七楅；如果门高一丈四尺到一丈久尺，就用九楅；如果门高二丈到二丈二尺，就用十一楅；如果门高二丈三尺到二丈四尺，就用十三楅）。

额：长度根据开间的宽度来确定，其宽八分，厚三分（双卯插入柱子）。

鸡栖木：长和厚与额一样，宽六分。

门簪：长一寸八分，边长四分，头长四分半（其余部分分成三分，上下各除去一分，留下中间的部分就是门簪的卯）。将两颊之间的额的两端各留出半分，中间平均分成三分，安上四枚门簪。

立颊：长与肘版一样，宽七分，厚与额相同（平均分为三份，取中间一份作为心卯，下面与此相同。若立颊与柱子之间有空隙，那么需在门内和门外用难子安置泥道版）。

地栿：长和厚与额一样，宽与颊一样（若为断砌门，那么不需用地栿，在两立颊之下安置卧柣和立柣）。

门砧：长二寸一分，宽九分，厚六分（地栿内外各自留下二分，其余的挑肩破瓣）。

如果版门高一丈，所用的门关直径是四寸（关上设置柱门拐）。搕锁柱长五寸，宽六寸四分，厚二寸六分（如果版门的高度小于一丈，只用伏兔和手栓。伏兔的宽和厚与楅一样，长是上下到楅的距离。手栓长二尺到一尺五寸，宽二寸五分到二寸，厚二寸到一寸五分）。合缝里安置透栓和劄，并列安置起到楅的作用。透栓宽二寸，厚七分。门版每增加一尺，则门关直径增加一分五厘；搰锁柱长加一寸，宽加四分，厚加一分，透栓宽加一分，厚加三厘（透栓减小与参照其增加的规律。门高大于一丈用四栓，小于一丈用二栓。其劄，若门高大于二丈，长四寸，宽三寸二分，厚九分；若门高大于一丈五尺，长四寸，宽二寸七分，厚八分；若门高大于一丈，长三寸五分，宽二寸二分，厚七分；若门高大于七尺，长三寸，宽一寸八分，厚六分）。若门高大于七尺，那么上面用鸡栖木，下面用门砧（若门高小于七尺，那么上下都用伏兔）。若门高大于一丈二尺，就用铁桶子、鹅台石砧。若门高大于二丈，则门上镶安铁锏，鸡栖木安铁钏，门下镶安铁鞾臼，使用石地栿、门砧和铁鹅台（如果断砌，那么卧株和立株都使用石造）。地栿版的长度根据立秩之间的宽度而定，其宽等于阶高，厚度根据长度和宽度而定；地栿长度每增加一尺五寸用楅一枚。

乌头门

其名有三：一曰乌头大门，二曰表楬，三曰阀阅。今呼为棂星门

造乌头门之制：俗谓之棂星门。高八尺至二丈二尺，广与高方。若高一丈五尺以上，如减广不过五分之一。用双腰串。七尺以下或用单腰串；如高一丈五尺以上，用夹腰华版，版心内用桩子。每扇各随其长，于上腰中心分作两分，腰上安子桯①、棂子②。棂子之数须双用。腰华以下，并安障水版。或下安鋜脚，则于下桯上施串一条。其版内外并施牙头护缝③。下牙头或用如意头造。门后用罗文楅④。左右结角斜安，当心绞口。其名件广厚，皆取门每尺之高，积而为法。

肘：长视高。每门高一尺，广五分，厚三分三厘。

桯：长同上，方三分三厘。

腰串：长随扇之广，其广四分，厚同肘。

腰华版⑤：长随两桯之内，广六分，厚六厘。

锭脚版：长厚同上，其广四分。

子桯：广二分二厘，厚三分。

承棜串⑥：穿棜当中，广厚同子桯。于子桯之内横用一条或二条。

棜子：厚一分。长入子桯之内三分之一。若门高一丈，则广一寸八分。如高增一尺，则加一分；减亦如之。

障水版：广随两桯之内，厚七厘。

障水版及锭脚、腰华内难子：长随桯内四周，方七厘。

牙头版：长同腰华版，广六分，厚同障水版。

腰华版及锭脚内牙头版：长视广，其广亦如之，厚同上。

护缝：厚同上。广同棜子。

罗文榥：长对角，广二分五厘，厚二分。

额：广八分，厚三分。其长每门高一尺，则加六寸。

立颊：长视门高，上下各别出卯。广七分，厚同额。颊下安卧柣、立柣。

挟门柱：方八分。其长每门高一尺，则加八寸。柱下栽入地内，上施乌头。

日月版⑦：长四寸，广一寸二分，厚一分五厘。

抢柱、方四分。其长每门高一尺，则加二寸。

凡乌头门所用鸡栖木、门簪、门砧、门关、搕𨱗柱、石砧、铁鞾臼、鹅台之类，并准版门之制。

【注释】①子桯（tīng）：桯，横木。安在腰串的上面，上桯的下面，用来安装櫺子的横木条。

②櫺（líng）子：木条做的窗框。

③护缝：掩盖板缝的木条。有时这种木条的上部做成云朵形的牙头，下部做成如意头。

④罗文楅：门扇障水版背面的斜撑，斜角十字交叉安装，用来防止门扇下垂变形，加固障水版。

⑤腰华版：指楅扇中裙板上部和下部安装的一种扁长池版。

⑥承櫺串：因櫺子细长易变形或折断，用一道或两道较细的串来固定并加固櫺子。

⑦日月版：指日版、月版加挟门柱的宽度，长四寸。

【译文】建造乌头门（俗称"櫺星门"）的规制标准：高八尺到二丈二尺，宽度和高度相同。高度超过一丈五尺，若要减少宽度，不能超过五分之一，用双腰串（小于七尺的要用单腰串；若高度大于一丈五尺，用夹腰华版，版心内用桩子）。门扇和腰串长度相同，从腰串中心分成两部分，腰上必须安上子桯、櫺子（櫺子的数量，必须是双数）。腰华以下，一并安上障水版，或者在其下安上锃脚，则在下桯上安一条串。在华版的内部都设置牙头护缝（下牙头做成如意头），门后安装罗文楅（左右斜角十字交叉，当中绞口）。各个构件的大小尺寸，都以每尺门为一百为标准，用这个百分比来确定各部分的比例尺度。

肘：长度由高度而定，门高增加一尺，宽增加五分，厚增加三分三厘。

桯：长度与肘相同，边长是三分三厘。

腰串：长度和每扇门的宽度相同，其宽四分，厚和肘相同。

腰华版：长度等于两桯之间的距离，宽六分，厚六厘。

锃脚版：长度厚度与腰华版相同，宽四分。

子桯：宽二分二厘，厚三分。

承棍串：从棍中穿过，宽度厚度与子桯的相同（在子桯内横着穿过一条或者两条串）。

棍子：厚一分（长度等于插入子桯的三分之一，若门高一丈，那么宽一寸八分，如果高增加一尺，那么宽增加一分，减少也是如此）。

障水版：宽度等于两桯之间的距离，厚七厘。

障水版及铤脚、腰华内难子：长度根据桯内的周长而定，边长是七厘。

牙头版：长度与腰华版相同，宽六分，厚度和障水版一样。

腰华版及铤脚内牙头版：长度与门扇的肘和桯之间的宽度相同，其宽度由两道腰串之间的宽度或者障水版下面所加的那道串和下桯之间的空档距离而定，厚度与牙头版相同。

护缝：厚度与腰华版及铤脚内牙头版相同（宽度和棍子一样）。

罗文福：长等于障水版的斜对角线的长，宽二分五厘，厚二分。

额：宽八分，厚三分（门的高增加一尺，额的长就增加六寸）。

立颊：长由门高而定（上下分别出卯），宽七分，厚与额相同（颊下安放卧株、立株）。

挟门柱：边长是八分（门的高度每增加一尺，挟门柱的长度就增加八寸。柱子的下端插入地内，上端安置乌头）。

日月版：长四寸，宽一寸二分，厚一分五厘。

抢柱：边长四分（门的高度每增加一尺，抢柱的长度就增加二寸）。

乌头门所用的鸡栖木、门簪、门砧、门关、搕锁柱、石砧、铁鞾臼、鹅台等构件，都参照造版门的规制标准。

软门 牙头护缝软门、合版软门

造软门[①]之制：广与高方；若高一丈五尺以上，如减广者不过五分之一。用双腰串造。或用单腰串。每扇各随其长，除桯②及腰串外，分作三分，腰上留二分，腰下留一分，上下并安版，内外皆施牙头护缝。其身内版及牙头护缝所用版，如门高七尺至一丈二尺，并厚六分；高一丈三尺至一丈六尺，并厚八分；高七尺以下，并厚五分，皆为定法。腰华版厚同。下牙头或用如意头。其名件广厚。皆取门每尺之高，积而为法。

拢桯③内外用牙头护缝软门④：高六尺至一丈六尺。额、楸内上下施伏兔用立桥⑤。

肘：长视门高，每门高一尺，则广五分，厚二分八厘。

桯：长同上，上下各出二分。方二分八厘。

腰串：长随每扇之广，其广四分，厚二分八厘。随其厚三分，以一分为卯。

腰华版：长同上，广五分。

合版软门⑥：高八尺至一丈三尺，并用七楅，八尺以下用五楅。上下牙头，通身护缝，皆厚六分。如门高一丈，即牙头广五寸，护缝广二寸，每增高一尺，则牙头加五分，护缝加一分，减亦如之。

肘版：长视高，广一寸，厚二分五厘。

身口版：长同上，广随材。通肘版合缝计数，令足一扇之广。厚一分五厘。

楅：每门广一尺，则长九寸二分。广七分，厚四分。

凡软门内或用手栓、伏兔，或用承拐楅，其额、立颊、地楸、鸡栖木、门簪、门砧、石砧、铁桶子、鹅台之类，并准版门之制。

【注释】①软门: 构造和用材上都比较轻巧的木门。

②桯: 这里指横在门扇头上的上桯和脚下的下桯。

③拢桯: 四面用桯拢或框框。这种门"用桯和串拢成框架, 身内板的内外两面都用牙头护缝的软门。"

④牙头护缝软门: 在构造上与乌头门的门扇相似, 用桯和串做成框子, 再镶上木板。

⑤立桥: 安在上述上下两伏兔之间的一根垂直的门关, 从里面将门关闭。

⑥合版软门: 在构造上与版门相似, 只是门板较薄, 只用楅, 不用透栓和剳。外面加牙头护缝。

【译文】建造软门的规制标准: 宽度和高度相同, 若高度超过一丈五尺, 那么其宽度减少不得超过五分之一, 用双腰串造(有的用单腰串)。每扇门的长度相同, 除了桯和腰串外, 分成三部分, 腰上留出两部分, 腰下留出一部分, 上下都安木板。内外都放置牙头护缝(若门高七尺到一丈二尺, 那么其身内版和牙头护缝所用的板都厚六分; 高一丈三尺到一丈六尺, 厚八分; 高小于七尺, 厚五分, 比例都是固定的。腰华版的厚度和它一样, 下牙头可做成如意头形状)。各个部件的大小尺寸, 以每尺软门的高度为一百为标准, 用这个百分比来确定各部分的比例尺寸。

拢桯内外用牙头护缝软门: 高六尺到一丈六尺(在额、门槛的上下安置伏兔和立桥)。

肘: 长度由门的高度而定, 门高加一尺, 宽就加五分, 厚就加二分八厘。

桯: 长度与肘相同(上下各多出二分), 边长二分八厘。

腰串: 长度由每扇门的宽度而定, 宽四分, 厚二分八厘(把厚度平均分为三部分, 其中一部分做卯)。

腰华版: 长与腰串相同, 宽五分。

合版软门: 高八尺到一丈三尺, 用七楅。八尺以下用五楅(上下安置牙头，所有版身都作护缝，厚六分。若门高一丈，牙头宽五寸，护缝宽二寸，门高每加一尺，牙头加五分，护缝加一分，减少也按照这个比例）。

肘版：长由门高而定，宽一寸，厚二分五厘。

身口版：长度与肘版相同，宽度由所用木材来制定（肘版加合缝的数目，需达到一个门扇的宽度），厚一分五厘。

楅（门宽加一尺，则楅长加九寸二分）：宽七分，厚四分。

软门内或造手栓、伏兔，或造承拐楅，其额、立颊、地栿、鸡栖木、门簪、门砧、石砧、铁桶子、鹅台等都参照版门的标准。

破子棂窗

造破子棂窗^①之制：高四尺至八尺。如间广一丈，用一十七棂。若广增一尺，即更加二棂。相去空一寸。不以棂之广狭，只以空一寸为定法，其名件广厚，皆以窗每尺之高，积而为法。

破子棂：每窗高一尺，则长九寸八分。令上下入子桯内，深三分之二。广五分六厘，厚二分八厘。每用一条，方四分，结角^②解作两条，则自得上项广厚也。每间以五棂出卯透子桯。

子桯：长随棂空。上下并合角斜叉立颊。广五分，厚四分。

额及腰串：长随间广，广一寸二分，厚随子桯之广。

立颊：长随窗之高、广厚同额。两壁内隐出子桯。

地栿：长厚同额，广一寸。

凡破子窗，于腰串下，地栿上，安心柱，槫颊^③。柱内或用障水版、牙脚牙头填心难子造，或用心柱编竹造^④；或于腰串下用隔减窗坐造。凡安窗，于腰串下高四尺至三尺。仍令窗额与门额齐平。

【注释】①破子棂窗：棂窗的一种，其棂子是断面为三角形的木条。

②结角：对角。

③槫颊：靠在大木作柱身的短立颊。

④心柱编竹造：窗子上下的隔墙、山墙尖、拱眼壁等用竹笆墙。

【译文】建造破子棂窗的规制标准：高四尺到八尺，若开间宽一丈，那么用十七条棂。若宽加一尺，那么加二条棂子。破子棂窗的棂子之间相隔一寸（和子棂的宽窄没有关系，只是以空一寸为标准）。各构件的大小尺寸，都以每尺的高度为一百为标准，以此百分比来确定各个部分的比例尺寸。

破子棂：窗高每加一尺，那么长就加九寸八分（使其上下都插入子棂内，深是子棂厚的三分之二），宽加五分六厘，厚加二分八厘（用一条边长四分的木条对角分成两条，那么就能得到宽度和厚度了）。每一间都有五条子棂出卯穿过子棂。

子棂：长度由全部棂子和棂子之间空档尺寸的总和而定，水平子棂和垂直子棂在转角处成45度角相交。宽五分，厚四分。

额及腰串：长由间宽而定，宽一寸二分，厚度由子棂的宽度而定。

立颊：长和窗高相同，宽、厚与额一致（两侧内壁隐出子棂）。

地栿：长、厚与额一致，宽一寸。

凡是建造破子窗，在腰串之下、地栿之上安置心柱、槫颊，在柱内可以用障水版、牙脚牙头造填心难子，或者用竹笆墙，内外还要抹灰，或者在窗槛下砌砖墙（要是安设窗，腰串下高四尺到三尺，使窗额和门额齐平）。

睒电窗

造睒电窗①之制：高二尺至三尺。每间广一丈，用二十一棂。若广增一尺，则更加二棂，相去空一寸。其棂实广二寸，曲广二寸七分，厚七分。谓以广二寸七分直棂，左右剜刻取曲势，造成实广二寸也。其广厚皆为定法。其名件广厚，皆取窗每尺之高，积而为法。

棂子：每窗高一尺，则长八寸七分。广厚已见上项。

上下串：长随间广，其广一寸。如窗高二尺，厚一寸七分；每增高一尺，加一分五厘；减亦如之。

两立颊：长视高，其广厚同串。凡睒电窗，刻作四曲或三曲；若水波文造，亦如之。施之于殿堂后壁之上，或山壁高处。如作看窗②，则下用横钤③、立㧥④，其广厚并准版棂窗所用制度。

【注释】①睒（shǎn）电窗：指开在后墙或山墙高出的棂窗，其棂子为波浪状的木条。一般位于柱间阑额下。历史上，睒电窗在宫殿、佛寺建筑上广泛应用，但因过于费工费料，元明之后很少再见到。

②看窗：开在较低处，可以往外看的窗。

③横钤：一种由柱到柱的大型串。

④立㧥：较大的心柱。

【译文】建造睒电窗的规制标准：高二尺到三尺，每间的宽一丈，用二十一条子棂，若宽增加一尺，那么就增加二条子棂，中间相隔一寸。子棂实际宽二寸，曲宽二寸七分，厚七分（直棂本来宽二寸七分，左右剜刻成曲面，所以实际宽二寸。宽度和厚度比例都是固定的）。各个构件的大小尺寸, 都以每尺窗的高度为一百为标准, 以此百分比来确定各部分的比例尺寸。

棂子: 窗高每增加一尺, 那么长增加八寸七分（宽度和厚度同前面一致）。

上下串: 长度由间的宽而定, 宽一寸（若窗高二尺, 则厚一寸七分; 高每增加一尺, 厚就增加一分五厘; 减少的情况也是这样）。

两立颊: 长由高度而定, 其宽、厚和串一致。

睒电窗的棂子是四曲或三曲, 如果刻成水波纹的样子, 也是这样; 开在殿堂后壁之上, 或者山壁高处, 如果做成看窗, 那下面就用横铃、立旌, 其宽、厚参照版棂窗的规制标准。

版棂窗

造版棂窗①之制: 高二尺至六尺。如间广一丈, 用二十一棂。若广增一尺, 即更加二棂。其棂相去空一寸, 广二寸, 厚七分。并为定法。其余名件长及广厚, 皆以窗每尺之高积而为法。

版棂: 每窗高一尺, 则长八寸七分。

上下串: 长随间广, 其广一寸。如窗高五尺, 则厚二寸, 若增高一尺, 则加一分五厘; 减亦如之。

立颊: 长窗口之高, 广同串。厚亦如之。

地栿: 长同串。每间广一尺, 则广四分五厘; 厚二分。

立旌: 长视高。每间广一尺, 则广三分五厘, 厚同上。

横铃: 长随立旌内。广厚同上。

凡版棂窗, 于串下地栿上安心柱编竹造, 或用隔减窗坐造。

若高三尺以下，只安于墙上。令上串与门额齐平。

【注释】①版棂窗：属于棂窗的一种，棂子是直木板条。

【译文】建造版棂窗的规制标准：高二尺到六尺，每间宽一丈，用二十一条子棂，若宽增加一尺，就增加二条子棂。子棂之间相隔一寸，宽二寸，厚七分（以此比例为标准），各个构件的大小尺寸，都以每尺窗的高度为一百为标准，以此百分比来确定各部分的比例尺寸。

版棂：窗高每增加一尺，其长度就增加八寸七分。

上下串：长由间宽而定，宽一寸（例如窗高五尺，那么厚二寸。若高增加一尺，那么厚度就增加一分五厘，减少也参照此标准）。

立颊：长由窗口的高度而定，宽和串一致（厚度也是这样）。

地栿：长与串的长度一致（间宽增加一尺，则宽增加四分五厘，厚度增加二分）。

立柣：长由高而定（间宽增加一尺，则宽就增加三分五厘，厚度与地栿一致）。

横钤：长由立柣内长而定（宽、厚与立柣相同）。

制作版棂窗，在串下面地栿上面用竹笆墙，或者用砖砌墙。若高小于三尺，只需安置于墙上（使上串与门额持平）。

截间版帐

造截间版帐①之制：高六尺至一丈，广随间之广。内外并施牙头护缝。如高七尺以上者，用额、栿、槫柱，当中用腰串造。若间远则立槏柱②。其名件广厚，皆取版帐每尺之广，积而为法。

槏柱：长视高；每间广一尺，则方四分。

额：长随间广；其广五分，厚二分五厘。

腰串、地栿：长及广厚皆同额。

榛柱：长视额、栿内广，其广厚同额。

版：长同榛柱；其广量宜分布。版及牙头、护缝、难子，皆以厚六分为定法。

牙头：长随榛柱内广；其广五分。

护缝：长视牙头内高；其广二分。

难子：长随四周之广；其广一分。凡截间版帐，如安于梁外乳栿、札牵之下，与全间相对者，其名件广厚，亦用全间之法。

【注释】①截间版帐：安于柱与柱之间，用于分隔室内空间的隔断墙。

②榛柱：指隔断、窗户等旁边的中柱。

【译文】建造截间版帐的规制标准：高六尺到一丈，宽和开间宽相同，内外都设置牙头护缝，若截间版帐高大于七尺，则用额、栿、榛柱，在中间制作腰串，若两个柱子之间距离过大，那么就安放榛柱。各个构件的大小尺寸，都以每尺版帐的宽度为一百为标准，以此百分比来确定各部分的比例。

榛柱：长由高而定，每间宽增加一尺，那么榛柱边长就增加四分。

额：长根据间宽来确定，宽五分，厚二分五厘。

腰串、地栿：长、宽和厚都与额一样。

榛柱：长根据额、栿的宽来确定，宽、厚和额一样。

版：长和榛柱一样，宽根据具体情况来制定合适的尺寸（版及牙头、护缝、难子，统一规定厚为六分）。

牙头：长由榛柱宽来确定，宽五分。

护缝：长由牙头高来确定，宽二分。

难子：长由其四周的宽度来确定，宽一分。

凡是建造截间版帐，在梁外乳栿、劄牵之下安放，正对着室内柱子之间的中线位置，各个构件的大小尺寸，也参照建造全间的方法。

照壁屏风骨

截间屏风骨、四扇屏风骨。其名有四：
一曰皇邸，二曰后版，三曰扆，四曰屏风

造照壁屏风骨①之制：用四直大方格眼。若每间分作四扇者，高七尺至一丈二尺。如只作一段截，间造者，高八尺至一丈二尺。其名件广厚，皆取屏风每尺之高，积而为法。

截间屏风骨。

桯：长视高，其广四分，厚一分六厘。

条桱②：长随桯内四周之广，方一分六厘。

额：长随间广，其广一寸，厚三分五厘。

槫柱：长同桯，其广六分，厚同额。

地栿：长厚同额，其广八分。

难子：广一分二厘，厚八厘。

四扇屏风骨。

桯：长视高，其广二分五厘，厚一分二厘。

条桱：长同上法，方一分二厘。

额：长随间之广，其广七分，厚二分五厘。

槫柱：长同桯，其广五分，厚同额。

地栿：长厚同额，其广六分。

难子: 广一分, 厚八厘。

凡照壁屏风骨, 如作四扇开闭者, 其所用立掭、搏肘, 若屏风高一丈, 则搏肘③方一寸四分; 立掭广二寸, 厚一寸六分; 如高增一尺, 即方及广厚各加一分; 减亦如之。

【注释】①照壁屏风骨: 构成照壁屏风的骨架子。照壁屏风, 指厅堂等内部的隔断屏风、照壁, 也称影壁或者屏风墙, 指大门内的屏蔽物。

②条桱: 构成方格眼的木条。

③搏肘: 安在屏风扇背面的转轴。

【译文】制造照壁屏风骨的规制标准: 制作四个大方格眼, 若每一房间安置四扇屏风, 则高七尺到一丈二尺。如果只设一段屏风, 则高八尺到一丈二尺。屏风各个构件的大小尺寸, 都以屏风每尺高为一百为标准, 以此百分比来确定各部分的比例。

截间屏风骨。

桯: 长由高来确定, 宽四分, 厚一分六厘。

条桱: 长由桯内四周的宽来确定, 边长一分六厘。

额: 长根据间宽来确定, 宽一寸, 厚三分五厘。

槫柱: 长和桯长一样, 宽六分, 厚和额一样。

地袱: 长、厚和额一样, 宽八分。

难子: 宽一分二厘, 厚八厘。

四扇屏风骨。

桯: 长由高来确定, 宽二分五厘, 厚一分二厘。

条桱: 长由高来确定, 边长是一分二厘。

额: 长根据间宽来确定, 宽七分, 厚二分五厘。

槫柱: 长和桯长一样, 宽五分, 厚和额一样。

地袱: 长、厚和额一样, 宽六分。

难子：宽一分，厚八厘。

凡是制作照壁屏风骨，若是四扇屏风，需用立桄、搏肘，如果屏风高一丈，那么搏肘边长一寸四分；立桄宽二寸，厚一寸六分，若屏风高每增加一尺，那么搏肘边长、宽度和厚度各增加一分；减少也按照此标准。

隔截横钤立旌

造隔截横钤立旌①之制：高四尺至八尺，广一丈至一丈二尺。每间随其广，分作三小间，用立旌，上下视其高，量所宜分布，施横钤。其名件广厚，皆取每间一尺之广，积而为法。

额及地栿：长随间广，其广五分，厚三分。

搏柱及立旌：长视高，其广三分五厘，厚二分五厘。

横钤：长同额，广厚并同立旌。

凡隔截所用横钤、立旌，施之于照壁、门、窗或墙之上；及中缝截间者亦用之，或不用额、栿、搏柱。

【注释】①隔截横钤立旌：隔截是指厅堂等的隔断或者隔断墙。造隔截需要用横钤和立旌，其中横钤用在水平方向，立旌用在竖直方向，两者和其他一些部件一起组成隔截的框架。

【译文】制造隔截横钤立旌的规制标准：高四尺到八尺，宽一丈到一丈二尺，每间根据其宽度的分成三个小间，根据隔间的高度选取合适尺寸的立旌，上下根据高度量取合适的尺寸设置横钤，各个构件的大小尺寸，都以每间一尺的高度为一百为标准，以此百分比来确定各个部分的比例。

额及地栿：长由宽来确定，宽五分，厚三分。

槫柱及立旌：长由高来确定，宽三分五厘，厚二分五厘。

横钤：长和额一样，宽、厚与立旌一致。

凡隔截所用横钤、立旌，都安置在照壁、门、窗或墙的上面；连接中缝的截间也用这些，也可不用额、栿、槫柱。

露 篱

其名有五：一曰欞，二曰栅；三曰櫋；四曰藩；五曰落。今谓之露篱

造露篱之制：高六尺至一丈，广八尺至一丈二尺。下用地栿、横钤、立旌；上用榻头木施版屋造。每一间分作三小间。立旌长视高，栽入地；每高一尺，则广四分，厚二分五厘。曲枨长一寸五分，曲广三分，厚一分。其余名件广厚，皆取每间一尺之广，积而为法。

地栿、横钤：每间广一尺，则长二寸八分，其广厚并同立旌。

榻头木：长随间广，其广五分，厚三分。

山子版：长一寸六分，厚二分。

屋子版：长同榻头木，广一寸二分，厚一分。

沥水版：长同上，广二分五厘，厚六厘。

压脊、垂脊木：长广同上，厚二分。

凡露篱若相连造，则每间减立旌一条。谓如五间只用立旌十六条之类。其横钤、地栿之长，各减一分三厘。版屋两头施搏风版及垂鱼、惹草，并量宜造。

【译文】建造露篱的规制标准：高六尺到一丈，宽八尺到一丈二尺，下面用地栿、横铃、立旌，上面用榻头木来造版屋。每一间分成三个小间。立旌长由露篱高来确定，插入地下。若高每增加一尺，那么宽增加四分，厚增加二分五厘。曲栿长一寸五分，曲面宽三分，厚一分。其各个构件的大小尺寸，以每一间一尺的宽度为一百为标准，以此百分比来确定各个部分的比例。

地栿、横铃：间宽每增加一尺，那么长增加八分，宽、厚和立旌一致。

榻头木：长由间宽来确定，宽五分，厚三分。

山子版：长一寸六分，厚二分。

屋子版：长和榻头木一致，宽一寸二分，厚一分。

沥水版：长与屋子版相同，宽二分五厘，厚六厘。

压脊、垂脊术：长、宽与沥水版相同，厚二分。

凡是制作相连的露篱，那么每间减去一条立旌（比如五间，只用十六条立旌）。横铃、地栿的长度，各减一分三厘，版屋两头安放搏风版及垂鱼、惹草，根据具体情况来确定尺寸。

版引檐

造屋垂前版引檐①之制：广一丈至一丈四尺，如间太广者，每间作两段。长三尺至五尺。内外并施护缝。垂前用沥水版。其名件广厚，皆以每尺之广积而为法。

程：长随间广，每间广一尺，则广三分，厚二分。

檐版②：长随引檐之长，其广量宜分擘。以厚六分为定法。

护缝：长同上，其广二分。厚同上定法。

沥水版：长广随桯。厚同上定法。

跳椽：广厚随桯，其长量宜用之。凡版引檐施之于屋垂之外。跳椽上安阑头木、挑斡，引檐与小连檐相续。

【注释】①版引檐：在屋檐之外另加的木板檐。

②檐版：指贴挂在屋檐或楼层平座下的板状构件，用于封挡梁、椽或者望板的前部。

【译文】建造屋垂前版引檐的规制标准：宽一丈到一丈四尺（若开间太宽，就把开间分为两段），长三尺到五尺。内外都安放护缝。屋垂前安置沥水版。各个构件的大小尺寸，以每尺宽为一百为标准，以此百分比来确定其他部分的比例。

桯：长由间宽来确定，间宽每增加一尺，那么宽就增加三分，厚就增加二分。

檐版：长由版引檐长来确定，其宽根据具体情况分开量取（厚统一规定为六分）。

护缝：长与檐版相同，宽二分，厚参照檐版的规制标准。

沥水版：长根据桯来确定，厚参照护缝的规制标准。

跳椽：宽、厚根据桯来确定，长根据具体情况来确定。

版引檐安置在屋垂外，跳椽上安放阑头木、挑斡，引檐与小连檐相互连接。

水　槽

造水槽①之制：直高一尺，口广一尺四寸。其名件广厚，皆以每尺之高积而为法。

厢壁版：长随间广，其广视高，每一尺加六分，厚一寸二分。

底版：长厚同上。每口广一尺，则广六寸。

罨头版：长随厢壁版内，厚同上。

口襻：长随口广，其方一寸五分。

跳椽：长随所用，广二寸，厚一寸八分。

凡水槽施之于屋檐之下，以跳椽襻拽。若厅堂前后檐用者，每间相接；令中间者最高，两次间以外，逐间各低一版，两头出水。如廊屋或挟屋偏用者，并一头安罨头版。其槽缝并包底荫牙缝造。

【注释】①水槽：设置于屋檐下、引排屋面雨水的沟槽。

【译文】建造水槽的规制标准：垂直高一尺，口径宽一尺四寸，各个构件的大小尺寸，都以每尺高为一百为标准，以此百分比来确定各个部分的比例。

厢壁版：长根据间宽来确定，宽根据水槽高来确定，水槽高每增加一尺，宽增加六分，厚一寸二分。

底版：长、厚与厢壁版相同，水槽口径宽每增加一尺，那么宽增加六寸。

罨头版：长由厢壁版内长来确定，厚与底版相同。

口襻：长由水槽口径宽来确定，边长一寸五分。

跳椽：长由具体情况来确定，宽二寸，厚一寸八分。

水槽设置在屋檐下面，通过跳椽支撑加固。若在厅堂前后的屋檐下安置水槽，每间水槽相互连接；中间的最高，两次间以外的水槽，逐间降低一版，从两头排水。若是安置在廊屋或者挟屋等地方，就在其一头安置圈头版。采用包底荫牙缝法来造水槽缝。

井屋子

造井屋子①之制：自地②至脊共高八尺。四柱，其柱外方五尺。垂檐及两际皆在外。柱头高五尺八寸。下施井匮③，高一尺二寸。上用厦瓦版，内外护缝；上安压脊④、垂脊⑤；两际施垂鱼、惹草。其名件广厚，皆以每尺之高，积而为法。

柱：每高一尺则长七寸五分，镶、耳在内。方五分。

额：长随柱内，其广五分，厚二分五厘。

栿：长随方，每壁⑥每长一尺加二寸，跳头在内，其广五分，厚四分。

蜀柱：长一寸三分，广厚同上。

叉手：长三寸，广四分，厚二分。

槫：长随方，每壁每长一尺加四寸，出际在内。广厚同蜀柱。

串：长同上，加亦同上，出际在内。广三分，厚二分。

厦瓦版：长随方，每方一尺，则长八寸，斜长、垂檐在内。其广随材合缝。以厚六分为定法。

上下护缝：长厚同上，广二分五厘。

压脊：长及广厚并同槫。其广取槽在内。

垂脊：长三寸八分，广四分，厚三分。

搏风版：长五寸五分，广五分。厚同厦瓦版。

沥水牙子：长同槫，广四分。厚同上。

垂鱼：长二寸，广一寸二分。厚同上。

惹草：长一寸五分，广一寸。厚同上。

井口木：长同额，广五分，厚三分。

地栿：长随柱外，广厚同上。

井匮版：长同井口木，其广九分、厚一分二厘。

井匮内外难子：长同上。以方七分为定法。

凡井屋子，其井匮与柱下齐，安于井阶之上，其举分⑦准大木作之制。

【注释】①井屋子：即井亭，指建在井口上用来保持井水清洁的亭子。

②地：这里指井口上的石板。

③井匮：井的栏杆或栏板。

④压脊：即正脊，压在前后厦瓦版在脊上相接的缝上，做成凸字头朝下的形状，所以下面两侧有槽。

⑤垂脊：指庑殿顶的正脊两端至屋檐四角的屋脊。⑥每壁：井屋子的平面是方形，每壁即每面。

⑦举分：屋脊举高的比例。

【译文】建造井屋子的规制标准：从井口上的石板到屋脊高八尺，四个柱子形成的正方形边长五尺（垂檐和两际都在外面）。柱头高五尺八寸，下面安置井匮，高一尺二寸。上面用厦瓦版，内外都做护缝，上面安放压脊、垂脊，两际部分设置垂鱼、惹草。各个构件的大小尺寸，都以每尺高为一百为标准，以此百分比来确定各个部分的比例。

柱：井屋子高每增加一尺，柱长增加七寸五分（包括镶、耳）。边长五分。

额：长由柱内宽来确定，宽五分，厚二分五厘。

栿：长由井屋子每面边长来确定（井屋子每面边长每增加一尺，栿长增加二寸，包括跳头），宽五分，厚四分。

蜀柱：长一寸三分，宽、厚与枓相同。

叉手：长三寸，宽四分，厚二分。

槫：长由井屋子每面边长来确定（井屋子每面边长增加一尺，槫长增加四寸，包括出际），宽、厚和蜀柱一样。

串：长与槫相同（长度增加的情况也与槫相同，包括出际）。宽三分，厚三分。

厦瓦版：长由井屋子每面边长来确定（井屋子每面边长增加一寸，厦瓦版长增加八寸，包括斜长、随檐），宽度随材合缝（统一规定厚六分）。

上下护缝：长、厚与厦瓦版相同，宽二分五厘。

压脊：长、宽、厚度和槫一样（宽度包括两侧的槽）。

垂脊：长三寸八分，宽四分，厚三分。

搏风版：长五寸五分，宽五分，厚和厦瓦版一样。

沥水牙子：长和搏一样，宽四分，厚与厦瓦版相同。

垂鱼：长二寸，宽一寸二分，厚与厦瓦版相同。

惹草：长一寸五分，宽一寸，厚度与厦瓦版相同。

井口木：长与额相同，宽五分，厚三分。

地栿：长由柱外情况来确定，宽五分，厚三分。

井匮版：长和井口木一样，宽九分，厚一分二厘。

井匮内外难子：长与井匮版相同，规定边长以七分为标准。

建造井屋子，井匮和柱子下端齐平，安置在井阶之上，屋脊举高的比例参照大木作规制标准。

地　棚

造地棚①之制：长随间之广，其广随间之深。高②一尺二寸至一尺五寸。下安敦㭘。中施方子，上铺地面版。其名件广厚，皆以每尺之高，积而为法。

敦㭘：每高一尺，长加三寸。广八寸，厚四寸七分。每方子长五尺用一枚。

方子：长随间深，接搭用。广四寸，厚三寸四分。每间用三路。

地面版：长随间广，其广随材，合贴用。厚一寸三分。

遮羞版：长随门道间广，其广五寸三分，厚一寸。

凡地棚施之于仓库屋内。其遮羞版安于门道之外，或露地棚处皆用之。

【注释】①地棚：安装在仓库内，使储存物不直接接触地面的木地板。

②高：这里的高是地棚的地面版离地的高度。

【译文】建造地棚的规制标准：长由间宽来确定，宽由开间进深来确定。高一尺二寸到一尺五寸，其下安放敦㭘，中间放置方子，上面铺地面版，各个构件的大小尺寸，以每尺高为一百为标准，以此百分比来确定其他部分的比例。

敦㭘（高每增加一尺，长增加三寸）：宽增加八寸，厚增加四寸七分（每个方子长五尺用一枚敦）。

方子：长由开间的深度来确定（不一定要用长贯整个间深的整条方子；若用较短的，可在敦㭘上接搭），宽四寸，厚三寸四分（每间用三路方子）。

地面版：长由间宽来确定（宽根据材的情况来确定，只要合贴就能用），厚一寸三分。

遮羞版：长由门道间宽来确定，宽五寸三分，厚一寸。

在仓库屋里建造地棚，遮羞版或用在门道之外，或者露出地棚的地方都可用。

卷第七

小木作制度二

格子门

四斜毬文格子、四斜毬文上出条桱
重格眼、四直方格眼、版壁、两明格子

造格子门①之制：有六等；一曰四混②，中心出双线、入混内出单线③，或混内不出线；二曰破瓣④、双混、平地、出双线，或单混出单线；三曰通混⑤出双线，或单线；四曰通混压边线⑥；五曰素通混；以上并撺尖入卯；六曰方直破瓣⑦，或撺尖⑧或叉瓣⑨造；高六尺至一丈二尺，每间分作四扇。如梢间狭促者，只分作两扇。如檐额及梁栿下用者，或分作六扇造，用双腰串，或单腰串造。每扇各随其长、除桯及腰串外，分作三分；腰上留二分安格眼，或用四斜毬文格眼，或用四直方格眼，如就毬文者，长短随宜加减，腰下留一分安障水版。腰华版及障水版皆厚六分；桯四角外，上下各出卯，长一寸五分，并为定法。其名件广厚皆取门桯每尺之高，积而为法。

四斜毬文格眼：其条桱厚一分二厘。毬文径三寸至六寸。每毬文圉径一寸, 则每瓣长七分, 广三分, 绞口广一分; 四周压边线。其条樫瓣数须双用, 四角各令一瓣入角。

程, 长视高, 广三分五厘, 厚二分七厘, 腰串广厚同程, 横卯随程三分中存向裹二分为广; 腰串卯随其广。如门高一丈, 程卯及腰串卯皆厚六分; 每高增一尺, 即加二厘; 减亦如之。后同。

子程: 广一分五厘, 厚一分四厘。斜合四角, 破瓣单混造。后同。

腰华版: 长随扇内之广, 厚四分, 施之于双腰串之内; 版外别安雕华。

障水版: 长广各随程。令四面各入池槽。

额: 长随间之广, 广八分, 厚三分。用双卯

槫柱、颊: 长同程, 广五分, 量摊擘扇数, 随宜加减。厚同额, 二分中取一分为心卯。

地栿: 长厚同额, 广七分。

四斜毬文上出条樫重格眼: 其条樫之厚, 每毬文圉径二寸, 则加毬文格眼之厚二分。每毬文圉径加一寸, 则厚又加一分; 程及子程亦如之。其毬文上采出条樫, 四撺尖, 四混出双线或单线造。如毬文圉径二寸, 则采出条樫方三分, 若毬文圉径加一寸, 则条樫方又加一分。其对格眼子程, 则安撺尖, 其尖外入子程, 内对格眼, 合尖令线混转过。其对毬文子程, 每毬文圉径一寸, 则子程之广五厘; 若毬文圉径加一寸, 则子程之广又加五厘。或以毬文随四直格眼者, 则子程之下采出毬文, 其广与身内毬文相应。

四直方格眼: 其制度有七等: 一曰四混绞双线; 或单线。二曰通混压边线, 心内绞双线; 或单线。三曰丽口绞瓣双混; 或单混

出线。四曰丽口素绞瓣；五曰一混四撙尖；六曰平出线；七曰方绞眼。其条楻皆广一分，厚八厘，眼内方三寸至二寸。

　　楻：长视高，广三分，厚二分五厘。腰串同。

　　子楻：广一分二厘，厚一分。

　　腰华版及障水版：并准四斜毬文法。

　　额：长随间之广，广七分，厚二分八厘。

　　槫柱、颊：长随门高，广四分，量摊擘扇数，随宜加减。厚同额。

　　地栿：长厚同额，广六分。

　　版壁❿：上二分不安格眼，亦用障水版者：名件并准前法，唯楻厚减一分。

　　两明格子门：其腰华、障水版、格眼皆用两重。楻厚更加二分一厘。子楻及条楻之厚各减二厘。额、颊、地栿之厚各加二分四厘：其格眼两重，外面者安定；其内者，上开池槽深五分，下深二分。

　　凡格子门所用搏肘、立桥，如门高一丈，即搏肘方一寸四分，立桥广二寸，厚一寸六分，如高增一尺，即方及广厚各加一分；减亦如之。

　　【注释】①格子门：指周围为框架，上半部用木条做成格子或格眼，而里面糊纸的木门，一般为四扇、六扇、八扇。清代称"格扇"。

　　②混：横件边、角的处理方式：断面做成比较宽而扁，形似半个椭圆形的；或者角做成半径比较大的九十度的弧形。

　　③线：也叫出线，就是在构件表面鼓出的比较细的凸起。

　　④破瓣：边或角上向里刻入作"L"形的正角凹槽。

　　⑤通混：整个断面作成一个混。

⑥压边线：两侧在混或线之外留下一道细窄平面的线，比混或线的表面压低一些。

⑦方直破瓣：断面不起混或线，只在边角破瓣的形状。

⑧撺尖：横直构件相交处，以斜角相交。

⑨叉瓣：横直构件相交处，以正角相交。

⑩版壁：门上的木隔板。

【译文】建造格子门的规制标准有六等：一是四混，中心出双线，进入混内出单线（或者混内不出线）。二是破瓣、双混、平地、出双线（或者单混出单线）。三是通混出双线（或者出单线）。四是通混压边线。五是素通混（以上都以斜角相交入卯）。六是方直破瓣（或者是以斜角相交或者是以正角相交）。高六尺到一丈二尺，每间分为四扇（如果梢间比较狭窄，就只分成两扇）。如果是在檐额和梁栿的下面设置格子门，可以分成六扇，用双腰串（或者用单腰串来制作）。每扇除了桯和腰串之外，依据其长度分为三份；腰上留两份安装格眼（或是用四斜毬文格眼，或是用四直方格眼，如果是在靠近毬文格眼的位置，其长短可以根据具体情况加减），腰下留出一份安设障水版（腰华版和障水版都是厚六分；子桯的四角之外，上下都做出卯，长一寸五分，并以此为标准）。格子门各个组件的大小尺寸，都以门桯每尺高为一百为标准，并以此标准来确定每部分的比例尺寸。

四斜毬文格眼：其条桱厚一分二厘（毬文条桱三寸到六寸，每毬文圆径一寸，那么每瓣长七分，宽三分，绞口宽一分；四周是压边线。其条桱瓣数必须是双数，四个角各自必须使一个瓣正对着角线）。

桯：长由高而定，宽三分五厘，厚二分七厘（腰串宽、厚与桯相同，横卯宽是桯的三分之二；腰串卯宽由桯宽而定。若门高一丈，桯卯和腰串卯都厚六分；门每增高一尺，厚就增加两厘；减少的也是如此。后面与此相同）。

子桯：宽一分五厘，厚一分四厘（斜向贴合四角，破瓣采用单混法。后面与此相同）。

腰华版：长由扇内宽而定，厚四分（安到双腰串内；版的外部另外安装饰花纹）。

障水版：长、宽由程而定（让四面都进入池槽）。

额：长由间宽而定，宽八分，厚三分（采用双卯）。

槫柱、频：长和程一样，宽五分（根据张开的扇面数量加减），厚和额一样（分成两份，取其中一份为心卯）。

地栿：长、厚和额一样，宽七分。

四斜毬文上出条桱重格眼：毬文的圆径二寸，那么毬文格眼条桱厚二分（毬文的圆径每增加一寸，则其厚就加一分；桱和子桱与毬文一样。在毬文上刻出条桱，四面斜角相交，四混出双线或是单线。如果毬文的圆径是二寸，那么刻出条桱的边长就是三分。如果毬文的圆径增加一寸，那么条桱的边长就又增加一分。对于格眼子桱，则使斜角相交，其尖卯由外插入桱内，里面正对着格眼，合尖让线混转过去。对于毬文子桱，毬文的圆径每增加一寸，那么子桱的宽就增加五厘；如果毬文的圆径增加一寸，那么子桱的宽就增加五厘。如果是四直格眼的毬文，那么在子桱的下面刻出毬文，其宽与身内的毬文相贴合）。

建造四直方格眼的规制标准有七等：一是四混绞双线（或是单线）；二是通混压边线，心内绞双线（或是单线）；三是丽口绞瓣双混（或是单混出线）；四是丽口素绞瓣；五是一混四撺尖；六是平出线；七是方绞眼。其条桱宽都是一分，厚八厘（格眼内边长二寸到三寸）。

桱：长由高来确定，宽三分，厚二分五厘。腰串与桱相同。

子桱：宽一分二厘，厚一分。

腰华版及障水版：都参照四斜毬文的规定。

额：长由间宽来确定，宽七分，厚二分八厘。

槫柱、频：长由门高而定，宽四分（根据张开的扇面数量加减），厚度和额一样。

地栿：长、厚与额一样，宽六分。

版壁（上面二分不安格眼，也用障水版）：各个构件的尺寸都参照前面的规定，只是桯厚要减少一分。

两明格子门：两明格子门的腰华、障水版、格眼都用两重。桯厚多加二分一厘。子桯及条桱的厚各减少二厘。额、颊、地栿的厚都增加二分四厘（其格眼有两重，外面的一重固定。里面的一重开池槽，上面深五分，下面深二分）。

格子门所用的搏肘、立掉，若门高一丈，那么搏肘边长一寸四分，立掉宽二寸，厚一寸六分。若高增加一尺，那么边长和宽、厚都增加一分；减少的比例也如此。

阑槛钩窗

造阑槛钩窗①之制：其高七尺至一丈。每间分作三扇，用四直方格眼。槛面外施云栱鹅项钩阑，内用托柱，各四枚。其名件广厚，各取窗、槛每尺之高，积而为法。其格眼出线，并准格子门四直方格眼制度。

钩窗②：高五尺至八尺。

子桯：长窗口高，广随逐扇之广，每窗高一尺，则广三分，厚一分四厘。

条桱：广一分四厘，厚一分二厘。

心柱、槫柱：长视子桯，广四分五厘，厚三分。

额：长随间广，其广一寸一分，厚三分五厘。

槛：面高一尺八寸至二尺。每槛面高一尺，鹅项至寻杖共加九寸。

槛面版：长随间心，每槛面高一尺，则广七寸，厚一寸五分。

如柱径或有大小，则量宜加减。

鹅项：长视高，其广四寸二分，厚一寸五分。或加减同上。

云栱：长六寸，广三寸，厚一寸七分。

寻杖：长随槛面，其方一寸七分。

心柱及槫柱：长自槛面版下至地栿上，其广二寸，厚一寸三分。

托柱：长自槛面下至地，其广五寸，厚一寸五分。

地栿：长同窗额，广二寸五分，厚一寸三分。

障水版：广六寸。以厚六分为定法。凡钩窗所用搏肘，如高五尺，则方一寸；卧关如长一丈，即广二寸，厚一寸六分。每高与长增一尺，则各加一分，减亦如之。

【注释】①阑槛钩窗：古代建筑中一种拦与窗的结合体，推开窗就可以坐下凭栏眺望。

②钩窗：古代一种内有托柱、外有钩阑的方格眼隔扇窗。

【译文】建造钩窗阑槛的规制标准：整体高七尺到一丈，每间分成三扇，使用四直方格眼。槛面的外面设置云栱鹅项钩阑，里面用托柱（云栱鹅项钩阑和托柱各用四枚）。钩窗阑槛各个构件的大小尺寸，以窗和槛的每尺高为一百为标准，以此标准来确定各部分的比例尺寸（钩窗阑槛的格眼和出线，都参照格子门四直方格眼的规制标准）。

钩窗：高五尺到八尺。

子桯：长由窗高而定，宽由每扇宽而定，窗每高一尺，那么宽就增加三分，厚增加一分四厘。

条桯：宽一分四厘，厚一分二厘。

心柱、槫柱：长由子桯来确定，宽四分五厘，厚三分。

额：长由间宽来确定，宽一寸一分，厚三分五厘。

槛：槛面高一尺八寸到二尺（槛面高每增加一尺，从鹅项到寻杖的高度总共增加九寸）。

槛面版：长由间心来确定。槛面高每增加一尺，那么其宽就增加七寸，厚增加一寸五分（若柱子的直径不同，那么就可以根据实际情况增减）。

鹅项：长由高来确定，宽四寸二分，厚一寸五分（加减情况与槛面版相同）。

云栱：长六寸，宽三寸，厚一寸七分。

寻杖：长由槛面来确定，边长一寸七分。

心柱及槫柱：长从槛面版下到地栿上，宽二寸，厚一寸三分。

托柱：长从槛面下到地面，宽五寸，厚一寸五分。

地栿：长和窗额相同，宽二寸五分，厚一寸三分。

障水版：宽六寸（规定厚为六分）。

钩窗所用的搏肘，若高五尺，那么边长一寸；卧关长若一丈，那么搏肘宽二寸，厚一寸六分。搏肘高和卧关长每增加一尺，那么搏肘宽与厚各增加一分，减少的比例也如此。

殿内截间格子

造殿内截间格子①之制：高一丈四尺至一丈七尺。用单腰串，每间各视其长，除桯及腰串外。分作三分。腰上二分安格眼；用心柱、槫柱分作二间。腰下一分为障水版，其版亦用心柱、槫柱分作三间。内一间或作开闭门子。用牙脚、牙头填心，内或合版拢桯。上下四周并缠难子。其名件广厚皆取格子上下每尺之通高积而为法。

上下桯: 长视格眼之高, 广三分五厘, 厚一分六厘。

条桱: 广厚并准格子门法。

障水子桯: 长随心柱, 榑柱内, 其广一分八厘, 厚二分。

上下难子: 长随子桯, 其广一分二厘, 厚一分。

搏肘: 长视子桯及障水版, 方八厘。出镶在外。

额及腰串: 长随间广, 其广九分, 厚三分二厘。

地栿: 长厚同额, 其广七分。

上榑柱及心柱: 长视搏肘, 广六分, 厚同额。

下榑柱及心柱: 长视障水版, 其广五分, 厚同上。

凡截间格子, 上二分子桯内所用四斜毬文格眼, 圜径七寸至九寸。其广厚皆准格子门之制。

【注释】①截间格子: 分隔殿堂、堂阁内部的隔扇, 上半部有糊纸的格子。

【译文】建造殿堂内截间格子的规制标准: 高一丈四尺到一丈七尺。使用单腰串, 除子桯及腰串之外, 根据每间的长度分成三份。在腰上两份处安设格眼; 用心柱和榑柱将其分成两间。腰下一份是障水版, 障水版也用心柱和榑柱分成三间(最里面一间可以做门关)。中间部分用牙脚和牙头填满, 或者拼合板材, 四面使用桯拢住(四周上下都缠绕难子)。殿堂内截间格子的各个构件的大小尺寸, 都以上下格子间的高度为一百为标准, 以此百分比来确定各部分的比例尺寸。

上子桯: 长由格眼高来确定, 宽三分五厘, 厚一分六厘。

条桱(宽和厚都参照格子门的规制标准)。

障水子桯: 长等于心柱和榑柱之间的距离, 其宽一分八厘, 厚二分。

上下难子：长由子桯来确定，其宽一分二厘，厚一分。

搏肘：长由子桯和障水版来确定，边长八厘（出镶在外）。

额及腰串：长由间宽来确定，宽九分，厚三分二厘。

地栿：长、厚与额相同，宽七分。

上樟柱及心柱：长由搏肘来确定，宽六分，厚与额相同。

下樟柱及心柱：长由障水版来确定，宽五分，厚和额相同。

截间格子上两份子桯内设置四斜毬文格眼，其圆径七寸到九寸，子桯的宽、厚都参照格子门的规制标准。

堂阁内截间格子

造堂阁内截间格子之制：皆高一丈，广一丈一尺。其桯制度有三等：一曰面上出心线，两边压线；二曰瓣内双混，或单混。三曰方直破瓣撺尖。其名件广厚皆取每尺之高积而为法。

截间格子：当心及四周皆用桯，其外上用额，下用地栿；两边安樟柱。格眼球文径五寸。双腰串造。

桯：长视高。卯在内，广五分，厚三分七厘。上下者，每间广一尺，即长九寸二分。

腰串：每间隔一尺，即长四寸六分。广三分五厘，厚同上。

腰华版：长随两桯内，广同上。以厚六分为定法。

障水版：长视腰串及下桯，广随腰华版之长。厚同腰华版。

子桯：长随格眼四周之广，其广一分六厘，厚一分四厘。

额：长随间广，其广八分，厚三分五厘。

地栿：长厚同额，其广七分。

槫柱：长同桯，其广五分，厚同地栿。

难子：长随桯四周，其广一分，厚七厘。

截间开门格子：四周用额、栿、槫柱。其内四周用桯，桯内上用门额；额上作两间，施球文，其子桯高一尺六寸；两边留泥道施立颊；泥道施球文，其子桯长一尺二寸；中安球文格子门两扇，格眼球文径四寸。单腰串造。

桯：长及广厚同前法。上下桯广同。

门额：长随桯内，其广四分，厚二分七厘。

立颊：长视门额下桯内，广厚同上。

门额上心柱：长一寸六分，广厚同上。

泥道内腰串：长随槫柱、立颊内，广厚同上。

障水版：同前法。

门额上子桯：长随额内四周之广，其广二分，厚一分二厘。泥道内所用广厚同。

门肘：长视扇高，镶在外。方二分五厘。上下桯亦同

门桯①：长同上，出头在外。广二分，厚二分五厘。上下桯亦同。

门障水版：长视腰串及下桯内，其广随扇之广。以广六分焉定法。

门桯内子桯：长随四周之广，其广厚同额上子桯。

小难子：长随子桯及障水版四周之广。以方五分为定法。

额：长随间广，其广八分，厚三分五厘。

地栿：长厚同上，其广七分。

槫柱：长视高，其广四分五厘，厚同上。

大难子：长随桯四周，其广一分，厚七厘。

上下伏兔：长一寸，广四分，厚二分。

手栓伏兔：长同上，广三分五厘，厚一分五厘。

手栓：长一寸五分，广一分五厘，厚一分二厘。

凡堂阁内截间格子所用四斜球文格眼及障水版等分数，其长径并准格子门之制。

【注释】①门桯：门槛。

【译文】建造堂阁内截间格子的规制标准：高一丈，宽一丈一尺。桯的规制标准有三等：一是面上中心出线，两边压线；二是瓣内双混造（或者是单混）；三是方直破瓣斜向相交。堂阁内截间格子各个构件的大小尺寸，都以每尺高度为一百为标准，用这个百分比来确定每部分的比例尺寸。

截间格子：中间和四周都使用桯，在其外部上方使用额，下方使用地栿；两边安置槫柱（格眼毬文圆径五寸。使用双腰串法造）。

桯：长度由高度来确定（内有卯）。宽五分，厚三分七厘（位于上方和下方的桯，间宽每增加一尺，长就增加九寸二分）。

腰串（间宽每增加一尺，长就增加四寸六分）：宽三分五厘，厚与桯相同。

腰华版：长由两桯之间的距离来确定，宽与腰串相同（统一规定厚六分）。

障水版：长由腰串和下桯之间的距离来确定，宽由腰华版的长而定。厚与腰华版相同。

子桯：长由格眼四周的宽来确定，子桯宽一分六厘，厚一分四厘。

额：长由间宽来确定，宽八分，厚三分五厘。

地栿：长、厚都与额相同，宽七分。

槫柱：长与桯相同，宽五分，厚与地栿相同。

难子：长由桯四周的长度来确定，宽一分，厚七厘。

截间开门格子：四周使用额、栿和槫柱。其内四周使用桯，桯内部上方使用门额（额上方分成两间，设置毬文，其子桯高一尺六寸）；两边留出泥道设置立颊；泥道上设置毬文，其子桯宽一尺二寸。中间设置毬文格子门两扇，格眼毬文圆径四寸。采用单腰串法。

桯：长、宽和厚与前面的规定相同。上下桯的宽相同。

门额：长由桯内宽来确定，宽四分，厚二分七厘。

立颊：长由门额下的桯内宽来确定，宽和厚与门额相同。

门额上心柱：长一寸六分，宽和厚与立颊相同。

泥道内腰串：长是槫柱、立颊之间的距离，宽和厚与上面相同。

障水版：与前面的规制标准相同。

门额上子桯：长由额内四周的宽度来确定，宽二分，厚一分二厘（泥道里用的子桯宽和厚相同）。

门肘：长由扇面的高度来确定（出镶在外），边长二分五厘（上下桯与门肘相同）。

门桯：长与门肘相同（出头在外），宽二分，厚二分五厘（上下桯与门肘相同）。

门障水版：长由腰串以及下桯之间的距离来确定，宽由扇面的宽度来确定（统一规定厚为六分）。

门桯内子桯：长由四周的宽度来确定，宽和厚与额上子桯相同。

小难子：长由子桯及障水版四周的边长来确定（统一规定边长为五分）。

额：长由间宽来确定，宽八分，厚三分五厘。

地栿：长和厚与额相同，宽七分。

槫柱：长由高来确定，宽四分五厘，厚与地栿相同。

大难子：长由桯四周的边长来确定，宽一分，厚七厘。

上下伏兔：长一寸，宽四分，厚二分。

手栓伏兔: 长与上下伏兔相同, 宽三分五厘, 厚一分五厘。

手栓: 长一寸五分, 宽一分五厘, 厚一分二厘。

堂阁内截间格子所用的四斜毬文格眼及障水版等, 长度和圆径都遵循格子门的规制标准。

殿阁照壁版

造殿阁照壁版①之制: 广一丈至一丈四尺, 高五尺至一丈一尺。外面缠贴, 内外皆施难子, 合版造。其名件广厚皆取每尺之高积而为法。

额: 长随间广, 每高一尺, 则广七分, 厚四分。

槫柱: 长视高, 广五分, 厚同额。

版: 长同槫柱, 其广随槫柱之内, 厚二分。

贴: 长随桯内四周之广, 其广三分, 厚一分。

难子: 长厚同贴, 其广二分。

凡殿阁照壁版, 施之于殿阁槽内, 及照壁门窗之上者皆用之。

【注释】①照壁版: 殿阁、廊屋内部的隔板, 其木框架内不用格眼而用木板封闭。

【译文】建造殿阁照壁版的规制标准: 宽一丈到一丈四尺, 高五尺到一丈一尺。外面缠绕贴, 内外都安置难子, 拼合壁版。殿阁照壁版各个构件的大小尺寸, 都以每尺高度为一百为标准, 以此百分比来确定每部分的比例尺寸。

额：长由间宽来确定，高每增加一尺，宽就增加七分，厚增加四分。

槫柱：长由照壁版高来确定，宽五分，厚与额相同。

版：长与槫柱相同，宽由槫柱之内的距离而定，厚二分。

贴：长由程内四周的边长而定，宽三分，厚一分。

难子：长和厚都与贴相同，宽二分。

殿阁照壁版安置在殿阁槽内和照壁门窗的上来使用。

障日版

造障日版①之制：广一丈一尺，高三尺至五尺。用心柱、槫柱，内外皆施难子，合版或用牙头护缝造，其名件广厚，皆以每尺之广积而为法。

额：长随间之广，其广六分，厚三分。

心柱、槫柱：长视高，其广四分，厚同额。

版：长视高，其广随心柱、槫柱之内。版及牙头、护缝，皆以厚六分为定法。

牙头版：长随广，其广五分。

护缝：长视牙头之内，其广二分。

难子：长随程内四周之广，其广一分，厚八厘。

凡障日版，施之于格子门及门、窗之上，其上或更不用额。

【注释】①障日版：设置于门窗之上遮挡阳光的木板。

【译文】建造障日版的规制标准：宽一丈一尺，高三尺到五尺。使用心柱、槫柱，内外都安置难子，合版或者采用牙头护缝法制造。

障日版各个构件的大小尺寸，都以每尺宽度为一百为标准，以此标准来确定每部分的比例尺寸。

额：长由间宽来确定，宽六分，厚三分。

心柱、榑柱：长由障日版高来确定，宽四分，厚与额相同。

版：长由障日版高来确定，宽由心柱、榑柱之间的距离来确定（版、牙头以及护缝，统一规定厚为六分）。

牙头版：长由障日版宽来确定，宽五分。

护缝：长由牙头内部的大小来确定，宽二分。

难子：长由桯内四周的边长来确定，宽一分，厚八厘。

障日版安置在格子门以及门、窗的上面，上面也可不设置额。

廊屋照壁版

造廊屋照壁版①之制：广一丈至一丈一尺，高一尺五寸至二尺五寸。每间分作三段，于心柱、榑柱之内，内外皆施难子，合版造。其名件广厚，皆以每尺之广积而为法。

心柱、榑柱：长视高，其广四分，厚三分。

版：长随心柱、榑柱内之广，其广视高，厚一分。

难子：长随桯内四周之广，方一分。

凡廊屋照壁版，施之于殿廊由额之内。如安于半间之内与全间相对者，其名件广厚亦用全间之法。

【注释】①廊屋照壁版：安置在阑额与由额之间，相当于清代的由额垫板。

【译文】建造廊屋照壁版的规制标准：宽一丈到一丈一尺，高一尺五寸到二尺五寸。每间分成三段，设在心柱、槫柱之间。内外都安置难子，拼合壁版。廊屋照壁版各个构件的大小尺寸，都以每尺宽度为一百为标准，以此标准来确定每部分的比例尺寸。

心柱、槫柱：长由廊屋照壁版高来确定，宽四分，厚三分。

版：长由心柱、槫柱之间的宽度来确定，宽由廊屋照壁版高而定，厚一分。

难子：长由程内四周的边长来确定，边长一分。

廊屋照壁版安置在殿廊由额之内。若安置在半间之内与全间相对的地方，其各个构件的大小尺寸也参照建造全间的规制标准。

胡 梯

造胡梯①之制：高一丈，拽脚长随高，广三尺；分作十二级；拢颊棍②施促踏版，侧立者谓之促版，平者谓之踏版；上下并安望柱。两颊随身各用钩阑，斜高三尺五寸，分作四间，每间内安卧棍三条。其名件广厚，皆以每尺之高积而为法。钩阑名件广厚，皆以钩阑每尺之高积而为法。

两颊：长视梯，每高一尺，则长加六寸，拽脚蹬口③在内。广一寸二分，厚二分一厘。

棍：长视两颊内，卯透外，用抱寨④。其方三分。每颊长五尺用棍一条。

促、踏版：长同上，广七分四厘，厚一分。

钩阑望柱：每钩阑高一尺，则长加四寸五分，卯在内。方一寸五分，破瓣、仰覆莲华,单胡桃子造。

蜀柱:长随钩阑之高,卯在内。广一寸二分,厚六分。

寻杖:长随上下望柱内,径七分。

盆唇⑤:长同上,广一寸五分,厚五分。

卧榥:长随两蜀柱内,其方三分。

凡胡梯,施之于楼阁上下道内,其钩阑安于两颊之上,更不用地栿。如楼阁高速者,作两盘至三盘造。

【注释】①胡梯:即楼梯,古代用踏步供垂直交通的构件,一般为木制。

②拢颊榥:用榥把两颊拢住。

③蹬口:梯脚第一步前,两颊和地面接触处形成三角形的部分。

④抱寨:楔形木栓。

⑤盆唇:在瘿项的下方、花板的上方,是一个枋形构件,与寻杖平行,并与寻杖形象相仿。

【译文】建造胡梯的规制标准:高一丈,拽脚长由胡梯高来确定,宽三尺,分成十二级;使用榥把两颊拢住,安置促版和踏版(竖立的叫促版,平放的叫踏版);上下都设置望柱。两颊随着其走向各自用钩阑,斜高三尺五寸,分成四间(每间内设置三条卧榥),胡梯各个构件的大小尺寸都以每尺高度为一百为标准,以此标准来确定各部分的比例尺寸(钩阑各个构件的大小尺寸,都以钩阑每尺高度为一百为标准,以此标准来确定各部分比例尺寸)。

两颊:长由胡梯高来确定,高每增加一尺,那么长就增加六寸(包括拽脚和蹬口),宽一寸二分,厚二分一厘。

榥:长由两颊之间的距离来确定(卯穿透在外,使用抱寨),边长三分(立颊长每增加五尺用一条榥)。

促、踏版：长与棍相同，宽七分四厘，厚一分。

钩阑望柱（钩阑高每增加一尺，那么长就增加四寸五分，卯在内）：边长一寸五分（采用破瓣、仰覆莲花，单胡桃子法制造）。

蜀柱：长由钩阑高来确定（卯在内），宽一寸二分，厚六分。

寻杖：长由上下望柱之间的距离来确定，直径七分。

盆唇：长与寻杖相同，宽一寸五分，厚五分。

卧棍：长由两蜀柱内的距离来确定，边长三分。

胡梯安置在楼阁上下道内部，钩阑安置在两颊上面（可以不设地栿）。若楼阁高远，则做两盘至三盘（两盘相接处由憩脚台）。

垂鱼、惹草

造垂鱼、惹草①之制：或用华瓣，或用云头造，垂鱼长三尺至一丈；惹草长三尺至七尺，其广厚皆取每尺之长积而为法。

垂鱼版：每长一尺，则广六寸，厚二分五厘。

惹草版：每长一尺，则广七寸，厚同垂鱼。

凡垂鱼施之于屋山搏风版合尖之下。惹草施之于搏风版之下、搏水之外。每长二尺，则于后面施楅一枚。

【注释】①垂鱼：也称悬鱼，外形似鱼，是悬挂在房屋山面中央搏风版上的一个装饰构件。惹草：是钉在搏风版接头处的一个构件，多为木质，外轮廓如三角形，上面刻有云纹之类的图案。

【译文】建造垂鱼、惹草的规制标准：或者用华瓣法，或者用云头法造。垂鱼长三尺至一丈，惹草长三尺至七尺。各个构件的大小尺寸都以每尺长为一百为标准，以此标准来确定各部分的比例尺寸。

垂鱼版:长每增加一尺,那么宽增加六寸,厚增加二分五厘。

惹草版:长每增加一尺,那么长增加七寸,厚与垂鱼相同。

垂鱼安置于屋山搏风版合尖之下。惹草安置于搏风版之下、搏水之外。长每增加一尺,则在后面安设一枚楅。

栱眼壁版

造栱眼壁版①之制:于材下额上两栱头相对处凿池槽,随其曲直,安版于池槽之内。其长广皆以枓栱材分为法,枓栱材分,在大木作制度内。

重栱眼壁版:长随补间铺作,其广五寸四分,厚一寸二分。

单栱眼壁版:长同上,其广三寸四分,厚同上。

凡栱眼壁版,施之于铺作檐头之上。其版如随材合缝,则缝内用剑造。

【注释】①栱眼壁版:填补斗栱之间空隙的遮挡板。栱眼壁,指古建筑房檐下斗和斗栱之间的部分。

【译文】建造栱眼壁版的规制标准:在材下、额上、两栱头相对的地方凿池槽,按照其形状,在池槽之内安置栱眼壁版。长和宽都以枓栱材分为标准(枓、栱、材、分,参照"大木作制度")。

重栱眼壁版:长由补间铺作来确定,宽五十四分。统一规定厚为十二分。

单栱眼壁版:长与重栱眼壁版相同,宽三十三分。厚与重栱眼壁版相同。

栱眼壁版安置在铺作檐额之上。版如果与材合缝,那么缝内要使用札缠绕结实。

裹栿版

造裹栿版①之制:于栿两侧各用厢壁版,栿下安底版,其广厚皆以梁栿每尺之广积而为法。

两侧厢壁版:长广皆随梁栿,每长一尺,则厚二分五厘。

底版:长厚同上;其广随梁之厚,每厚一尺,则广加三寸。

凡裹栿版,施之于殿槽内梁栿;其下底版合缝,令承两厢壁版,其两厢壁版及底版皆雕华造。雕华等次序在雕作制度内。

【注释】①裹栿版:梁栿外表上包裹的纯装饰性木板,上面有雕花和彩绘。

【译文】建造裹栿版的规制标准:在栿两侧各用厢壁版,栿下安置底版,宽和厚的尺寸大小都以梁栿每尺的宽度为一百为标准,以此标准来确定各部分的比例尺寸。

两侧厢壁版:长和宽都由梁栿的尺寸大小来确定,长每增加一尺,那么厚增加二分五厘。

底版:长和厚同上,宽由梁栿厚来确定,厚每增加一尺,那么宽增加三寸。

裹栿版安置在殿槽内梁栿之上。下底版合缝,使其承担两侧厢壁版的重量,其两侧厢壁版和底版都做雕花(雕花的等第次序,参照"雕作制度")。

摒帘竿

造摒帘竿①之制: 有三等, 一曰八混, 二曰破瓣, 三曰方直。长一丈至一丈五尺。其广厚皆以每尺之高积而为法。

摒帘竿: 长视高, 每高一尺, 则方三分。

腰串: 长随间广, 其广三分, 厚二分。_{只方直造。}

凡摒帘竿, 施之于殿堂等出跳之下; 如无出跳者, 则于椽头下安之。

【注释】①摒帘竿: 支在殿堂外檐斗栱或者檐椽下, 以作为悬挂、支撑竹帘的依托。

【译文】建造摒帘竿的规制标准: 有三等, 一是八混, 二是破瓣, 三是方直。摒帘竿长一丈至一丈五尺。宽和厚大小尺寸都以每尺的高度为一百为标准, 以此标准来确定各部分的比例尺寸。

摒帘竿: 长由高来确定, 高每增加一尺, 边长增加三分。

腰串: 长由间宽来确定, 宽三分, 厚二分(只造方直的形式)。

摒帘竿安置于殿堂等出跳栱之下。若没有出跳, 那么就安置于椽头之下。

护殿阁檐竹网木贴

造安护殿阁檐料栱竹雀眼网上下木贴①之制: 长随所用逐

间之广，其广二寸，厚六分，为定法。皆方直造，地衣簟^②贴同。上于椽头，下于檐头之上，压雀眼网安钉。地衣簟贴，若望柱或碇之类，并随四周，或圆或曲，压簟安钉。

【注释】①护殿阁檐科栱竹雀眼网上下木贴：用竹篾编成网，用木条钉牢，把科栱防护起来，为了防止鸟雀在檐下科栱间搭巢。

②地衣簟：铺地的竹席。

【译文】建造安置护殿阁檐科栱竹雀眼网上下木贴的规制标准：长由所用间宽来确定，宽二寸，厚六分（作为统一规定），都做成方直的形式（地衣簟贴与此相同）。上木贴安置在椽头之上，下木贴安置在担额之上，压住雀眼网钉牢（地衣簟贴若安置在望柱或碇这类之上，都随着四周状况，或圆或曲，压着簟用钉钉牢）。

卷第八

小木作制度三

平 棊

其名有三：一曰平机，二曰平橑，三曰平棊。
俗谓之平起。其以方椽施素版者，谓之平闇

造殿内平棊之制：于背版之上，四边用桯；桯内用贴，贴内留转道，缠难子。分布隔截，或长或方，其中贴络华文有十三品：一曰盘毬；二曰斗八；三曰叠胜；四曰琐子；五曰簇六毬文；六曰罗文；七曰柿蒂①；八曰龟背；九曰斗二十四；十曰簇三簇四毬文；十一曰六入圜华；十二曰簇六雪华；十三曰车钏毬文。其华文皆间杂互用。华品或更随宜用之。或于云盘华盘内施明镜，或施隐起龙凤及雕华。每段以长一丈四尺，广五尺五寸为率。其名件广厚，若间架虽长广，更不加减。唯盝顶②歆斜处，其桯量所宜减之。

背版：长随间广，其广随材合缝计数，令足一架之广，厚六分。

桯：长随背版四周之广，其广四寸，厚二寸。

贴：长随桯四周之内，其广二寸，厚同背版。

难子并贴华：厚同贴。每方一尺用华子十六枚。华子先用胶贴，候干，划削令平，乃用钉。

凡平棊，施之于殿内铺作算桯方之上。其背版后皆施护缝及楅。护缝广二寸，厚六分。楅广三寸五分，厚二寸五分，长皆随其所用。

【注释】①柿蒂(dì)：亦作"柿蒂"。柿子与茎、叶相连的部分。

②盝(lù)顶：覆斗形的屋顶，外面的屋面或者内部的天花板。

【译文】建造殿内平棊的规制标准：平棊在背版之上，四边用子桯加固；桯内需用木贴，木贴内部需留出转道，用难子进行缠绕。分隔成若干方格或者长方格，其中贴络的花纹有十三种：第一种是盘毬，第二种是斗八，第三种是叠胜，第四种是琐子，第五种是簇六毬文，第六种是罗文，第七种是柿蒂，第八种是龟背，第九种是斗二十四，第十种是簇三簇四毬文，第十一种是六入圜华，第十二种是簇六雪华，第十三种是车钏毬文。其间花纹间杂混合使用（花纹根据实际情况进行使用）。或者是在云盘华盘内部安放明镜，或者是作龙凤的浮雕和雕花。每段以长为一丈四尺，宽为五尺五寸为标准。各个构件的大小尺寸，不能增减。只是在盝顶敬斜处，桯的尺寸要根据实际情况进行相应的减少。

背版：长由间宽来确定，宽由材的合缝数来确定，使它达到一架的宽度，厚六分。

桯：长由背版周长来确定，宽四寸，厚二寸。

贴：长由桯内四周的周长来确定，宽二寸，厚与背版相同。

难子并贴华：厚与贴相同。边长每增加一尺，使用十六枚华子（华子先用胶贴，等它干了之后，刮削让它平整，再用钉子进行加固）。

平棊都安置在殿内铺作算桯枋之上。背版后都安置护缝和楅。护缝宽二寸, 厚六分。榅宽三寸五分, 厚二寸五分, 长由实际情况来确定。

斗八藻井

其名有三: 一曰藻井; 二曰圜泉; 三曰方井, 今谓之斗八藻井

造斗八藻井[①]之制: 共高五尺三寸; 其下曰方井, 方八尺, 高一尺六寸, 其中曰八角井, 径六尺四寸, 高二尺二寸; 其上曰斗八, 径四尺二寸, 高一尺五寸, 于顶心之下施垂莲, 或雕华云卷, 背内安明镜。其名件广厚, 皆以每尺之径积而为法。

方井[②]: 于算桯方之上施六铺作下昂重栱; *材广一寸八分, 厚一寸二分*; *其枓栱等分数制度, 并准大木作法。四入角*[③]。每面用补间铺作五朵。*凡所用枓栱并立旌, 枓槽版*[④]*随瓣方枓栱之上, 用压厦版。八角井同此。*

枓槽版: 长随方面之广, 每面广一尺, 则广一寸七分, 厚二分五厘。压厦版长厚同上, 其广一寸五分。

八角井[⑤]: 于方井铺作之上施随瓣方, 抹角勒作八角。*角之外, 四角谓之角蝉*[⑥]。于随瓣方之上施七铺作上昂重栱, *材分等并同方井法*, 八入角, 每瓣[⑦]用补间铺作一朵。

随瓣方: 每直径一尺, 则长四寸, 广四分, 厚三分。

枓槽版: 长随瓣, 广二寸, 厚二分五厘。

压厦版: 长随瓣, 斜广二寸五分, 厚二分七厘。

斗八: 于八角井铺作之上, 用随瓣方; 方上施斗八阳马, *阳马今俗谓之梁抹*; 阳马之内施背版, 贴络华文。

阳马：每斗八径一尺，则长七寸，曲广一寸五分，厚五分。

随瓣方：长随每瓣之广，其广五分，厚二分五厘。

背版：长视瓣高，广随阳马之内。其用贴并难子，并准平棊之法。华子每方一尺用十六枚或二十五枚。

凡藻井，施之于殿内照壁屏风之前，或殿身内前门之前平棊之内。

【注释】①斗八藻井：多用于室内天花的中央部位或重点部位，做法是分为上、中、下三段。下段是方形，中段是八边形，上段圆顶八瓣称为斗八。

②方井：指位于斗八藻井下段的方形部位。

③入角：内角或隐角，这里指"四入角"和"八入角"说明在这些角上科拱的"后尾"或"里跳"。

④科槽版：立放在槽线版上的木板，需要立旌支撑。

⑤八角井：即斗八藻井中位于中段的八边形。

⑥角蝉：正方形抹去四角，做成等边八角形，抹去的四个等腰三角形就是角蝉。

⑦瓣：八角形或等边多角形的一面。

【译文】建造斗八藻井的规制标准：斗八藻井总高五尺三寸。下部是"方井"，边长八尺，高一尺六寸；中间是"八角井"，直径六尺四寸，高二尺二寸；上部是"斗八"，直径四尺二寸，高一尺五寸。在顶心帐杆下端做成垂莲柱，或者周围装饰雕花和云卷，帐柱之下安明镜。斗八藻井各个部件的大小尺寸，均以每尺直径长度为一百为标准，以此标准来确定各部分的比例尺寸。

方井：在算桯枋之上安置六铺作下昂重栱（材宽一寸八分，厚一寸二分。关于建造斗栱的规制标准均参照"大木作法"的规定）；有四个内角。每面均采用五朵补间铺作（斗栱都需安装立旌，料槽版安在瓣方枓栱之上，用压厦版。八角井也如此）。

料槽版：长由方井面宽来确定，方井面宽每增加一尺，那么料槽版的宽就要增加一寸七分，厚就要增加二分五厘。压厦版的长与厚与上面相同，宽一寸五分。

八角井：在方井铺作之上，安置随瓣枋，去掉正方形的四角，做成等边八角（八角形的外面，抹去的四个等腰三角形被称为"角蝉"）。在随瓣枋之上安置七铺作上昂重栱（材均参照建造方井的规制标准）。八个内角，每瓣采用一朵补间铺作。

随瓣枋：直径每增加一尺，那么长就相应增加四寸，宽相应增加四分，厚相应增加三分。

料槽版：长由瓣方来确定，宽二寸，厚二分五厘。

压厦版：长由瓣方来确定，斜面宽二寸五分，厚二分七厘。

斗八：在八角井铺作之上，采用随瓣枋。随瓣枋之上安置斗八阳马（"阳马"现在被叫做"梁抹"）；阳马的内部安置背版，做贴络花纹。

阳马：斗八的直径每增加一尺，长度就相应增加七寸，曲面宽一寸五分，厚五分。

随瓣枋：长由每瓣的宽来确定，宽五分，厚二分五厘。

背版：长度由瓣高来确定，宽由阳马内部的大小来确定。背版上用贴并用难子进行缠绕，都参照建造平棊的规制标准（边长每增加一尺，那么就用十六枚或二十五枚华子）。

藻井安置于殿内照壁屏风之前，或者安置在殿内、前门之前、平棊之内。

小斗八藻井

造小藻井之制：共高二尺二寸。其下曰八角井，径四尺八寸，其上曰斗八，高八寸。于顶心之下施垂莲或雕华云卷；皆内安明镜，其名件广厚，各以每尺之径及高积而为法。

八角井：抹角勒算桯方作八瓣。于算桯方之上用普拍方；方上施五铺作卷头重栱。材广六分，厚四分；其枓栱等分数制度，皆准大木作法。枓栱之内用枓槽版，上用压厦版，上施版壁贴络门窗，钩阑，其上又用普拍方。方上施五铺作一抄一昂重栱，上下并八入角，每瓣用补间铺作两朵。

枓槽版：每径一尺，则长九寸；高一尺，则广六寸。以厚八分为定法。

普拍方：长同上，每高一尺，则方三分。

随瓣方：每径一尺，则长四寸五分；每高一尺，则广八分，厚五分。

阳马：每径一尺，则长五寸；每高一尺，则曲广一寸五分，厚七分。

背版：长视瓣高，广随阳马之内。以厚五分为定法。其用贴并难子，并准殿内斗八藻井之法。贴络华数亦如之。

凡小藻井，施之于殿宇副阶之内。其腰内所用贴络门窗，钩阑，钩阑下施雁翅版，其大小广厚，并随高下量宜用之。

【译文】建造小藻井的规制标准：小藻井总高二尺二寸。下部为八角井，直径四尺八寸；上部为斗八，高八寸。在顶心榰杆下端做成垂莲柱，或者周围装饰雕花、云卷。都在内部安明镜。小藻井各个部件的大小尺寸，均以每尺直径长度为一百为标准，以此标准来确定各部分比例大小。

八角井：去掉算桯枋的四角，做成八瓣。在算桯枋之上安普拍枋；普拍枋之上做五铺作卷头重栱（材宽六分，厚四分；建造斗栱的规制标准参照"大木作法"）。斗栱背面用枓槽版，枓拱之上用压厦版，在压厦版之上，安设版壁贴络门窗，在压厦版边缘上安钩阑；在贴络门窗之上安普拍枋。在普拍枋之上做五铺作一杪一昂重栱，上下均为八个内角，每一瓣作两朵补间铺作。

枓槽版：八角井的直径每增加一尺，枓槽版的长就相应增加九寸；高每增加一尺，那么宽就相应增加六寸（厚度统一规定为八分）。

普拍枋：长与枓槽版相同，高每增加一尺，那么边长就相应增加三分。

随瓣枋：八角井的直径每增加一尺，那么长就相应增加四寸五分；高每增加一尺，那么宽就相应增加八分，厚相应增加五分。

阳马：直径每增加一尺，那么长就相应增加五寸；高每增加一尺，那么曲面宽就相应增加一寸五分，厚相应增加七分。

背版：长由瓣高来确定，宽由阳马内部的尺寸来确定（厚度统一规定为五分）。背版上用贴，并用难子进行缠绕，均参照殿内斗八藻井的规制标准（贴络花的数量也是这样）。

小藻井建在殿宇副阶的内部。腰内安置贴络门窗和钩阑，钩阑上安置雁翅版，大小尺寸都依据高低位置的实际情况来使用。

拒马叉子

其名有四：一曰枨桹；二曰枨拒；三曰行马；四曰拒马叉子

造拒马叉子之制：高四尺至六尺。如间广一丈者，用二十一棂；每广增一尺，则加二棂，减亦如之。两边用马衔木，上用穿心串，下用拢桯连梯，广三尺五寸，其卯广减桯之半，厚三分，中留一分，其名件广厚，皆以高五尺为祖，随其大小而加减之。

棂子：其首制度有二；一曰五瓣云头挑瓣；二曰素讹角，叉子首于上串上出者，每高一尺，出二寸四分；挑瓣处下留三分。斜长五尺五寸，广二寸，厚一寸二分，每高增一尺，则长加一尺一寸，广加二分，厚加一分。

马衔木：其首破瓣同棂，减四分。长视高。每叉子高五尺，则广四寸半，厚二寸半。每高增一尺，则广加四分，厚加二分；减亦如之。

上串：长随间广；其广五寸五分，厚四寸。每高增一尺，则广加三分，厚加二分。

连梯：长同上串，广五寸，厚二寸五分。每高增一尺，则广加一寸，厚加五分。两头者广厚同，长随下广。

凡拒马叉子，其棂子自连梯上，皆左右隔间分布于上串内，出首交斜相向。

【译文】建造拒马叉子的规制标准：拒马叉子高四尺到六尺。若开间宽一丈，就用二十一条棂子；宽每增加一尺，那么就相应增加两条棂子，减少的情况也一样。在两侧安装马衔木，上面使用穿心串，下面使用拢程连梯。拒马叉子宽三尺五寸，卯樺宽是程的一半，厚三分，中间留有一分的空间。拒马叉子各构件的大小尺寸，均以高度为五尺作为标准，以此标准根据实际情况相应增减。

棂子：棂子顶端的规制标准有二种：一是作五瓣云头桃瓣；二是作素讹角（叉子顶端自上串的上部伸出，每高一尺，就相应伸出二寸四分；桃瓣的下部留出三分的空间）。斜边长五尺五寸，宽二寸，厚一寸二分。高每增加一尺，长就相应的增加一尺一寸，宽就相应增加二分，厚就相应增加一分。

马衔木（马衔木顶端的破瓣与棂子一样，减少四分）：长由高来确定，叉子高五尺，宽四寸半，厚二寸半。高每增加一尺，宽就相应增加四分，厚就相应增加二分，减少的比例也一样。

上串：长由间宽来确定，宽五寸五分，厚四寸。高每增加一尺，宽就相应增加三分，厚就相应增加一寸二分。

连梯：长与上串一样，宽五寸，厚二寸五分。高每增加一尺，宽就相应增加一寸，厚相应增加五分。两端的宽、厚一样，长依据下面的宽来确定。

拒马叉子，从棂子到连梯的上部，都是左右相隔分布在上串的内部，叉子头斜向相对伸出。

叉 子

造叉子①之制：高二尺至七尺，如广一丈，用二十七棂；若广增一尺，即更加二棂；减亦如之。两壁用马衔木；上下用串；或于下串之下用地栿、地霞造。其名件广厚，皆以高五尺为祖，随其大小而加减之。

望柱^②：如叉子高五尺，即长五尺六寸，方四寸。每高增一尺，则加一尺一寸，方加四分；减亦如之。

棂子：其首制度有三：一曰海石榴头；二曰挑瓣云头；三曰方直笏头。又子首于上串上出者，每高一尺，出一寸五分；内挑瓣处下留三分。其身制度有四：一曰一混、心出单线、压边线；二曰瓣内单混、面上出心线；三曰方直、出线、压边线或压白；四曰方直不出线，其长四尺四寸，透下串者长四尺五寸，每间三条。广二寸，厚一寸二分。每高增一尺，则长加九寸，广加二分，厚加一分；减亦如之。

上下串：其制度有三：一曰侧面上出心线、压边线或压白；二曰瓣内单混出线；三曰破瓣不出线；长随间广，其广三寸，厚二寸。如高增一尺，则广加三分，厚加二分；减亦如之。

马衔木：破瓣同棂。长随高，上随棂齐，下至地栿上。制度随棂。其广三寸五分，厚二寸。每高增一尺，则广加四分，厚加二分；减亦如之。

地霞：长一尺五寸，广五寸，厚一寸二分。每高增一尺，则长加三寸，广加一寸，厚加二分；减亦如之。

地栿：皆连梯混，或侧面出线。或不出线。长随间广，或出绞头在外。其广六寸，厚四寸五分。每高增一尺，则广加六分，厚加五分；减亦如之。

凡叉子若相连或转角，皆施望柱，或栽入地，或安于地栿上，或下用衮砧^③托柱。如施于屋柱间之内及壁帐之间者，皆不用望柱。

【注释】①叉子：用垂直的木板条或榥子排列组成的栅栏，防止人越过。

②望柱：也称栏杆柱，是栏板和栏板之间的短柱，分柱身和柱头两部分。

③衮砧：方形的，浮放在地面上可以移动的石制的"柱础"。

【译文】建造叉子的规制标准：高二尺到七尺，若宽一丈，就用二十七条榥子。若宽每增加一尺，那么就增加两条榥子。减少的情况也是一样。在两壁上部使用马衔木，上下用串。也可以在下串之下制作地栿和地霞。叉子各构件的大小尺寸，都以高五尺作为标准，以此标准根据实际情况相应增减。

望柱：若叉子高五尺，那么望柱长五尺六寸，边长四寸。高每增加一尺，那么长就相应增加一尺一寸，边长相应增加四分。减少的情况也是一样。

榥子：榥子顶端的规制标准有三种：一是海石榴头；第二是挑瓣云头；第三是方直笏头（叉子顶端自上串的上部伸出，每高一尺，就伸出一寸五分；在内挑瓣之下留出三分空间）。榥身的规制标准有四种：一是一混、心出单线、压边线；二是瓣内单混，面上出心线；三是方直、出线、压边线或压白；四是方直不出线。长四尺四寸（穿透下串的榥子长四尺五寸，每间有三条榥），宽二寸，厚一寸二分。高每增加一尺，长就相应增加九寸，宽相应增加二分，厚相应增加一分。减少的情况也一样。

上下串：其规制标准有三种：一是侧面上出心线、压边线或压白；二是瓣内单混出线；三是破瓣不出线。长由间宽来确定，宽三寸，厚二寸。若高每增加一尺，宽就相应增加三分，厚增加二分。减少的情况也是一样。

马衔木（破瓣与榥子一样）：长由高来确定（上与榥子平齐，下到地栿上部),和榥子的规制标准相同。宽三寸五分,厚二寸。高每增加一尺,那么宽就相应增加四分,厚相应增加二分。减少的情况也是一样。

地霞:长一尺五寸,宽五寸,厚一寸二分。高每增加一尺,长就相应增加三寸,宽相应增加一寸,厚相应增加二分。减少的情况也是一样。

地栿:均与连梯混,或者侧面出线(也可以不出线),长由间宽来确定(或者不包括绞头在内)。宽六寸,厚四寸五分。高每增加一尺,宽就相应增加六分,厚相应增加五分。减少的情况也是一样。

叉子如果相连或者转角,都需安置望柱,望柱或者埋入地下,或者安在地栿上面,或者在下面用衮砧承托。如果安置在屋内柱子之间和壁帐之间,则不使用望柱。

钩阑

重台钩阑、单钩阑。其名有八:一曰棂槛;二曰轩槛;三曰栊;四曰梐牢;五曰阑楯;六曰柃;七曰阶槛;八曰钩阑

造楼阁殿亭钩阑之制有二:一曰重台钩阑,高四尺至四尺五寸;二曰单钩阑,高三尺至三尺六寸。若转角则用望柱。或不用望柱,即以寻杖绞角。如单钩阑枓子蜀柱者,寻杖或合角。其望柱头破瓣仰覆莲。当中用单胡挑子,或作海石榴头。如有慢道,即计阶之高下,随其峻势,令斜高与钩阑身齐。不得令高,其地栿之类,广厚准此。其名件广厚,皆取钩阑每尺之高,谓自寻杖上至地栿下。积而为法。

重台钩阑:

望柱:长视高,每高一尺,则加二寸,方一寸八分。

蜀柱:长同上,上下出卯在内。广二寸,厚一寸,其上方一寸六分,刻为瘿项。其项下细处比上减半,其下挑心尖,留十分之二;两肩各留

十分中四分；其上出卯以穿云栱，寻杖；其下卯穿地栿。

云栱：长二寸七分，广减长之半，荫一分二厘，在寻杖下，厚八分。

地霞：或用华盆亦同。长六寸五分，广一寸五分，荫一分五厘，在束腰下。厚一寸三分。

寻杖：长随间，方八分。或圆混或四混、六混、八混造；下同。

盆唇木：长同上，广一寸八分，厚六分。

束腰：长同上，方一寸。

上华版[①]：长随蜀柱内，其广一寸九分，厚三分。四面各别出卯入池槽，各一寸；下同。

下华版：长厚同上，卯入至蜀柱卯，广一寸三分五厘。

地栿：长同寻杖，广一寸八分，厚一寸六分。

单钩阑：

望柱：方二寸。长及加同上法。

蜀柱：制度同重台钩阑蜀柱法，自盆唇木之上，云栱之下，或造胡桃子撮项，或作青蜓头，或用枓子蜀柱。

云栱：长三寸二分，广一寸六分，厚一寸。

寻杖：长随间之广，其方一寸。

盆唇木：长同上，广二寸，厚六分。

华版：长随蜀柱内，其广三寸四分，厚三分。若万字或钩片造者，每华版广一尺，万字条桱广一寸五分；厚一寸；子桯广一寸二分五厘；钩片条桱广二寸；厚一寸一分；子桯广一寸五分；其间空相去，皆比条桱减半；子桯之厚同条桱。

地栿：长同寻杖，其广一寸七分，厚一寸。

华托柱：长随盆唇木，下至地栿上，其广一寸四分，厚七分。

凡钩阑分间布柱，令与补间铺作相应。角柱外一间与阶齐，其钩阑之外，阶头随屋大小留三寸至五寸为法。如补间铺作太密，或无补间者，量其远近，随宜加减。如殿前中心作折槛者，今俗谓之龙池。每钩阑高一尺，于盆唇内广别加一寸。其蜀柱更不出项，内加华托柱。

【注释】①华版：一般指地栿与盆唇间的不镂空的装饰板，重台钩阑分为上下华版，中间用束腰隔开，单钩阑还有一层华版。

【译文】建造楼阁殿亭钩阑的规制标准有两种：一是重台钩阑，高四尺到四尺五寸；二是单钩阑，高三尺到三尺六寸。转角处需用望柱（也可不用望柱，用寻杖绞角。若是单钩阑枓子蜀柱，要用寻杖或合角）。望柱柱头破瓣处理，其上做仰覆莲花（中间用单胡桃子，或者做海石榴头）。若有慢道，那么就要测量台阶的高低，根据台阶的走势，使斜高齐平于钩阑（不能高于钩阑，地栿之类构件的尺寸也参照此规定）。楼阁殿亭钩阑各构件的大小尺寸，均以钩阑每尺高（从寻杖的顶端到地栿的底部）为一百为标准，以此标准来确定各部分比例大小。

重台钩阑：

望柱：长由钩阑高来确定，高每增加一尺，长就相应增加二寸，边长一寸八分。

蜀柱：长与望柱相同（包括上下出卯），宽二寸，厚一寸，上端边长一寸六分，雕刻成瘿项（瘿项下部较窄的地方比上部的尺寸少一半，项下挑出心尖，留出十分之二的长度；两肩各自留出十分之四的宽度；蜀柱向上出卯穿过云栱和寻杖，向下卯穿地栿）。

云栱：长二寸七分，宽是长的一半，在寻杖下遮蔽一分二厘，厚八分。

地霞（用花盆的规制与此相同）：长六寸五分，宽一寸五分，束腰下遮蔽宽一分五厘，厚一寸三分。

寻杖：长由间宽来确定，边长八分（采用圆混、四混、六混或八混。下面与此相同）。

盆唇木：长与寻杖一样，宽一寸八分，厚六分。

束腰：长与盆唇木一样，边长一寸。

上华版：长依据蜀柱内的宽度来确定，宽一寸九分，厚三分（四面各自另外出卯，卯插入池槽各一寸深。下面与此相同）。

下华版：长和厚与上华版一样（卯插入蜀柱的出卯处），宽一寸三分五厘。

地栿：长与寻杖一样，宽一寸八分，厚一寸六分。

单钩阑：

望柱：边长二寸（长及其增加变化与"重台钩阑"中的望柱一致）。

蜀柱：建造方式与"重台钩阑"中的"蜀柱"一致。在盆唇木上面和云栱下面的地方，或者制作胡桃子撮项，或者制作蜻蜓头，或者采用枓子蜀柱。

云栱：长三寸二分，宽一寸六分，厚一寸。

寻杖：长依据间宽来确定，边长一寸。

盆唇木：长同上，宽二寸，厚六分。

华版：长依据蜀柱内的宽度来确定，宽三寸四分，厚三分（如果需做万字或钩片，华版宽每增加一尺，万字条桱宽增加一寸五分，厚增加一寸，子桱宽增加一寸二分五厘；钩片条桱宽增加两寸；厚增加一寸一分；子桱宽增加一寸五分；万字或钩片之间的距离，是条桱宽的一半；子桱的厚与条桱相同）。

地栿：长与寻杖一致，宽一寸七分，厚一寸。

华托柱：长依据盆唇木，下到地栿上，宽一寸四分，厚七分。

钩阑按每一开间布置柱子，使它与补间铺相对应（在角柱外的一间与台阶平齐，钩阑外侧，阶头依据房屋的大小需留出三寸到五寸的高度，以此为统一标准）。若补间铺作太紧密，或没有补间铺作，依据位置的远近，适当地增加或者减少。若是在殿前中心建造折槛（现在称为"龙池"），钩阑的高每增加一尺，盆唇宽就相应增加一寸。蜀柱可以不出项，内部用华托柱。

棵笼子

造棵笼子①之制：高五尺，上广二尺，下广三尺；或用四柱，或用六柱，或用八柱。柱子上下，各用榥子、脚串、版棍。下用牙子，或不用牙子。或双腰串，或下用双榥子锭脚版造。柱子每高一尺，即首长一寸，垂脚②空五分。柱身四瓣方直。或安子桯，或采子桯，或破瓣造，柱首或作仰覆莲，或单胡桃子，或科柱挑瓣方直或刻作海石榴。其名件广厚，皆以每尺之高积而为法。

柱子：长视高，每高一尺，则方四分四厘；如六瓣或八瓣，即广七分，厚五分。

上下榥并腰串：长随两柱内，其广四分，厚三分。

锭脚版：长同上，下随榥子之长。其广五分。以厚六分为定法。

棍子：长六寸六分，卯在内。广二分四厘。厚同上。

牙子：长同锭脚版。分作二条。广四分。厚同上。

凡棵笼子，其棍子之首在上榥子内，其棍相去准叉子制度。

【注释】①棵笼子：护树用的四方或六角、八角栅栏，做法与叉子相似。

②垂脚：下棍离地面的空档的距离。

【译文】建造棵笼子的规制标准：高五尺，上宽二尺，下宽三尺。或用四根柱子、或用六根柱子、或用八根柱子。柱子上下各用棍子、脚串、版棍（下面可用牙子，也可不用）。做双腰串，或者下部安装双棍子锭脚版。柱子高每加一尺，柱头长就相应增加一寸，下棍到地面的距离就增加五分。柱身四瓣方直造。或安子桯，或采子桯，或做破瓣。柱头或做仰覆莲花，或做单胡桃子，或做枓柱挑瓣方直，或做海石榴。各钩件的大小尺寸，都以每尺高度为一百为标准，以此标准来确定各部分的比例大小。

柱子：长由棵笼子高来确定，高每增加一尺，边长就增加四分四厘；若造六瓣或八瓣，宽就相应增加七分，厚五分。

上下棍并腰串：长依据两柱内部的距离来确定，宽四分，厚三分。

锭脚版：长与上下棍并腰串相同（下端由棍子长来确定），宽五分，统一规定厚为六分。

棍子：长六寸六分（卯在内），宽二分四厘（厚与锭脚版相同）。

牙子：长与锭脚版一样（分成二条），宽四分，厚与棍子相同。

棵笼子的棍子的顶端在上棍子的内部，棍子之间的距离参照制作叉子的规制标准。

井亭子

造井亭子①之制：自下锭脚至脊，共高一丈一尺，鸱尾在外。方七尺。四柱，四椽，五铺作一杪一昂，材广一寸二分，厚八分，重栱造。上用压厦版，出飞檐，作九脊结宽。其名件广厚，皆取每尺之高积而为法。

柱：长视高，每高一尺，则方四分。

锃脚：长随深广，其广七分，厚四分。<small>绞头在外。</small>

额：长随柱内，其广四分五厘，厚二分。

串：长与广厚并同上。

普拍方：长广同上，厚一分五厘。

枓槽版：长同上，<small>减二寸。</small>广六分六厘，厚一分四厘。

平棊版：长随枓槽版内，其广合版令足。<small>以厚六分为定法。</small>

平棊贴：长随四周之广，其广二分。<small>厚同上。</small>

楅：长随版之广，其广同上，厚同普拍方。

平棊下难子：长同平棊版，方一分。

压厦版：长同锃脚，<small>每壁加八寸五分。</small>广六分二厘，厚四厘。

栿：长随深，<small>加五寸。</small>广三分五厘，厚二分五厘。

大角梁：长二寸四分，广二分四厘，厚一分六厘。

子角梁：长九分，曲广三分五厘，厚同楅。

贴生：长同压厦版，<small>加六寸。</small>广同大角梁，厚同枓槽版。

脊槫蜀柱：长二寸二分，<small>卯在内。</small>广三分六厘，厚同栿。

平屋槫蜀柱：长八分五厘，广厚同上。

脊槫及平屋槫：长随广，其广三分，厚二分二厘。

脊串：长随槫，其广二分五厘，厚一分六厘。

叉手：长一寸六分，广四分，厚二分。

山版：<small>每深一尺，即长八寸，广一寸五分，以厚六分为定法。</small>

上架椽：<small>每深一尺，即长三寸七分。</small>曲广一分六厘，厚九厘。

下架椽：每深一尺，即长四寸五分。曲广一分七厘，厚同上。

厦头下架椽：每广一尺，即长三寸。曲广一分二厘，厚同上。

从角椽：长取宜，匀摊使用。

大连檐：长同压厦版，每面加二尺四寸。广二分，厚一分。

前后厦瓦版：长随槫，其广自脊至大连檐，合贴令数足，以厚五分为定法，每至角，长加一尺五寸。

两头厦瓦版：其长自山版至大连檐。合版令数足，厚同上。至角加一尺一寸五分。

飞子：长九分，尾在内。广八厘，厚六厘。其飞子至角令随势上曲。

白版②：长同大连檐，每壁长加三尺。广一寸。以厚五分为定法。

压脊：长随槫，广四分六厘，厚三分。

垂脊：长自脊至压厦外，曲广五分，厚二分五厘。

角脊③：长二寸，曲广四分，厚二分五厘。

曲阑槫脊：每面长六尺四寸。广四分，厚二分。

前后瓦陇条：每深一尺，即长八寸五分。方九厘。相去空九厘。

厦头瓦陇条：每广一尺，即长三寸三分。方同上。

搏风版：每深一尺，即长四寸三分。以厚七分为定法。

瓦口子④：长随子角梁内，曲广四分，厚亦如之。

垂鱼：长一尺三寸：每长一尺，即广六寸。厚同搏风版。

惹草：长一尺；每长一尺，即广七寸。厚同上。

鸱尾：长一寸一分，身广四分，厚同压脊。

凡井亭子，锭脚下齐，坐于井阶之上。其枓栱分数及举折等，并准大木作之制。

【注释】①井亭子: 建于井口之上, 保护水井的亭子。

②白版: 可能是用在檐口上的板条。

③角脊: 指垂脊的垂兽之前的三分之一部分。

④瓦口子: 可能是檐口上安瓦拢条的间距做成的瓦当和滴水瓦形状的木条。

【译文】建造井亭子的规制标准: 从下锭脚到脊, 总高一丈一尺(鸱尾在外), 边长七尺。四根柱, 四条椽, 五铺作一杪一昂。材宽一寸二分, 厚八分, 重栱。上用压厦版, 挑出飞檐, 做九脊结宽。各构件的大小尺寸, 都以每尺高度为一百为标准, 以此标准来确定各部件的比例大小。

柱: 长由高来确定, 高每增加一尺, 边长就相应增加四分。

锭脚: 长由进深的宽来确定, 宽七分, 厚四分(绞头在外)。

额: 长由柱内的大小来确定, 宽四分五厘, 厚二分。

串: 长、宽和厚同上。

普拍枋: 长和宽同上, 厚一分五厘。

料槽版: 长同上(减少二寸), 宽六分六厘, 厚一分四厘。

平棊版: 长由料槽版内的空间来确定, 宽达到能充分合板就可以了(统一规定厚六分)。

平棊贴: 长由周长来确定, 宽二分(厚同上)。

福: 长与平棊版宽一致, 宽同上, 厚与普拍枋一致。

平棊下难子: 长与平棊版一致, 边长一分。

压厦版: 长与锭脚一致(每一面增加八寸五分), 宽六分二厘, 厚四厘。

枕: 长由进深来确定(多加五寸), 宽三分五厘, 厚二分五厘。

大角梁: 长二寸四分, 宽二分四厘, 厚一分六厘。

子角梁: 长九分, 曲面宽三分四厘, 厚与福一致。

贴生：长与压厦版一致（加六寸），宽与大角梁一致，厚与枓槽版一致。

脊槫蜀柱：长二寸二分（卯在内），宽三分六厘，厚与栿一致。

平屋槫蜀柱：长八分五厘，宽和厚与上面一致。

脊槫及平屋槫：长由间宽来确定，宽三分，厚二分二厘。

脊串：长由槫来确定，宽二分五厘，厚一分六厘。

叉手：长二寸六分，宽四分，厚二分。

山版（每深一尺，长就相应增加八寸。宽一寸五分，统一规定厚为六分）。

上架椽（进深每增加一尺，长就相应增加三寸七分）：曲面宽一分六厘，厚九厘。

下架椽（进深每增加一尺，长就相应增加四寸五分）：曲面宽一分七厘，厚九厘。

厦头下架椽（宽每增加一尺，长就相应增加三寸）：曲面宽一分二厘，厚九厘。

从角椽（长由实际情况来确定，均匀使用）。

大连檐：长与压厦版一致（每面增加二尺四寸），宽二分，厚一分。

前后厦瓦版：长由槫来确定，宽从脊到大连檐（合贴令数足，统一规定厚为五分。每到转角处，长就相应增加一尺五寸）。

两头厦瓦版：长从山版到大连檐（合板令数足，厚同上。每到转角处，长就相应增加一尺一寸五分）。

飞子：长九分（包括鸱尾），宽八厘，厚六厘（飞子到转角处依据走势向上盘曲）。

白版：长与大连檐一致（每面长增加三尺），宽一寸（统一规定厚为五分）。

压脊：长由槫来确定，宽四分六厘，厚三分。

垂脊：长从脊到压厦版的朝外一面，曲面宽五分，厚二分五厘。

角脊：长二寸，曲面宽四分，厚二分五厘。

曲阑搏脊(每面长六尺四寸)：宽四分，厚二分。

前后瓦陇条(进深每增加一尺，长就相应增加八寸五分)：边长九厘(前、后瓦陇条之间长九厘)。

厦头瓦陇条(宽每增加一尺，长就相应增加三寸三分)：边长与上面相同。

搏风版(进深每增加一尺，长相应增加四寸三分。统一规定厚为七分)。

瓦口子：长由子角梁内部的大小来确定，曲面宽四分，厚也是四分。

垂鱼(长一尺三寸；长每增加一尺，宽就相应增加六寸，厚与搏风版一致)。

惹草(长一尺；长每增加一尺，宽就相应增加七寸。厚与上面相同)。

鸱尾：长一寸一分，身宽四分，厚与压脊一致。

井亭子的锃脚下端平齐，安置在井阶之上。斗栱分数及举折等，都参照"大木作"的规制标准。

牌

造殿堂楼阁门亭等牌[①]之制：长二尺至八尺。其牌首、牌上横出者。牌带、牌两旁下垂者。牌舌，牌面下两带之内横施者。每广一尺，即上边绰四寸向外。牌面每长一尺，则首、带随其长，外各加长四寸二分，舌加长四分。谓牌长五尺，即首长六尺一寸，带长七尺一寸，舌长四尺二寸之类，尺寸不等；依此加减；下同。其广厚皆取牌每尺之长积而为法。

牌面：每长一尺，则广八寸，其下又加一分。令牌面下广，谓牌长五尺，即上广四尺，下广四尺五分之类，尺寸不等，依此加减；下同。

首：广三寸，厚四分。

带：广二寸八分，厚同上。

舌：广二寸，厚同上。

凡牌面之后，四周皆用楅，其身内七尺以上者用三楅，四尺以上者用二楅，三尺以上者用一楅。其楅之广厚，皆量其所宜而为之。

【注释】①牌：即碑匾、匾额。古代常悬于宫殿、楼阁、门、碑坊、寺庙、商号、民宅、亭等建筑的显赫位置。

【译文】建造殿堂楼阁门亭等牌的规制标准：长二尺到八尺。牌首（牌上横出的部分）、牌带（牌两旁下垂的部分）、牌舌（牌面下两带之内横放的部分），宽每增加一尺，上沿边就相应向外多出四寸。牌面长每增加一尺，牌首、牌带的长就相应增加，长度各加四寸二分，牌舌长增加四分（如牌长五尺，即牌首长六尺一寸，牌带长七尺一寸，牌舌长四尺二寸。尺寸不一样，都参照此标准进行增减。下面与此相同）。其大小尺寸都以牌的每尺长为一百为标准，以此标准来确定各部分的比例大小。

牌面：长每增加一尺，宽就相应增加八寸，下部再加一分（牌面的下部稍宽，若牌长五尺，那么其上部宽就是四尺，下部宽就是四尺五分。尺寸不一样，都参照此标准进行增减。下面与此相同）。

牌首：宽三寸，厚四分。

牌带：宽二寸八分，厚与上面相同。

牌舌：宽二寸，厚与上面相同。

牌面之后，四周都用楅，牌本身长大于七尺，就用三楅，大于四尺，就用二楅，大于三尺，就用一楅。楅的大小尺寸根据实际情况进行量取。

卷第九

小木作制度四

佛道帐

造佛道帐①之制：自坐下龟脚至鸱尾，共高二丈九尺；内外拢深一丈二尺五寸。上层施天宫楼阁；次平坐；次腰檐。帐身下安芙蓉瓣、迭涩、门窗、龟脚坐。两面与两侧制度并同。作五间造。其名件广厚，皆取逐层每尺之高积而为法。后钩阑两等，皆以每寸之高积而为法。

帐坐：高四尺五寸，长随殿身之广，其广随殿身之深。下用龟脚。脚上施车槽。槽之上下，各用涩一重。于上涩之上，又迭子涩三重；于上一重之下施坐腰。上涩之上，用坐面涩；面上安重台钩阑，高一尺。阑内偏用明金版。钩阑之内，施宝柱两重。外留一重为转道。内壁贴络门窗。其上设五铺作卷头平坐。材广一寸八分，腰檐平坐准此。平坐上又安重台钩阑。并瘿项云栱坐。自龟脚上，每涩至上钩阑，逐层并作芙蓉瓣造。

龟脚：每坐高一尺，则长二寸，广七分，厚五分。

车槽上下涩：长随坐长及深，外每面加二寸。广二寸，厚六分五厘。

车槽：长同上，每面减三寸，安华版在外。广一寸，厚八分。

上子涩：两重，在坐腰上下者。各长同上，减二寸。广一寸六分，厚二分五厘。

下子涩：长同坐，广厚并同上。

坐腰：长同上，每面减八寸。方一寸。安华版在外。

坐面涩：长同上，广二寸，厚六分五厘。

猴面版：长同上，广四寸，厚六分七厘。

明金版：长同上，每面减八寸。广二寸五分，厚一分二厘。

枓槽版：长同上，每面减三尺。广二寸五分，厚二分二厘。

压厦版：长同上，每面减一尺。广二寸四分，厚二分二厘。

门窗背版：长随枓槽版，减长三寸。广自普拍方下至明金版上。以厚六分为定法。

车槽华版：长随车槽，广八分，厚三分。

坐腰华版：长随坐腰，广一寸，厚同上。

坐面版：长广并随猴面版内，其厚二分六厘。

猴面棍：每坐深一尺，则长九寸，方八分。每一瓣用一条。

猴面马头棍：每坐深一尺，则长一寸四分。方同上。每一瓣用一条。

连梯卧棍：每坐深一尺，则长九寸五分。方同上。每一瓣用一条。

连梯马头棍：每坐深一尺，则长一寸。方同上。

长短柱脚方：长同车槽涩，每一面减三尺二寸。方一寸。

长短榻头木：长随柱脚方内，方八分。

长立棍：长九寸二分，方同上。随柱脚方、榻头木逐瓣用之。

短立棍：长四寸，方六分。

拽后棍：长五寸，方同上。

穿串透栓：长随榻头木，广五分，厚二分。

罗文棍：每坐高一尺，则加长一寸。方八分。

帐身：高一丈二尺五寸，长与广皆随帐坐，量瓣数随宜取间。其内外皆拢帐柱。柱下用锭脚隔科，柱上用内外侧当隔科。四面外柱并安欢门、帐带。前一面里槽柱内亦用。每间用算桯方施平棊、斗八藻井。前一面每间两颊各用球文格子门。格子桯四混出双线，用双腰串、腰华版造。门之制度，并准本法。两侧及后壁，并用难子安版。

帐内外槽柱：长视帐身之高。每高一尺，则方四分。

虚柱：长三寸二分，方三分四厘。

内外槽上隔科版：长随间架，广一寸二分，厚一分二厘。

上隔科仰托棍：长同上，广二分八厘，厚二分。

上隔科内外上下贴：长同锭脚贴，广二分，厚八厘。

隔科内外上柱子：长四分四厘。下柱子：长三分六厘。其广厚并同上。

里槽下锭脚版：长随每间之深广，其广五分二厘，厚一分二厘。

锭脚仰托棍；长同上，广二分八厘，厚二分。

锭脚内外贴：长同上，其广二分，厚八厘。

锭脚内外柱子：长三分二厘，广厚同上。

内外欢门：长随帐柱之内，其广一寸二分，厚一分二厘。

内外帐带：长二寸八分，广二分六厘，厚亦如之。

两侧及后壁版：长视上下仰托榥内，广随帐柱，心柱内，其厚八厘。

心柱：长同上，其广三分二厘，厚二分八厘。

颊子：长同上，广三分，厚二分八厘。

腰串：长随帐柱内，广厚同上。

难子：长同后壁版，方八厘。

随间栿：长随帐身之深，其方三分六厘。

算桯方：长随间之广，其广三分二厘，厚二分四厘。

四面拽难子：长随间架，方一分二厘。

平棊：华文制度并准殿内平棊。

背版：长随方子心内，广随栿心。以厚五分为定法。

桯：长随方子四周之内，其广二分，厚一分六厘。

贴：长随桯四周之内，其广一分二厘。厚同背版。

难子并贴华：厚同贴。每方一尺，用贴华二十五枚或十六枚。

斗八藻井：径三尺二寸，共高一尺五寸。五铺作重栱卷头造。材广六分。其名件并准本法，量宜减之。

腰檐：自栌枓至脊，共高三尺。六铺作一抄两昂，重栱造。柱上施枓槽版与山版。版内又施夹槽版，逐缝夹安钥匙头版，其上顺槽安钥匙头榥；又施钥匙头版上通用卧榥，榥上栽柱子；柱上又施卧榥，榥上安上层平坐。铺作之上，平铺压厦版，四角用角梁、子角梁，铺椽安飞子。依副阶举分结宽。

普拍方：长随四周之广，其广一寸八分，厚六分。绞头在外。

角梁：每高一尺，加长四寸，广一寸四分，厚八分。

子角梁：长五寸，其曲广二寸，厚七分。

抹角栿②：长七寸，方一寸四分。

槫：长随间广，其广一寸四分，厚一寸。

曲椽：长七寸六分，其曲广一寸，厚四分。每补间铺作一朵用四条。

飞子：长四寸，尾在内。方三分。角内随宜刻曲。

大连檐：长同槫，梢间长至角梁，每壁加三尺六寸。广五分，厚三分。

白版：长随间之广。每梢间加出角一尺五寸。其广三寸五分。以厚五分为定法。

夹科槽版：长随间之深广，其广四寸四分，厚七分。

山版：长同科槽版，广四寸二分，厚七分。

科槽钥匙头版：每深一尺，则长四寸。广厚同科槽版。逐间段数亦同科槽版。

科槽压厦版：长同科槽，每梢间长力一尺。其广四寸，厚七分。

贴生：长随间之深广，其方七分。

科槽卧棍：每深一尺，则长九寸六分五厘。方一寸。每铺作一朵用二条。

绞钥匙头上下顺身棍：长随间之广，方一寸。

立棍：长七寸，方一寸。每铺作一朵用二条。

厦瓦版：长随间之广深，每梢间加出角一尺二寸五分。其广九寸。

以厚五分为定法。

　　槫脊: 长同上, 广一寸五分, 厚七分。

　　角脊: 长六寸, 其曲广一寸五分, 厚七分。

　　瓦陇条: 长九寸, 瓦头在内。方三分五厘。

　　瓦口子: 长随间广, 每梢间加出角二尺五寸。其广三分。以厚五分为定法。

　　平坐: 高一尺八寸, 长与广皆随帐身。六铺作卷头重栱造四出角。于压厘版上施雁翅版, 槽内名件并准腰檐法。上施单钩阑, 高七寸。撮项云栱造。

　　普拍方: 长随间之广, 合角在外。其广一寸二分, 厚一寸。

　　夹枓槽版: 长随间之深广, 其广九寸, 厚一寸一分。

　　枓槽钥匙头版: 每深一尺, 则长四寸。其广厚同枓槽版。逐间段数亦同。

　　压厦版: 长同枓槽版, 每梢间加长一尺五寸。广九寸五分, 厚一寸一分。

　　枓槽卧棍: 每深一尺, 则长九寸六分五厘。方一寸六分。每铺作一朵用二条。

　　立棍: 长九寸, 方一寸六分。每铺作一朵用四条。

　　膈翅版: 长随压厦版, 其广二寸五分, 厚五分。

　　坐面版: 长随枓槽内, 其广九寸, 厚五分。

　　天宫楼阁: 共高七尺二寸, 深一尺一寸至一尺三寸。出跳及檐并在柱外。下层为副阶; 中层为平坐; 上层为腰檐; 檐上为九脊殿结瓷。其殿身, 茶楼, 有挟屋者。角楼, 并六铺作单抄重昂。或单栱或重栱。角楼长一瓣半。殿身及茶楼各长三瓣。殿挟及龟头，并五铺作单杪单昂。或单栱或重栱。殿挟长一瓣，龟头长二瓣。行廊四铺作，单杪，或单栱或重栱。长二瓣、分心。材广六分。每瓣用补间铺作两朵。两侧龟头等制度并准此。中层平坐：用六铺作卷头造。平坐上用单钩阑，高四寸。枓子蜀柱造。

上层殿楼、龟头之内，唯殿身施重檐重檐谓殿身并副阶，其高五尺者不用。外，其余制度并准下层之法。其枓槽版及最上结宽压脊、瓦陇条之类，并量宜用之。

帐上所用钩阑：应用小钩阑者，并通用此制度。

重台钩阑：共高八寸至一尺二寸，其钩阑并准楼阁殿亭钩阑制度。下同。其名件等，以钩阑每尺之高，积而为法。

望柱：长视高，加四寸。每高一尺，则方二寸。通身八瓣。

蜀柱：长同上，广二寸，厚一寸；其上方一寸六分，刻作瘿项。

云栱：长三寸，广一寸五分，厚九分。

地霞：长五寸，广同上，厚一寸三分。

寻杖：长随间广，方九分。

盆唇木：长同上，广一寸六分，厚六分。

束腰：长同上，广一寸，厚八分。

上华版：长随蜀柱内，其广二寸，厚四分。四面各别出卯，合入池槽。下同。

下华版：长厚同上，卯入至蜀柱卯。广一寸五分。

地栿：长随望柱内，广一寸八分，厚一寸一分。上两棱连梯混各四分。

单钩阑：高五寸至一尺者，并用此法。其名件等，以钩阑每寸之高积而为法。

望柱：长视高，加二寸。方一分八厘。

蜀柱：长同上。制度同重台钩阑法。自盆唇木上，云栱下，作撮项胡桃子。

云栱：长四分，广二分，厚一分。

寻杖：长随间之广，方一分。

盆唇木：长同上，广一分八厘，厚八厘。

华版：长随蜀柱肉，广三分。以厚四分为定法。

地栿：长随望柱内，其广一分五厘，厚一分二厘。

科子蜀柱钩阑：高三寸至五寸者，并用此法。其名件等，以钩阑每寸之高积而为法。

蜀柱：长视高，卯在内。广二分四厘，厚一分二厘。

寻杖：长随间广，方一分三厘。

盆唇木：长同上，广二分，厚一分二厘。

华版：长随蜀柱内，其广三分。以厚三分为定法。

地栿：长随间广，其广一分五厘，厚一分二厘。

踏道圜桥子：高四尺五寸，斜拽长三尺七寸至五尺五寸，面广五尺。下用龟脚，上施连梯、立旌，四周缠难子合版，内用榥。两颊之内，逐层安促踏版；上随圜势，施钩阑、望柱。

龟脚：每桥子高一尺，则长二寸，广六分，厚四分。

连梯桯：其广一寸，厚五分。

连梯榥：长随广，其方五分。

立柱：长视高，方七分。

拢立柱上栿：长与方并同连梯栿。

两颊：每高一尺，则加六寸，曲广四寸，厚五分。

促版、踏版：每广一尺，则长九寸六分。广一寸三分，踏版又加三分。厚二分三厘。

踏版栿：每广一尺，则长加八分。方六分。

背版：长随柱子内，广视连梯与上栿内。以厚六分为定法。

月版：长视两颊及柱子内，广随两颊与连梯。以厚六分为定法。

上层如用山华蕉叶造者，帐身之上，更不用结瓦。其压厦版，于橑檐方外出四十分，上施混肚方。方上用仰阳版，版上安山华蕉叶，共高二尺七寸七分。其名件广厚，皆取自普拍方至山华每尺之高积而为法。

顶版：长随间广，其广随深。以厚七分为定法。

混肚方：广二寸，厚八分。

仰阳版：广二寸八分，厚三分。

山华版：广厚同上。

仰阳上下贴：长同仰阳版，其广六分，厚二分四厘。

合角贴：长五寸六分，广厚同上。

柱子；长一寸六分，广厚同上。

福：长三寸二分，广同上，厚四分。

凡佛道帐芙蓉瓣，每瓣长一尺二寸、随瓣用龟脚。上对铺作。结瓦瓦陇条，每条相去如陇条之广。至角随宜分布。其屋盖举折及枓栱等分数，并准大木作制度随材减之。卷杀瓣柱及飞子亦如之。

【注释】①佛道帐：供放佛像和天尊像等的神龛中的最高档次。

②抹角栿：也称为抹角梁，指在建筑面阔与进深成45°角处放置的梁，由于看上去像抹去了屋角，所以称为抹角梁。抹角栿的作用是加强屋角建筑的力度。

【译文】修建佛道帐的规制标准：从底座下的龟脚到上面的鸱尾，总高二丈九尺；内外拢深一丈二尺五寸。上层修建天宫楼阁，然后修建平座，再修建腰檐。帐身下边修建芙蓉瓣、叠涩、门窗、龟脚座。两面与两侧采用相同的规制标准（做五间造）。各构件的大小尺寸都以不同层次高为一尺为一百为标准，以此标准确定其他部件的大小尺寸（后钩阑两等的尺寸，都以高为一寸为一百为标准，以此标准来确定其余部件的尺寸）。

帐座：高四尺五寸，长由殿身宽而定，宽由殿身深而定。座下用龟脚，脚上做车槽，槽的上下，各用一重涩。上涩之上，再叠加三重子涩。在上一重之下安置座腰，上涩之上，用座面版；面上建造重台钩阑，高一尺（钩阑内都用明金版）。钩阑之内安置两重宝柱（外层留一重做转道）。内壁贴络门窗。其上安置五铺作卷头平座（材宽一寸八分，腰檐与平坐都以此为标准）。平坐上再造重台钩阑（并造瘿项云栱座）。从龟脚之上，每涩到上钩阑，每层都做芙蓉瓣。

龟脚：每座高一尺，则长两寸，宽七分，厚五分。

车槽上下涩：长由座的长和深而定（外曾每面加两寸），宽两寸，厚六分五厘。

车槽：长与车槽上下涩相同（每面减少三寸，外面安华版），宽一寸，厚八分。

上子涩：有两重（即座腰上下位置的构件），上下涩长都和车槽一样

（减少两寸），宽一寸六分，厚二分五厘。

下子涩：长与底座相同，宽和厚同上。

坐腰：长同上（每面减八寸），边长一寸（外面安华版）。

坐面涩：长同上，宽两寸，厚六分五厘。

猴面版：长同上，宽四寸，厚六分七厘。

明金版：长同上（每面减八寸），宽二寸五分，厚一分二厘。

枓槽版：长同上（每面减三尺），宽二寸五分，厚二分二厘。

压厦版：长同上（每面减一尺），宽二寸四分，厚二分二厘。

门窗背版：长由枓槽版而定（长减三寸），宽从普拍枋之下到明金版之上（统一规定厚为六分）。

车槽华版：长由车槽而定，宽八分，厚三分。

座腰华版：长由座腰而定，宽一寸，厚同上。

猴面棍（座深每增加一尺，长增加九寸）：边长八分（每一瓣用一条）。

猴面马头棍（座深每增加一尺，长增加一寸四分）：边长同上（每一瓣用一条）。

连梯卧棍（座深每增加一尺，长增加九寸五分）：边长同上（每一瓣用一条）。

连梯马头棍（座深每增加一尺，长增加一寸）：边长同上。

长短柱脚枋：长与车槽涩相同（每一面减少三尺三寸），边长一寸。

长短榻头木：长由柱脚枋内长而定，边长八分。

长立幌：长九寸二分，边长同上。

短立幌：长四寸，边长六分。

拽后棍：长五寸，边长同上。

穿串透栓：长由榻头木而定，宽五分，厚二分。

罗文棍（座高每增加一尺，长增加一寸）：边长八分。

帐身：高一丈二尺五寸，长与宽都由帐座而定，瓣数由间宽来确定。内外都拢帐柱。柱下用锃脚隔枓，柱上用内外侧当隔枓。四面是外柱，都安置欢门、帐带（前一面里面的槽柱内也用）。每间造算桯枋并做平棊、斗八藻井。前一面每间两颊各用毬文格子门（格子桯四混出双线，做双腰串、腰华版）。门的规制制度，都参照此标准。两侧及后壁，都安版并用难子缠绕。

帐内外槽柱：长由帐身高而定，高每增加一尺，那么边长增加四分。

虚柱：长三寸二分，边长三分四厘。

内外槽上隔枓版：长由间架而定，宽一寸二分，厚一分二厘。

上隔枓仰托榥：长同上，宽二分八厘，厚二分。

上隔枓内外上下贴：长与铤脚贴相同，宽二分，厚八厘。

隔枓内外上柱子：长四分四厘。下柱子：长三分六厘。宽与厚同上。

里槽下铤脚版：长由每间的宽和深来确定，宽五分二厘，厚一分二厘。

铤脚仰托榥：长同上，宽二分八厘，厚二分。

铤脚内外贴：长同上，宽二分，厚八厘。

铤脚内外柱子：长三分二厘，宽与厚同上。

内外欢门：长由帐柱之间的距离而定，宽一寸二分，厚一分二厘。

内外帐带：长二寸八分，宽二分六厘，厚也如此。

两侧及后壁版：长由上下仰托榥内而定，宽由帐柱而定，在心柱内，厚八厘。

心柱：长同上，宽三分二厘，厚二分八厘。

颊子：长同上，宽三分，厚二分八厘。

腰串：长由帐柱内而定，宽与厚同上。

难子：长与后壁版相同，边长八厘。

随间栿：长由帐身之深而定，边长三分六厘。

算桯枋：长由间宽而定，宽三分二厘，厚二分四厘。

四面搏难子：长由间架而定，边长一分二厘。

平棊（花纹的规制标准参照殿内平棊）。

背版：长由方子四周内而定，宽由栿心而定（统一规定厚为五分）。

桯：长由方子四周内而定，宽二分，厚一分六厘。

贴：长由桯四周内而定，宽一分二厘（厚与背版一样）。

难子并贴华（厚与贴相同）：边长每增加一尺，就用二十五或者十六枚贴华。

斗八藻井：直径三尺二寸，总高一尺五寸。做五铺作重栱卷头。材宽六分。各构件都参照此标准，根据具体情况增减。

腰檐：从栌枓到脊，总高三尺。做六铺作一抄两昂，修造重栱。在柱子上边设置枓槽版与山版（版内放置夹槽版，在每个缝里夹安钥匙头版，顺着槽安置钥匙头栿；在钥匙头版上通用卧栿，栿上安置柱子；柱子上安置卧栿，栿上安置上层平座）。铺作之上，平铺压厦版，四角用角梁、子角梁，在铺椽上安飞子。根据副阶举分结窊。

普拍枋：长由四周的宽而定，宽一寸八分，厚六分。绞头在外。

角梁：高每增加一尺，长增加四寸，宽一寸四分。

丁角梁：长五寸，曲宽二寸，厚七分。

抹角栿：长七寸，边长一寸四分。

槫：长由间宽而定，宽一寸四分，厚一寸。

曲椽：长七寸六分，曲宽一寸，厚四分。每朵补间铺作，用四条曲椽。

飞子：长四寸（尾在内），边长三分（角内根据走势雕刻曲线）。

大连檐：长与槫相同（梢间长一直延伸到角梁，每壁增加三尺六寸），宽五分，厚三分。

白版：长由间宽而定（每梢间加出角一尺五寸）。宽三寸五分（统一规定厚为五分）。

夹枓槽版：长由间深和间宽而定，宽四寸四分，厚七分。

山版：长与枓槽版相同，宽四寸二分，厚七分。

科槽钥匙头版（深每增加一尺，长就增加四寸）：宽和厚与科槽版一样。每间的段数也和科槽版一样。

科槽压厦版：长与科槽一样（每梢间的长增加一尺），宽四寸，厚七分。

贴生：长由间深与间宽而定，边长七分。

科槽卧棍（深每增加一尺，长就增加九寸六分五厘）：边长一寸（每一朵铺作用二条）。

绞钥匙头上下顺身棍：长由间宽而定，边长一寸。

立棍：长七寸，边长一寸（每一朵铺作用二条）。

厦瓦版：长由间宽和间深而定（每梢间加出角一尺二寸五分），宽九寸（统一规定厚为五分）。

槫脊：长同上，宽一寸五分，厚七分。

角脊：长六寸，曲宽一寸五分，厚七分。

瓦陇条：长九寸（瓦头在内），边长三分五厘。

瓦口子：长由间宽而定（每梢间加出角二尺五寸），宽三分（统一规定厚为五分）。

平坐：高一尺八寸，长与宽都由帐身而定。做六铺作卷头重栱，四边出角，在压厦版上安置雁翅版（槽内各构件参照腰檐的规制标准）。平坐上造单钩阑，高七寸（造撮项云栱）。

普拍枋：长由间宽而定（合角在外），宽一寸二分，厚一寸。

夹科槽版：长由间深而定，宽九寸，厚一寸一分。

科槽钥匙头版（深每增加一尺，长就增加四寸）：厚和宽与科槽版一样（每间的段数也一样）。

压厦版：长与科槽版一样（每梢间的长增加一尺五寸），宽九寸五分，厚一寸一分。

科槽卧棍（深每增加一尺，长就增加九寸六分五厘）：边长一寸六分（每一朵铺作用二条）。

立棍：长九寸，边长一寸六分（每一朵铺作用四条）。

雁翅版：长由压厦版而定，宽二寸五分，厚五分。

坐面版：长由枓槽内而定，宽九寸，厚五分。

天宫楼阁：总高七尺二寸，深一尺一寸到一尺三寸。柱外出跳及檐。下层是副阶；中层为平座；上层是腰檐；檐上是九脊殿结瓷。殿身，茶楼，（有挟屋的构件）角楼，都做六铺作单杪重昂（或单栱或重栱），角楼长一瓣半。殿身及茶楼各长三瓣，殿挟及龟头，做五铺作单杪单昂（或单栱或重栱），殿挟长一瓣，龟头长二瓣。走廊做四铺作，单杪（或单栱或重栱），长二瓣、采用分心造（材宽六分）。每瓣做两朵补间铺作（两侧的龟头等造法都参照此标准）。中层平座：做六铺作卷头。平座上做单钩阑，高四寸（做枓子蜀柱）。

上层殿楼、龟头之内，只有殿身外面安置重檐板（"重檐"指包括副阶的殿身，高超过五尺的不用），其余的构件都参照下层的规制标准（枓槽版及最上结瓷压脊、瓦陇条之类的构件，都根据实际情况测量使用）。

帐上所用钩阑（应用小钩阑的情况，都参照此标准）。

重台钩阑（总高八寸到一尺二寸，钩阑都参照楼阁殿亭钩阑的规制标准。下面与此相同）：各个构件都以钩阑每尺高为一百为标准，并以此标准计算各个构件的大小尺寸。

望柱：长由高而定（增加四寸），高每增加一尺，边长增加二寸（全身做八瓣造）。

蜀柱：长同上，宽二寸，厚一寸；上部边长一寸六分，雕刻为瘿项。

云栱：长三寸，宽一寸五分，厚九分。

地霞：长五寸，宽同上，厚一寸三分。

寻杖：长由间宽而定，边长六分。

盆唇木：长同上，宽一寸六分，厚六分。

束腰：长同上，宽一寸，厚八分。

上华版：长由蜀柱内而定，宽二寸，厚四分（四面分别出卯，合入池槽。下华版与此相同）。

下华版：长与厚同上（卯插入到蜀柱卯），宽一寸五分。

地栿：长由望柱内而定，宽一寸八分，厚一寸一分（上两棱连梯混各四分）。

单钩阑（高五寸到一尺的构件，都参照此标准）：各个构件的尺寸，都以钩阑每寸高为一百为标准，以此标准来确定各部分的尺寸。

望柱：长由高而定（加二寸），边长一分八厘。

蜀柱：长同上（建造标准参照重台钩阑的规制标准）。从盆唇木上，到云栱下，做撮项胡桃子。

云栱：长四分，宽二分，厚一分。

寻杖：长由间宽而定，边长一分。

盆唇木：长同上。宽一分八厘，厚八厘。

华版：长由蜀柱内而定，宽三分（统一规定厚为四分）。

地栿：长由望柱内而定，宽一分五厘，厚一分二厘。

枓子蜀柱钩阑（高三寸到五寸的构件，都参照此标准）：各个构件尺寸，都以钩阑每寸高为一百为标准，以此标准来确定各部分的尺寸。

蜀柱：长由高而定（卯在内），宽二分四厘，厚一分二厘。

寻杖：长由间宽而定，边长一分三厘。

盆唇木：长同上，宽二分，厚一分二厘。

华版：长由蜀柱内而定，宽三分（统一规定厚为三分）。

地栿：长由间宽而定，宽一分五厘。厚一分二厘。

踏道圜桥子：高四尺五寸，斜拽长三尺七寸到五尺五寸，面宽五尺。桥子下用龟脚，桥子上造连梯、立旌，拼合板四周缠绕难子，里面用幌。在两颊之内，每层都安置促踏版；上边随圜势的走向，设置钩阑、望柱。

龟脚：桥子每高一尺，长二寸，宽六分，厚四分。

连梯程：宽一寸，厚五分。

连梯榥：长由宽而定，边长五分。

立柱：长由高而定，边长七分。

拢立柱上榥：长和边长与连梯榥相同。

两颊：高每增加一尺，则长增加六寸，曲宽四寸。厚五分。

促版、踏版（宽每增加一尺，长就增加九寸六分）：宽一寸三分，踏版又增加三分。有二分三厘厚。

踏版榥（宽每增加一尺，则长增加八分）：边长六分。

背版：长由柱子内而定，宽由作连梯与上榥内（统一规定厚为六分）。

月版：长由两颊及柱子内而定，宽由两颊与连梯内而定（统一规定厚为六分）。

上层若用山花蕉叶制造型，那么帐身上，就不用结瓮。压厦版，在橑檐枋外出四十分，上用混肚方。混肚方上用仰阳版，版上设置山花蕉叶，总高二尺七寸七分。各个构件的大小尺寸，以普拍枋到山花每尺的高为标准，以此标准来确定各构件的尺寸。

顶版：长由间宽而定，宽由深而定（统一规定厚为七分）。

混肚方：宽二寸，厚八分。

仰阳版：宽二寸八分，厚三分。

山华版：宽与厚同上。

仰阳上下贴：长与仰阳版相同，宽六分，厚二分四厘。

合角贴：长五寸六分，宽和厚同上。

柱子：长一寸六分，宽和厚同上。

槱：长三寸二分，宽同上，厚四分。

佛道帐芙蓉瓣，每瓣长一尺二寸，随瓣用龟脚（上对铺作）。结瓮陇条，每条的间距同陇条宽相同（随宜分布到角）。其屋盖举折以及科栱等的分数，都参照大木作制度依材而减。卷杀瓣柱及飞子也是如此。

卷第十

小木作制度五

牙脚帐

造牙脚帐^①之制：共高一丈五尺，广三丈，内外拢共深八尺。以此为率。下段用牙脚坐；坐下施龟脚。中段帐身上用隔枓；下用锭脚。上段山华仰阳版；六铺作。每段各分作三段造。其名件广厚，皆随逐层每尺之高积而为法。

牙脚坐：高二尺五寸，长三丈二尺，深一丈。坐头在内。下用连梯龟脚。中用束腰压青牙子、牙头、牙脚，背版填心。上用梯盘、面版，安重台钩阑，高一尺。其钩阑并准佛道帐制度。

龟脚：每坐高一尺，则长三寸，广一寸二分，厚一寸四分。

连梯：长随坐深，其广八分，厚一寸二分。

角柱：长六寸二分，方一寸六分。

束腰：长随角柱内，其广一寸，厚七分。

牙头：长三寸二分，广一寸四分，厚四分。

牙脚: 长六寸二分, 广二寸四分, 厚同上。

填心: 长三寸六分, 广二寸八分, 厚同上。

压青牙子: 长同束腰, 广一寸六分, 厚二分六厘。

上梯盘: 长同连梯, 其广二寸, 厚一寸四分。

面版: 长广皆随梯盘长深之内, 厚同牙头。

背版: 长随角柱内, 其广六寸二分, 厚三分二厘。

束腰上贴络柱子: 长一寸, _{两头又瓣在外。}方七分。

束腰上衬版: 长三分六厘, 广一寸, 厚同牙头。

连梯榥: _{每深一尺, 则长八寸六分。方一寸。每面广一尺用一条。}

立榥: 长九寸, 方同上。_{随连梯榥用五条。}

梯盘榥: 长同连梯, 方同上。_{用同连梯榥。}

帐身: 高九尺, 长三丈, 深八尺。内外槽柱上用隔科, 下用锭脚。四面柱内安欢门、帐带。两侧及后壁皆施心柱、腰串、难子安版。前面每间两边, 并用立颊泥道版。

内外帐柱: 长视帐身之高, 每高一尺, 则方四分五厘。

虚柱: 长三寸, 方四分五厘。

内外槽上隔科版: 长随每间之深广, 其广一寸二分四厘, 厚一分七厘。

上隔科仰托榥: 长同上, 广四分, 厚二分。

上隔科内外上下贴: 长同上, 广二分, 厚一分。

上隔科内外上柱子: 长五分。下柱子: 长三分四厘。其广厚并同上。

内外欢门: 长同上。其广二分, 厚一分五厘。

内外帐带: 长三寸四分, 方三分六厘。

里槽下锃脚版: 长随每间之深广, 其广七分, 厚一分七厘。

锃脚仰托榥: 长同上, 广四分, 厚二分。

锃脚内外贴: 长同上, 广二分, 厚一分。

锃脚内外柱子: 长五分, 广二分, 厚同上。

两侧及后壁合版: 长同立颊, 广随帐柱, 心柱内, 其厚一分。

心柱: 长同上, 方三分五厘。

腰串: 长随帐柱内, 方同上。

立颊: 长视上下仰托榥内, 其广三分六厘, 厚三分。

泥道版: 长同上。其广一寸八分, 厚一分。

难子: 长同立颊, 方一分。安平棊亦用此。

平棊: 华文等并准殿内平棊制度。

桯: 长随枓槽四周之内, 其广二分三厘, 厚一分六厘。

背版: 长广随桯。以厚五分为定法。

贴: 长随桯内, 其广一分六厘。厚同背版。

难子并贴华: 厚同贴。每方一尺, 用华子二十五枚或十六枚。

福: 长同桯, 其广二分三厘, 厚一分六厘。

护缝: 长同背版, 其广二分。厚同贴。

帐头: 共高三尺五寸。枓槽长二丈九尺七寸六分, 深七尺七寸六分。六铺作, 单抄重昂重棋转角造。其材广一寸五分。柱上安枓槽版。铺作之上用压厦版。版上施混肚方、仰阳山华版。每间用补间铺作二十八朵。

普拍方: 长随间广, 其广一寸二分, 厚四分七厘。绞头在外。

内外槽并两侧夹枓槽版：长随帐之深广，其广三寸，厚五分七厘。

压厦版：长同上，至角加一尺三寸。其广三寸二分六厘，厚五分七厘。

混肚方：长同上，至角加一尺五寸。其广二分，厚七分。

顶版：长随混肚方内。以厚六分为定法。

仰阳版：长同混肚方，至角加一尺六寸。其广二寸五分，厚三分。

仰阳上下贴：下贴长同上，上贴随合角贴内，广五分，厚二分五厘。

仰阳合角贴：长随仰阳版之广，其广厚同上。

山华版：长同仰阳版，至角加一尺九寸。其广二寸九分，厚三分。

山华合角贴：广五分，厚二分五厘。

卧棍：长随混肚方内，其方七分。每长一尺用一条。

马头棍：长四寸，方七分。用同卧棍。

榑：长随仰阳山华版之广，其方四分。每山华用一绦。

凡牙脚帐坐，每一尺作一壶门，下施龟脚，合对铺作。其所用枓栱名件分数，并准大木作制度随材减之。

【注释】①牙脚帐：指雕刻精细的橱柜，因为下有牙脚座，所以称为牙脚帐。它也属于神龛的一种，等级次于佛道帐。

【译文】建造牙脚帐的规制标准：总高一丈五尺，宽三丈，内外拢总深八尺（以此为标准）。下段用牙脚座；座下安置龟脚。帐身中段用隔科；下用鋜脚。上段山花仰阳版；六铺作。每段各分成三段。各个构件大小尺寸，都以每层每尺的高为标准，以此标准来确定各部分的尺寸。

牙脚座：高二尺五寸，长三丈二尺，深一丈（包含座头）。下用连梯龟脚，中间用束腰压青牙子、牙头、牙脚、背版填心。上面用梯盘、面版，安重台钩阑，高一尺（钩阑参照佛道帐的规制标准）。

龟脚：每座高一尺，长三寸，宽一寸二分，厚一寸四分。

连梯：长由座深而定，宽八分，厚一寸二分。

角柱：长六寸二分，边长一寸六分。

束腰：长由角柱内而定，宽一寸，厚七分。

牙头：长三寸二分，宽一寸四分，厚四分。

牙脚：长六寸二分，宽二寸四分，厚同上。

填心：长三寸六分，宽二寸八分，厚同上。

压青牙子：长与束腰一样，宽一寸六分，厚二分六厘。

上梯盘：长和连梯一样，宽二寸，厚一寸四分。

面版：长和宽由梯盘的长和深而定，厚和牙头一样。

背版：长由角柱内而定，宽六寸二分，厚三分二厘。

束腰上贴络柱子：长一寸（两头外做叉瓣）。边长七分。

束腰上衬版：长三分六厘，宽一寸，厚和牙头一样。

连梯棍（深若每增加一尺，那么长增加八寸六分）：边长一寸（每面宽一尺，用一条）。

立棍：长九寸，边长同上（根据连梯棍用五条）。

梯盘棍：长与连梯一样，边长同上（用法和连梯棍一样）。

帐身：高九尺，长三丈，深八尺。内外槽柱上用隔料，下用锃脚。四面柱内设置欢门、帐带。两侧及后壁都安置心柱、腰串、难子安版。前面每间两边，都用立颊泥道版。

内外帐柱：长由帐身高而定，每高一尺，则边长四分五厘。

虚柱：长三寸，边长四分五厘。

内外槽上隔料版：长由每间的深和宽而定，宽一寸二分四厘，厚一分七厘。

上隔枓仰托榥：长同上，宽四分，厚二分。

上隔枓内外上下贴：长同上，宽二分，厚一分。

上隔枓内外上柱子：长五分。下柱子：长三分四厘，宽与厚同上。

内外欢门：长同上。宽二分，厚一分五厘。

内外帐带：长三寸四分，边长三分六厘。

里槽下锃脚版：长由间深和宽而定，宽七分，厚一分七厘。

锃脚仰托榥：长同上，宽四分，厚二分。

锃脚内外贴：长同上，宽二分，厚一分。

锃脚内外柱子：长五分，宽二分，厚同上。

两侧及后壁合版：长和立颊一样，宽由帐柱而定，心柱内，厚一分。

心柱：长同上，边长三分五厘。

腰串：长由帐柱内而定，边长同上。

立颊：长由上下仰托榥内而定，宽三分六厘，厚三分。

泥道版：长同上，宽一寸八分，厚一分。

难子：长和立颊一样，边长一分（安置平棊也参照此标准）。

平棊（花纹等都参照殿内平棊的规制标准）。

桯：长由枓槽四周之内而定，宽二分三厘，厚一分六厘。

背版：长和宽由桯而定（统一规定厚为五分）。

贴：长由桯内而定，宽一分六厘（厚和背版一样）。

难子并贴华（厚和贴一样）：边长一尺，用二十五枚或十六枚华子。

福：长和桯一样，宽二分三厘，厚一分六厘。

护缝：长和背版一样，宽二分（厚和贴一样）。

帐头：总高三尺五寸。枓槽长二丈九尺七寸六分，深七尺七寸六分。六铺作，做单杪重昂重栱转角的样式。材宽一寸五分。柱上安置枓槽版。铺作上用压厦版。板上安置混肚方、仰阳山华版。每间用二十八朵补间铺作。

普拍枋：长由间宽而定，宽一寸二分，厚四分七厘（绞头在外）。

内外槽并两侧夹枓槽版：长由帐深和宽而定，宽三寸，厚五分七厘。

压厦版：长同上（至角增加一尺三寸），宽三寸二分六厘，厚五分七厘。

混肚方：长同上（至角增加一尺五寸），宽二分，厚七分。

顶版：长由混肚方内而定（统一规定厚为六分）。

仰阳版：长和混肚方一样（至角增加一尺六寸），宽二寸五分，厚三分。

仰阳上下贴：下贴长同上，上贴由合角贴内而定，宽五分，厚二分五厘。

仰阳合角贴：长由仰阳版宽而定，宽厚同上。

山华版：长和仰阳版一样（至角增加一尺九寸），宽二寸九分，厚三分。

山华合角贴：宽五分，厚二分五厘。

卧棵：长由混肚方内而定，边长七分（长每增加一尺就用一条）。

马头棵：长四寸，边长七分（用法和卧棵一样）。

福：长由仰阳山华版宽而定，边长四分（每山华用一条）。

牙脚帐座，每一尺做一壶门，其下安置龟脚，合对铺作。其所使用枓栱各构件的分数，都参照大木作制度，根据材的情况而减少。

九脊小帐

造九脊小帐①之制：自牙脚坐下龟脚至脊，共高一丈二尺，鸱尾在外。广八尺，内外拢共深四尺。下段、中段与牙脚帐同；上段五铺作、九脊殿结宭造。其名件广厚，皆随逐层每尺之高，积而为法。

牙脚坐：高二尺五寸，长九尺六寸，坐头在内。深五尺。自下连梯、龟脚，上至面版安重台钩阑，并准牙脚帐坐制度。

　　龟脚：每坐高一尺，则长三寸，广一寸二分，厚六分。

　　连梯：长随坐深，其广二寸，厚一寸二分。

　　角柱：长六寸二分，方一寸二分。

　　束腰：长随角柱内，其广一寸，厚六分。

　　牙头：长二寸八分，广一寸四分，厚三分二厘。

　　牙脚：长六寸二分，广二寸，厚同上。

　　填心：长三寸六分，广二寸二分，厚同上。

　　压青牙子：长同束腰，随深广。减一寸五分；其广一寸六分，厚二分四厘。

　　上梯盘：长厚同连梯，广一寸六分。

　　面版：长广皆随梯盘内，厚四分。

　　背版：长随角柱内，其广六寸二分，厚同压青牙子。

　　束腰上贴络柱子：长一寸，别出两头叉瓣。方六分。

　　束腰锭脚内衬版：长二寸八分，广一寸，厚同填心。

　　连梯榥：长随连梯内，方一寸。每广一尺用一条。

　　立榥：长九寸，卯在内。方同上。随连梯榥用三条。

　　梯盘榥：长同连梯，方同上。用同连梯榥。

　　帐身：一间，高六尺五寸，广八尺，深四尺。其内外槽柱至泥道版，并准牙脚帐制度。唯后壁两侧并不用腰串。

　　内外帐柱：长视帐身之高，方五分。

　　虚柱：长三寸五分，方四分五厘。

　　内外槽上隔科版：长随帐柱内，其广一寸四分二厘，厚一分五厘。

上隔科仰托榥：长同上，广四分三厘，厚二分八厘。

上隔科内外上下贴：长同上，广二分八厘，厚一分四厘。

上隔科内外上柱子：长四分八厘；下柱子：长三分八厘；广厚同上。

内欢门：长随立颊内。外欢门：长随帐柱内。其广一寸五分，厚一分五厘。

内外帐带：长三寸二分，方三分四厘。

里槽下锃脚版：长同上隔科上下贴，其广七分二厘，厚一分五厘。

锃脚仰托榥：长同上，广四分三厘，厚二分八厘。

锃脚内外贴：长同上，广二分八厘，厚一分四厘。

锃脚内外柱子：长四分八厘、广二分八厘，厚一分四厘。

两侧及后壁合版：长视上下仰托榥，广随帐柱、心柱内，其厚一分。

心柱：长同上，方三分六厘。

立颊：长同上，广三分六厘，厚三分。

泥道版：长同上，广随帐柱、立颊内，厚同合版。

难子：长随立颊及帐身版、泥道版之长广，其方一分。

平棊：华文等并准殿内平棊制度。作三段造。

桯：长随科槽四周之内，其广六分三厘，厚五分。

背版：长广随桯。以厚五分为定法。

贴：长随桯内，其广五分。厚同上。

贴络华文：厚同上。每方一尺，用华子二十五枚或十六枚。

榀：长同背版，其广六分，厚五分。

护缝：长同上，其广五分。厚同贴。

难子：长同上，方二分。

帐头：自普拍方至脊共高三尺，鸱尾在外。广八尺，深四尺。四柱。五铺作，下出一抄，上施一昂，材广一寸二分，厚八分，重栱造。上用压厦版，出飞檐作九脊结宽。

普拍方：长随深广，绞头在外。其广一寸，厚三分。

枓槽版：长厚同上，减二寸。其广二寸五分。

压厦版：长厚同上，每壁加五寸。其广二寸五分。

栿：长随深，加五寸。其广一寸，厚八分。

大角梁：长七寸，广八分，厚六分。

子角梁：长四寸，曲广二寸，厚同上。

贴生：长同压厦版，加七寸。其广六分，厚四分。

脊槫：长随广，其广一寸，厚八分。

脊槫下蜀柱：长八寸，广厚同上。

脊串：长随槫，其广六分，厚五分。

叉手：长六寸，广厚皆同角梁。

山版：每深一尺，则长九寸。广四寸五分。以厚六分为定法。

曲椽：每深一尺，则长八寸。曲广同脊串，厚三分。每补间铺作一朵用三条。

厦头椽：每深一尺，则长五寸。广四分，厚同上。角同上。

从角椽：长随宜，均摊使用。

大连檐: 长随深广, 每壁加一尺二寸。其广同曲椽, 厚同贴生。

前后厦瓦版: 长随槫。每至角加一尺五寸。其广自脊至大连檐随材合缝, 以厚五分为定法。

两厦头厦瓦版: 长随深, 加同上。其广自山版至大连檐。合缝同上, 厚同上。

飞子: 长二寸五分, 尾在内。广二分五厘, 厚二分三厘。角内随宜取曲。

白版: 长随飞檐, 每壁加二尺。其广三寸。厚同厦瓦版。

压脊: 长随厦瓦版, 其广一寸五分, 厚一寸。

垂脊: 长遁脊至压厦版外, 其曲广及厚同上。

角脊: 长六寸, 广厚同上。

曲栏槫脊: 共长四尺。广一寸, 厚五分。

前后瓦陇条: 每深一尺, 则长八寸五分, 厦头者长五寸五分; 若至角, 并随角斜长。方三分, 相去空分同。

搏风版: 每深一尺, 则长四寸五分。曲广一寸二分。以厚七分为定法。

瓦口子: 长随子角梁内, 其曲广六分。

垂鱼: 其长一尺二寸; 每长一尺, 即广六寸; 厚同搏风版。

惹草: 其长一尺; 每长一尺, 即广七寸, 厚同上。

鸱尾: 共高一尺一寸, 每高一尺, 即广六寸, 厚同压脊。

凡九脊小帐, 施之于屋一间之内。其补间铺作前后各八朵, 两侧各四朵。坐内壶门等, 并准牙脚帐制度。

【注释】①九脊小帐: 雕刻精细的橱柜, 因顶有九脊, 所以称为九脊小帐。其同样属于神龛，等级又低于牙脚帐的一个等级。

【译文】建造九脊小帐的规制标准：从牙脚座下的龟脚一直到脊，总高一丈二尺（鸱尾在外）。宽八尺，内外拢总深四尺。下段、中段和牙脚帐一样；上段做五铺作、九脊殿结宎的样式。各构件的宽厚尺寸，都以每层每尺的高为标准，并以此标准来确定各部分的尺寸。

牙脚座：高二尺五寸，长九尺六寸（包含坐头）。深五尺。下到连梯、龟脚，上到面版，安置重台钩阑，都参照牙脚帐座的规制标准。

龟脚：每座高一尺，那么长三寸，宽一寸二分，厚六分。

连梯：长由座深而定，宽二寸，厚一寸二分。

角柱：长六寸二分，边长一寸二分。

束腰：长由角柱内而定，宽一寸，厚六分。

牙头：长二寸八分，宽一寸四分，厚三分二厘。

牙脚：长六寸二分，宽二寸，厚同上。

填心：长三寸六分，宽二寸二分，厚同上。

压青牙子：长和束腰一样，由深和宽而定（减少一寸五分；宽一寸六分，厚二分四厘）。

上梯盘：长和厚与连梯一样，宽一寸六分。

面版：长和宽都由梯盘内而定，厚四分。

背版：长由角柱内而定，宽六寸二分，厚和压青牙子一样。

束腰上贴络柱子：长一寸（另外分别出两头做叉瓣），边长六分。

束腰锃脚内衬版：长二寸八分，宽一寸，厚和填心一样。

连梯棍：长由连梯内而定，边长一寸（宽每一尺用一条）。

立棍：长九寸（卯在内）。边长同上（依据连梯棍用三条）。

梯盘棍：长和连梯一样，边长同上（用法和连梯棍一样）。

帐身：一间，高六尺五寸，宽八尺，深四尺。内外槽柱一直到泥道版，都参照牙脚帐的规制标准（只有后壁两侧不用腰串）。

内外帐柱：长由帐身高而定，边长五分。

虚柱：长三寸五分，边长四分五厘。

内外槽上隔枓版：长由帐柱内而定，宽一寸四分二厘，厚一分五厘。

上隔枓仰托楗：长同上，宽四分三厘，厚二分八厘。

上隔枓内外上下贴：长同上，宽二分八厘，厚一分四厘。

上隔枓内外上柱子：长四分八厘，下柱子：长三分八厘，宽和厚同上。

内欢门：长由立颊内而定。外欢门：长由帐柱内而定。宽一寸五分，厚一分五厘。

内外帐带：长三寸二分，边长三分四厘。

里槽下锃脚版：长和上隔枓上下贴一样，宽七分二厘，厚一分五厘。

锃脚仰托楗：长同上，宽四分三厘，厚二分八厘。

锃脚内外贴：长同上，宽二分八厘，厚一分四厘。

锃脚内外柱子：长四分八厘，宽二分八厘，厚一分四厘。

两侧及后壁合版：长由上下仰托楗而定，宽由帐柱、心柱内而定，厚一分。

心柱：长同上，边长三分六厘。

立颊：长同上，宽三分六厘，厚三分。

泥道版：长同上，宽由帐柱、立颊内而定，厚和合版一样。

难子：长由立颊及帐身版、泥道版的长和宽而定，边长一分。

平棊（花纹等都参照殿内平棊的规制标准）：做三段的样式。

程：长由枓槽四周以内而定，宽六分三厘，厚五分。

背版：长和宽由程而定（统一规定厚为五分）。

贴：长由程内而定，宽五分（厚同上）。

贴络华文（厚同上）：边长每一尺，用二十五枚或十六枚华子。

楅：长和背版一样，宽六分，厚五分。

护缝：长同上，宽五分（厚和贴一样）。

难子：长同上，边长二分

帐头：从普拍枋到脊总高三尺（鸱尾在外），宽八尺，深四尺。造四柱，五铺作，下出一杪，上安置一昂，材宽一寸二分，厚八分，做重栱的样式。上用压厦版，出飞檐做九脊结宽。

普拍枋：长由宽和深而定（绞头在外），宽一寸，厚三分。

枓槽版：长和厚同上（减少二寸）。宽二寸五分。

压厦版：长和厚同上（每壁增加五寸），宽二寸五分。

栿：长由深而定（增加五寸）。宽一寸，厚八分。

大角梁：长七寸，宽八分，厚六分。

子角梁：长四寸，曲宽二寸，厚同上。

贴生：长和压厦版一样（增加七寸）。宽六分，厚四分。

脊槫：长由宽而定，宽一寸，厚八分。

脊槫下蜀柱：长八寸，宽和厚同上。

脊串：长由槫而定，宽六分，厚五分。

叉手：长六寸，宽和厚都和角梁一样。

山版（每深一尺，那么长九寸）：宽四寸五分（统一规定厚为六分）。

曲椽（每深一尺，那么长八寸）：曲宽和脊串一样，厚三分（每一朵补间铺作用三条）。

厦头椽（每深一尺，那么长五寸）：宽四分，厚同上（角同上）。

从角椽（长由实际情况而定，均摊使用）。

大连檐：长由深和宽而定（每壁增加一尺二寸），宽和曲椽一样，厚和贴生一样。

前后厦瓦版：长由槫而定（每至角增加一尺五寸。宽从脊到大连檐依材合缝，统一规定厚为五分）。

两厦头厦瓦版：长由深而定（每至角增加一尺五寸），宽从山版到大连檐（合缝同上，厚同上）。

飞子：长二寸五分（尾在内），宽二分五厘，厚二分三厘（角内根据实际走向曲折）。

白版：长由飞檐而定（每壁增加二尺），宽三寸（厚和厦瓦版一样）。

压脊：长由厦瓦版而定，宽一寸五分，厚一寸。

垂脊：长由脊至压厦版外，曲宽和厚同上。

角脊：长六寸，宽和厚同上。

曲阑槫脊（总长四尺）：宽一寸，厚五分

前后瓦陇条（每深一尺，则长八寸五分，厦头部分长五寸五分。若到角，则由角的斜长而定）：边长三分，瓦陇条之间距离相同。

搏风版（每深一尺，则长四寸五分）：曲宽一寸二分（统一规定厚为七分）。

瓦口子（长由子角梁内而定）：曲宽六分。

垂鱼（长一尺二寸；每长一尺，则宽六寸）：厚和搏风版一样。

惹草（长一尺。每长一尺，则宽七寸。厚同上）。

鸱尾（总高一尺一寸。每高一尺，则宽六寸。厚和压脊一样）。

九脊小帐安置于屋一间之内。补间铺作前后各八朵，两侧各四朵。座内壸门等构件，都参照建造牙脚帐的规制标准。

壁 帐

造壁帐①之制：高一丈三尺至一丈六尺。山华仰阳在外。其帐柱之上安普拍方；方上施隔科及五铺作下昂重栱，出角入角造。其材广一寸二分，厚八分。每一间用补间铺作一十三朵。铺作上施压厦版、混肚方，混肚方上与梁下齐。方上安仰阳版及山华。仰阳版山华在两梁之间。帐内上施平棊。两柱之内并用叉子栿。其名件广厚，皆取帐身间内每尺之高，积而为法。

帐柱：长视高，每间广一尺，则方三分八厘。

仰托榥：长随间广，其广三分，厚二分。

隔枓版：长同上，其广一寸一分，厚一分。

隔枓贴：长随两柱之内，其广二分，厚八厘。

隔枓柱子：长随贴内，广厚同贴。

枓槽版：长同仰托榥，其广七分六厘，厚一分。

压厦版：长同上，其广八分，厚一分。枓槽版及压厦版，如减材分，即广随所用减之。

混肚方：长同上，其广四分，厚二分。

仰阳版：长同上，其广七分，厚一分。

仰阳贴：长同上，其广二分，厚八厘。

合角贴：长视仰阳版之广，其厚同仰阳贴。

山华版：长随仰阳版之广，其厚同压厦版。

平棊：华文并准殿内平棊制度。长广并随间内。

背版：长随平棊，其广随帐之深。以厚六分为定法。

桯：长随背版四周之广，其广二分，厚一分六厘。

贴：长随桯四周之内，其广一分六厘。厚同上。

难子并贴华：每方一尺，用贴络华二十五枚或十六枚。

护缝：长随平棊，其广同桯。厚同背版。

福：广三分，厚二分。

凡壁帐上山华仰阳版后，每华尖皆施福一枚。所用飞子、马衔，皆量宜用之。其枓栱等分数，并准大木作制度。

【注释】①壁帐：雕刻精美、靠墙而设的壁橱。是等级最低的神龛，体积比较小。

【译文】制作壁帐的规制标准：高一丈三尺到一丈六尺（山华仰阳版在外）。帐柱上安置普拍枋；普拍枋上安置隔科和五铺作下昂重栱，做出角、入角的式样。材宽一寸二分，厚八分。每间做十三朵补间铺作。铺作上安置压厦版、混肚方（混肚方上部与梁下部对齐），方上安置仰阳版和山花（仰阳版和山花在两梁之间）。帐内上方安置平棊。两柱之内都用叉子栿。各构件的大小尺寸，都以帐身间内每尺高为一百为标准，以此标准来确定其余各部分的尺寸。

帐柱：长由高而定，每间宽一尺，则边长三分八厘。

仰托楬：长由间宽而定，宽三分，厚二分。

隔科版：长同上，宽一寸一分，厚一分。

隔科贴：长由两柱之内而定，宽二分，厚八厘。

隔科柱子：长由贴内而定，宽和厚与贴一样。

科槽版：长和仰托楬一样，宽七分六厘，厚一分。

压厦版：长同上，宽八分，厚一分（科槽版和压厦版，若减少材分，那么宽由材分的减少而减少）。

混肚方：长同上，宽四分，厚二分。

仰阳版：长同上，宽七分，厚一分。

仰阳贴：长同上，宽二分，厚八厘。

合角贴：长由仰阳版宽而定，厚和仰阳贴一样。

山华版：长由仰阳版宽而定，厚和压厦版一样。

平棊（花纹都参照殿内平棊的规制标准）：长和宽都由间内而定。

背版：长由平棊而定，宽由帐深而定（统一规定厚为六分）。

桯：长由背版四周之宽而定，宽二分，厚一分六厘。

贴：长由桯四周之内而定，宽一分六厘。厚同上。

难子并贴华：每边长一尺，用二十五枚或十六枚贴络华。

护缝：长由平棊而定，宽和桯一样。厚和背版一样。

楅：宽三分，厚二分。

壁帐上山华仰阳版后，每花尖都安置一枚楅。所用飞子、马衔，都由实际的情况而定。枓栱等分数，都参照大木作的规制标准。

卷第十一

小木作制度六

转轮经藏

造经藏[①]之制：共高二丈，径一丈六尺，八棱，每棱面广六尺六寸六分。内外槽柱；外槽帐身柱上腰檐平坐，坐上施天宫楼阁。八面制度并同，其名件广厚，皆随逐层每尺之高积而为法。

外槽帐身：柱上用隔枓、欢门、帐带造，高一丈二尺。

帐身外槽柱：长视高，广四分六厘，厚四分。_{归瓣造。}

隔枓版：长随帐柱内，其广一寸六分，厚一分二厘。

仰托榥：长同上，广三分，厚二分。

隔枓内外贴：长同上，广二分，厚九厘。

内外上下柱子：上柱长四分，下柱长三分，广厚同上。

欢门：长同隔枓版，其广一寸二分，厚一分二厘。

帐带：长二寸五分，方二分六厘。

腰檐并结宽：共高二尺，枓槽径一丈五尺八寸四分。_{枓槽及}

出檐在外。内外并六铺作重栱, 用一寸材, 厚六分六厘。每瓣补间铺作五朵: 外跳单抄重昂; 裏跳并卷头。其柱上先用普拍方施枓栱; 上用压厦版, 出椽并飞子、角梁、贴生。依副阶举折结窊。

普拍方: 长随每瓣之广, 绞角在外。其广二寸, 厚七分五厘。

枓槽版: 长同上, 广三寸五分, 厚一寸。

压厦版: 长同上, 加长七寸。广七寸五分, 厚七分五厘。

山版: 长同上, 广四寸五分, 厚一寸。

贴生: 长同山版, 加长六寸。方一分。

角梁: 长八寸, 广一寸五分, 厚同上。

子角梁: 长六寸, 广同上, 厚八分。

搏脊槫: 长同上, 加长一寸。广一寸五分, 厚一寸。

曲椽: 长八寸, 曲广一寸, 厚四分, 每补间铺作一朵用三条, 与从椽取匀分擘。

飞子: 长五寸, 方三分五厘。

白版: 长同山版, 加长一尺。广三寸五分。以厚五分为定法。

井口榥: 长随径, 方二寸。

立榥: 长视高, 方一寸五分。每瓣用三条。

马头榥: 方同上。用数亦同上。

厦瓦版: 长同山版; 加长一尺。广五寸。以厚五分为定法。

瓦陇条: 长九寸, 方四分。瓦头在内。

瓦口子: 长厚同厦瓦版, 曲广三寸。

小山子版: 长广各四寸, 厚一寸。

搏脊: 长同山版, 加长二寸。广二寸五分, 厚八分。

角脊：长五寸，广二寸，厚一寸。

平坐：高一尺，枓槽径一丈五尺八寸四分。压厦版出头在外。六铺作，卷头重栱，用一寸材。每瓣用补间铺作九朵。上施单钩阑，高六寸。撮项云栱造，其钩阑准佛道帐制度。

普拍方：长随每瓣之广，绞头在外。方一寸。

枓槽版：长同上，其广九寸，厚二寸。

压厦版：长同上，加长七寸五分。广九寸五分，厚二寸。

雁翅版：长同上，加长八寸。广二寸五分，厚八分。

井口榥：长同上，方三寸。

马头榥：每直径一尺，则长一寸五分。方三分，每瓣用三条。

钿面版：长同井口榥，减长四寸。广一尺二寸，厚七分。

天宫楼阁：三层，共高五尺，深一尺。下层副阶内角楼子，长一瓣，六铺作，单抄重昂。角楼挟屋长一瓣，茶楼子长二瓣，并五铺作，单抄单昂。行廊长二瓣，分心。四铺作，以上并或单栱或重栱造。材广五分，厚三分三厘，每瓣用补间铺作两朵，其中层平坐上安单钩阑，高四寸。枓子蜀柱造，其钩阑准佛道帐制度。铺作并用卷头，与上层楼阁所用铺作之数，并准下层之制。其结瓷名件，准腰檐制度，量所宜减之。

里槽坐：高三尺五寸。并帐身及上层楼阁，共高一丈三尺；帐身直径一丈。面径一丈一尺四寸四分；枓槽径九尺八寸四分；下用龟脚；脚上施车槽、迭涩等。其制度并准佛道帐坐之法。内门窗上设平坐；坐上施重台钩阑，高九寸。云栱瘿项造，其钩阑准佛道帐制度。用六铺作卷头；其材广一寸，厚六分六厘。每瓣用补间铺作五朵，门窗或用壸门、神龛。并作芙蓉瓣造。

龟脚：长二寸，广八分，厚四分。

车槽上下涩：长随每瓣之广，加长一寸。其广二寸六分，厚六分。

车槽：长同上，减长一寸。广二寸，厚七分。安华版在外。

上子涩：两重，在坐腰上下者。长同上，减长二寸。广二寸，厚三分。

下子涩：长厚同上，广二寸三分。

坐腰：长同上，减长三寸五分。广一寸三分，厚一寸。安华版在外。

坐面涩：长同上，广二寸三分，厚六分。

猴面版：长同上，广三寸，厚六分。

明金版：长同上，减长二寸。广一寸八分，厚一分五厘。

普拍方：长同上，绞头在外。方三分。

枓槽版：长同上，减长七寸。广二寸，厚三分。

压厦版：长同上，减长一寸。广一寸五分，厚同上。

车槽华版：长随车槽，广七分，厚同上。

坐腰华版：长随坐腰，广一寸，厚同上。

坐面版：长广并随猴面版内，厚二分五厘。

坐内背版：每枓槽径一尺，则长二寸五分；广随坐高。以厚六分为定法。

猴面梯盘榥：每枓槽径一尺，则长八寸。方一寸。

猴面钿版榥：每枓槽径一尺，则长二寸。方八分。每瓣用三条。

坐下榻头木并下卧榥：每枓槽径一尺，则长八寸。方同上。随瓣用。

榻头木立榥：长九寸，方同上。随瓣用。

拽后榥：晦枓槽径一尺，则长二寸五分。方同上。每瓣上下用六条。

柱脚方并下卧榥：每枓槽径一尺，则长五寸。方一寸。随瓣用。

柱脚立棍: 长九寸, 方同上。每瓣上下用六条。

帐身: 高八尺五寸, 径一丈, 帐柱下用铤脚, 上用隔科, 四面并安欢门、帐带, 前后用门。柱内两边皆施立颊、泥道版造。

帐柱: 长视高, 其广六分, 厚五分。

下铤脚上隔科版: 各长随帐柱内, 广八分, 厚二分四厘, 内上隔科版广一寸七分。

下铤脚上隔科仰托棍: 各长同上, 广三分六厘, 厚二分四厘。

下铤脚上隔科内外贴: 各长同上, 广二分四厘, 厚一分一厘。

下铤脚及上隔科上内外柱子: 各长六分六厘。上隔科内外下柱子: 长五分六厘, 广厚同上。

立颊: 长视上下仰托棍内, 广厚同仰托棍。

泥道版: 长同上, 广八分, 厚一分。

难子: 长同上, 方一分。

欢门: 长随两立颊内, 广一寸二分, 厚一分。

帐带: 长三寸二分, 方二分四厘。

门子: 长视立颊, 广随两立颊内。合版令足两扇之数。以厚八分为定法。

帐身版: 长同上, 广随帐柱内, 厚一分二厘。

帐身版上下及两侧内外难子: 长同上, 方一分二厘。

柱上账头: 共高一尺, 径九尺八寸四分。檐及出跳在外。六铺作, 卷头重棋造; 其材广一寸, 厚六分六厘。每瓣用补间铺作五朵, 上施平棊。

普拍方: 长随每瓣之广, 绞头在外。广三寸, 厚一寸二分。

料槽版：长同上，广七寸五分，厚二寸。

压厦版：长同上，加长七寸。广九寸，厚一寸五分。

角栿：每径一尺，则长三寸。广四寸，厚三寸。

算桯方：广四寸，厚二寸五分。长用两等：一、每径一尺，长六寸二分；二、每径一尺，长四寸八分。

平棊：贴络华文等，并准殿内平棊制度。

桯：长随内外算桯方及算桯方心，广二寸，厚一分五厘。

背版：长广随桯四周之内。以厚五分为定法。

福：每径一尺，则长五寸七分。方二寸。

护缝：长同背版，广二寸。以厚五分为定法。

贴：长随桯内，广一寸二分。厚同上。

难子并贴络华。厚同贴。每方一尺，用华子二十五枚或十六枚。

转轮：高八尺，径九尺，当心用立轴，长一丈八尺，径一尺五寸；上用铁锏钏，下用铁鹅台桶子。如造地藏，其辐量所用增之。其轮七格，上下各札辐挂辋；每格用八辋，安十六辐，盛经匣十六枚。

辐：每径一尺，则长四寸五分。方三分。

外辋：径九尺，每径一尺，则长四寸八分。曲广七分，厚二分五厘。

内辋：径五尺，每径一尺，则长三寸八分。曲广五分，厚四分。

外柱子：长视高，方二分五厘。

内柱子：长一寸五分，方同上。

立颊：长同外柱子，方一分五厘。

钿面版：长二寸五分，外广二寸二分，内广一寸二分。以厚六分为定法。

格版：长二寸五分，广一寸二分。厚同上。

后壁格版：长广一寸二分。厚同上。

难子：长随格版、后壁版四周，方八厘。

托辐牙子：长二寸，广一寸，厚三分。隔间用。

托枨：每径一尺，则长四寸。方四分。

立绞榥：长视高，方二分五厘。随辐用。

十字套轴版：长随外平坐上外径，广一寸五分，厚五分。

泥道版：长一寸一分，广三分二厘。以厚六分为定法。

泥道难子：长随泥道版四周，方三厘。

经匣：长一尺五寸，广六寸五分，高六寸。盝顶在内。上用趄尘盝顶，陷顶开带，四角打卯，下陷底。每高一寸，以二分为盝顶斜高；以一分三厘为开带。四壁版长随匣之长广，每匣高一寸，则广八分，厚八厘。顶版、底版，每匣长一尺，则长九寸五分；每匣广一寸，则广八分八厘；每匣高一寸，则厚八厘。子口版长随匣四周之内，每高一寸，则广二分，厚五厘。凡经藏坐芙蓉瓣，长六寸六分，下施龟脚。上对铺作。套轴版安于外槽平坐之上，其结窗、瓦陇条之类，并准佛道帐制度。举折等亦如之。

【注释】①经藏：也称为经库、经堂、经阁、藏经阁、法宝殿、毗卢殿、大藏经楼等，指佛书的收藏处，相当于今天的佛教图书馆。

【译文】建造经藏的规制标准：总高二丈，直径一丈六尺，八棱，每棱面宽六尺六寸六分。内外槽柱：外槽帐身柱上腰檐平座，座上安置天宫楼阁。八面都参照此标准，各构件的宽和厚的尺寸，都以每层每尺的高为标准，以此标准来确定各部分的尺寸。

外槽帐身：柱上造隔科、欢门、帐带的式样，高一丈二尺。

帐身外槽柱：长由高而定，宽四分六厘，厚四分(造归瓣的式样)。

隔科版：长由帐柱内而定，宽一寸六分，厚一分二厘。

仰托榥：长同上，宽三分，厚二分。

隔科内外贴：长同上，宽二分，厚九厘。

内外上下柱子：上柱长四分，下柱长三分，宽和厚同上。

欢门：长和隔科版一样，宽一寸二分，厚一分二厘。

帐带：长二寸五分，边长二分六厘。

腰檐并结：总高二尺，科槽直径一丈五尺八寸四分(科槽及出檐在外)。内外造六铺作重栱，用一寸材，厚六分六厘。每瓣做五朵补间铺作。外跳单杪重昂；里跳做卷头。其柱上先用普拍枋安置科栱，上用压厦版，出椽造飞子、角梁、贴生。参照副阶举折结宛的规制标准。

普拍枋：长由每瓣宽而定(绞角在外)，宽二寸，厚七分五厘。

科槽版：长同上，宽三寸五分，厚一寸。

压厦版：长同上(长增加七寸)。宽七寸五分，厚七分五厘。

山版：长同上，宽四寸五分，厚一寸。

贴生：长和山版一样(长增加六寸)。边长一分。

角梁：长八寸，宽一寸五分，厚同上。

子角梁：长六寸，宽同上，厚八分。

搏脊槫：长同上(长增加一寸)。宽一寸五分，厚一寸。

曲椽：长八寸，曲宽一寸，厚四分(每一朵补间铺作用三条，从椽上平均分开)。

飞子：长五寸，边长三分五厘。

白版：长和山版一样(长增加一尺)。宽三寸五分(统一规定厚为五分)。

井口榥：长由直径而定，边长二寸。

立榥：长由高而定，边长一寸五分(每瓣用三条)。

马头棍：边长同上（每瓣用三条）。

厦瓦版：长和山版一样（长增加一尺）。宽五寸（统一规定厚为五分）。

瓦陇条：长九寸，边长四分（瓦头在内）。

瓦口子：长、厚和厦瓦版一样，曲宽三寸。

小山子版：长、宽各四寸，厚一寸。

搏脊：长和山版一样（长增加二寸）。宽二寸五分，厚八分。

角脊：长五寸，宽二寸，厚一寸。

平座：高一尺，枓槽直径一丈五尺八寸四分（压厦版出头在外）。六铺作，卷头重栱，用一寸材。每瓣用九朵补间铺作。其上安置单钩阑，高六寸（做撮项云栱的式样，钩阑参照建造佛道帐的规制标准）。

普拍枋：长由每瓣宽而定（绞头在外）。边长一寸。

枓槽版：长同上，宽九寸，厚二寸。

压厦版：长同上（长增加七寸五分）。宽九寸五分，厚二寸。

雁翅版：长同上（长增加八寸）。宽二寸五分，厚八分。

井口棍：长同上，边长三寸。

马头棍（每直径一尺，则长一寸五分）：边长三分。每瓣用三条。

钿面版：长和井口棍一样（长减少四寸）。宽一尺二寸，厚七分。

天宫楼阁：共三层，总高五尺，深一尺。下层副阶内角楼子，长一瓣，六铺作，单杪重昂。角楼挟屋长一瓣，茶楼子长二瓣，造五铺作，单杪单昂。走廊长二瓣（分心造），四铺作（以上都用单栱或重栱造），材宽五分，厚三分三厘，每瓣用两朵补间铺作，其中层平座上安置单钩阑，高四寸（造枓子蜀柱的样式，钩阑参照建造佛道帐的规制标准）。铺作用卷头，与上层楼阁所用铺作的数量，都参照下层的规制标准（其结殼构件，参照腰檐的规制标准，酌情减少）。

里槽座：高三尺五寸（包含帐身和上层楼阁，总高一丈三尺；帐身直径一丈）。面径一丈一尺四寸四分；枓槽直径九尺八寸四分；下用龟脚；龟脚上安置车槽、叠涩等。其造法都参照佛道帐座的规制标准。内门窗上安置平座；座上安置重台钩阑，高九寸（造云栱瘿项的式样，钩阑参照佛道帐的规制制度）。做六铺作卷头；材宽一寸。厚六分六厘。每瓣用五朵补间铺作（门窗或用壸门、神龛），并制作芙蓉瓣的式样。

龟脚：长二寸，宽八分，厚四分。

车槽上下涩：长由每瓣宽而定（长增加一寸）。宽二寸六分，厚六分。

车槽：长同上（长减少一寸）。宽二寸，厚七分（外侧安华版）。

上子涩：两重（安置在座腰上下）。长同上（长减少二寸）。宽二寸，厚三分。

下子涩：长和厚同上，宽二寸三分。

坐腰：长同上（长减少三寸五分）。宽一寸三分，厚一寸（外侧安华版）。

坐面涩：长同上，宽二寸三分，厚六分。

猴面版：长同上，宽三寸，厚六分。

明金版：长同上（长减少二寸）。宽一寸八分，厚一分五厘。

普拍枋：长同上（绞头在外）。边长三分。

枓槽版：长同上（长减少七寸）。宽二寸，厚三分。

压厦版：长同上（长减少一寸）。宽一寸五分，厚同上。

车槽华版：长由车槽而定，宽七分，厚同上。

坐腰华版：长由座腰而定，宽一寸，厚同上。

坐面版：长和宽都由猴面版内而定，厚二分五厘。

坐内背版（每枓槽直径一尺，则长二寸五分；宽由座高而定，统一规定厚为六分）。

猴面梯盘棍（每枓槽直径一尺，则长八寸）：边长一寸。

猴面钿版棍（每枓槽直径一尺，则长二寸）：边长八分（每瓣用三条）。

坐下榻头木并下卧棍（每枓槽直径一尺，则长八寸）：边长同上（随瓣用）。

榻头木立棍：长九寸，边长同上（随瓣用）。

拽后棍（每枓槽直径一尺，则长二寸五分）：边长同上（每瓣上下用六条）。

柱脚枋并下卧棍（每枓槽直径一尺，则长五寸）：边长一寸（随瓣用）。

柱脚立棍：长九寸，边长同上（每瓣上下用六条）。

帐身：高八尺五寸，直径一丈。帐柱下用锃脚，上用隔枓，四面都安置欢门、帐带，前后用门。柱内两边都安置立颊、泥道版。

帐柱：长由高而定，宽六分，厚五分。

下锃脚上隔枓版：各长由帐柱内而定，宽八分，厚一分四厘；内上隔枓版宽一寸七分。

下锃脚上隔枓仰托棍：各长同上，宽三分六厘，厚二分四厘。

下锃脚上隔枓内外贴：各长同上，宽二分四厘，厚一分一厘。

下锃脚及上隔枓上内外柱子：各长六分六厘。上隔枓内外下柱子：长五分六厘，宽和厚同上。

立颊：长由上下仰托棍内而定，宽和厚与仰托棍一样。

泥道版：长同上，宽八分，厚一分。

难子：长同上，边长一分。

欢门：长由两立颊内而定，宽一寸二分，厚一分。

帐带：长三寸二分，边长二分四厘。

门子：长由立颊而定。宽由两立颊内而定（合板足够两扇的数量。统一规定厚为八分）。

帐身版：长同上，宽由帐柱内，厚一分二厘。

帐身版上下及两侧内外难子：长同上，边长一分二厘。

柱上帐头：总高一尺，直径九尺八寸四分（檐及出跳在外）。做六铺作，卷头重栱的式样。材宽一寸，厚六分六厘。每瓣用五朵补间铺作，其上安置平棊。

普拍枋：长由每瓣宽而定（绞头在外）。宽三寸，厚一寸二分。

枓槽版：长同上，宽七寸五分，厚二寸。

压厦版：长同上（长增加七寸）。宽九寸，厚一寸五分。

角栿（每直径一尺，那么长三寸）：宽四寸，厚三寸。

算桯枋：宽四寸，厚二寸五分（长有两等：一、直径一尺，长六寸二分；二、直径一尺，长四寸八分）。

平棊（贴络花纹等，都参照殿内平棊的规制标准）。

桯：长由内外算桯枋及算桯枋心而定，宽二寸，厚一分五厘。

背版：长和宽由桯四周之内而定（统一规定厚为五分）。

楅（直径一尺，则长五寸七分）：边长二寸。

护缝：长和背版一样，宽二寸（统一规定厚为五分）。

贴：长由桯内而定，宽一寸二分。厚同上。

难子并贴络华（厚和贴一样）：每边长一尺，用二十五枚或十六枚华子。

转轮：高八尺，直径九尺。当心用立轴，长一丈八尺，直径一尺五寸。上用铁锏钏，下用铁鹅台桶子（若造地藏，要增加辐的数量）。轮七格，上下各札辐挂辋；每格用八辐，安装十六辐，盛经匣十六枚。

辐（直径一尺，长四寸五分）：边长三分。

外辋：直径九尺（直径每增加一尺，那么长增加四寸八分），曲宽七分，厚二分五厘。

内辋：直径五尺（直径每增加一尺，那么长增加三寸八分），曲宽五分，厚四分。

外柱子：长由高而定，边长二分五厘。

内柱子：长一寸五分，边长同上。

立颊：长和外柱子一样，边长一分五厘。

钿面版：长二寸五分，外宽二寸二分，内宽一寸二分（统一规定厚为六分）。

格版：长二寸五分，宽一寸二分。厚同上。

后壁格版：长和宽都是一寸二分（厚同上）。

难子：长由格版、后壁版四周而定，边长八厘。

托辐牙子：长二寸，宽一寸，厚三分（隔间用）。

托桄(直径每增加一尺,那么长增加四寸):边长四分。

立绞桄:长由高而定,边长二分五厘(随辐用)。

十字套轴版:长由外平座上外径而定,宽一寸五分,厚五分。

泥道版:长一寸一分,宽三分二厘(统一规定厚为六分)。

泥道难子:长由泥道版四周而定,边长三厘。

经匣:长一尺五寸,宽六寸五分,高六寸(盝顶在内)。上用趄尘盝顶,陷顶开带,四角打卯,下陷底。每高一寸,以二分为盝顶斜高,以一分三厘为开带。四壁版长由匣的长度和宽而定,匣每高一寸,那么宽八分,厚八厘。顶版、底版,每匣长一尺,则长九寸五分。每匣宽一寸,则宽八分八厘。每匣高一寸,则厚八厘。子口版长由匣四周内而定。每高一寸,则宽二分,厚五厘。

建造经藏座芙蓉瓣,长六寸六分,其下安置龟脚(上对铺作)。套轴版安置在外槽平座之上,其结宽、瓦陇条之类的构件,都参照佛道帐的制度标准。举折等也是如此。

壁 藏

造壁藏①之制:共高一丈九尺,身广三丈,两摆子各广六尺,内外槽共深四尺。坐头及出跳皆在柱外。前后与两侧制度并同,其名件广厚,皆取逐层每尺之高积而为法。

坐:高三尺,深五尺二寸,长随藏身之广。下用龟脚,脚上施车槽、迷涩等。其制度并准佛道帐坐之法。唯坐腰之内,造神龛壶门,门外安重台钩阑,高八寸。上设平坐,坐上安重台钩阑。高一尺,用云栱瘿项造。其钩阑准佛道帐制度。用五铺作卷头,其材广一寸,厚六分六厘。每六寸六分施补间铺作一朵,其坐并芙蓉瓣造。

龟脚:每坐高一尺,则长二寸,广八分,厚五分。

车槽上下涩:后壁侧当者,长随坐之深加二寸;内上涩面前长减坐八尺。广二寸五分,厚六分五厘。

车槽:长随坐之深广,广二寸,厚七分。

上子涩:两重,长同上,广一寸七分,厚三分。

下子涩:长同上,广二寸,厚同上。

坐腰:长同上,减五寸。广一寸二分,厚一寸。

坐面涩:长同上,广二寸,厚六分五厘。

猴面版:长同上,广三寸,厚七分。

明金版:长同上,每面减四寸。广一寸四分,厚二分。

枓槽版:长同车槽上下涩,侧当减一尺二寸,面前减八尺,摆手面前广减六寸。广二寸三分,厚三分四厘。

压厦版:长同上,俱当减四寸,面前减八尺,摆手面前减二寸。广一寸六分,厚同上。

神龛壶门背版:长随枓槽,广一寸七分,厚一分四厘。

壶门牙头:长同上,广五分,厚三分。

柱子:长五分七厘,广三分四厘,厚同上。随瓣用。

面版:长与广皆随猴面版内。以厚八分为定法。

普拍方:长随枓槽之深广,方三分四厘。

下车槽卧榥:每深一尺,则长九寸,卯在内。方一寸一分。隔瓣用。

柱脚方:长随枓槽内深广,方一寸二分。绞荫在内。

柱脚方立榥:长九寸,卯在内。方一寸一分。隔瓣用。

榻头木：长随柱脚方内，方同上。_{绞荫在内。}

榻头木立榥：长九寸一分，_{卯在内。}方同上。_{隔辦用。}

拽后榥：长五寸，_{卯在内。}方一寸。

罗文榥：长随高之斜长，方同上。_{隔辦用。}

猴面卧榥：_{每深一尺，则长九寸，卯在内。}方同榻头木。_{隔辦用。}

帐身：高八尺，深四尺，帐柱上施隔科；下用锃脚；前面及两
侧皆安欢门、帐带。_{帐身施版门子。}上下截作七格。每格安经匣四十
枚。屋内用平棊等造。

帐内外槽柱：长视帐身之高，方四分。

内外槽上隔科版：长随帐内，广一寸三分；厚一分八厘。

内外槽上隔科仰托榥：长同上，广五分，厚二分二厘。

内外槽上隔科内外上下贴：长同上，广五分二厘，厚一分二
厘。

内外槽上隔科内外上柱子：长五分，广厚同上。

内外槽上隔科内外下柱子：长三分六厘，广厚同上。

内外欢门：长同仰托榥，广一寸二分，厚一分八厘。

内外帐带：长三寸，方四分。

里槽下锃脚版：长同上隔科版，广七分二厘，厚一分八厘。

里槽下锃脚仰托榥：长同上，广五分，厚二分二厘。

里槽下锃脚外柱子：长五分，广二分二厘，厚一分二厘。

正后壁及两侧后壁心柱：长视上下仰托榥内，其腰串长随
心柱内，各方四分。

帐身版：长视仰托榥、腰串内，广随帐柱、心柱内。以厚八分为定法。

帐身版内外难子：长随版四周之广、方一分。

逐格前后格榥：长随间广，方二分。

钿版榥：每深一尺，则长五寸五分。广一分八厘，厚一分五厘。每广六寸用一条。

逐格钿面版：长同前后两侧格榥，广随前后格榥内。以厚六分为定法。

逐格前后柱子：长八寸，方二分，每匣小间用二条。

格版：长二寸五分，广八分五厘，厚同钿面版。

破间心柱：长视上下仰托榥内，其广五分，厚三分。

折迭门子：长同上，广随心柱、帐柱内。以厚一分，为定法。

格版难子：长随隔版之广，其方六厘。

里槽普拍方：长随间之深广，其广五分，厚二分。

平棊：华文等准佛道帐制度。

经匣：盝顶及大小等，并准转轮藏经匣制度。

腰檐：高一尺，枓槽共长二丈九尺八寸四分，深三尺八寸四分。枓栱用六铺作，单抄双昂；材广一寸，厚六分六厘。上用压厦版出檐结窦。

普拍方：长随深广，绞头在外，广二寸，厚八分。

枓槽版：长随后壁及两侧摆手深广，前面长减八寸，广三寸五分，厚一寸。

压厦版：长同枓槽版，减六寸，前面长减同上，广四寸，厚一寸。

枓槽钥匙头：长随深广，厚同枓槽版。

山版：长同普拍方，广四寸五分，厚一寸。

出入角角梁：长视斜高，广一寸五分，厚同上。

出入角子角梁：长六寸，卯在内，曲广一寸五分，厚八分。

抹角方：长七寸，广一寸五分，厚同角梁。

贴生：长随角梁内，方一寸。折计用。

曲椽：长八寸，曲广一寸，厚四分。每补间铺作一朵用三条，从角匀摊。

飞子：长五寸，尾在内。方三分五厘。

白版：长随后壁及两侧摆手，到角长加一尺，前面长减九尺。广三寸五分。以厚五分为定法。

厦瓦版：长同白版，加一尺三寸，前面长减八尺。广九寸。厚同上。

瓦陇条：长九寸，方四分。瓦头在内，隔间匀摊。

搏脊：长同山版，加二寸，前面长减八尺。其广二寸五分，厚一寸。

角脊：长六寸，广二寸，厚同上。

搏脊槫：长随间之深广，其广一寸五分，厚同上。

小山子版：长与广皆二寸五分，厚同上。

山版枓槽卧榥：长随枓槽内，其方一寸五分。隔瓣上下用二枚。

山版枓槽立榥：长八寸，方同上。隔瓣用二枚。

平坐：高一尺，枓槽长随间之广，共长二丈九尺八寸四分，深三尺八寸四分，安单钩阑，高七寸。其钩阑准佛道帐制度。用六铺作卷头，材之广厚及用压厦版，并准腰檐之制。

普拍方：长随间之深广，合角在外。方一寸。

科槽版：长随后壁及两侧摆手，前面减八尺。广九寸，子口在内。厚二寸。

压厦版：长同科槽版，至出角加七寸五分，前面减同上。广九寸五分，厚同上。

雁翅版：长同科槽版，至出角加九寸，前面减同上。广二寸五分，厚八分。

科槽内上下卧棍：长随科槽内，其方三寸。随瓣隔间上下用。

科槽内上下立棍：长随坐高，其方二寸五分。随卧棍用二条。

钿面版：长同普拍方。以厚七分为定法。

天宫楼阁：高五尺，深一尺；用殿身、茶楼、角楼、龟头殿、挟屋、行廊等造。

下层副阶：内殿身长三瓣，茶楼子长两瓣，角楼长一瓣，并六铺作单抄双昂造，龟头、殿挟各长一瓣，并五铺作单抄单昂造；行廊长二瓣，分心四铺作造。其材并广五分，厚三分三厘。出入转角，间内并用补间铺作。

中层副阶上平坐：安单钩阑，高四寸。其钩阑准佛道帐制度。其平坐并用卷头铺作等，及上层平坐上天宫楼阁，并准副阶法。

凡壁藏芙蓉瓣，每瓣长六寸六分，其用龟脚至举折等，并准佛道帐之制。

【注释】①壁藏：靠墙而设的藏经书的木柜。其为固定式的，也是经藏最基本的形式。

【译文】建造壁藏的规制标准：总高一丈九尺，身宽三丈，两摆手各宽六尺，内外槽总深四尺（座头及出跳都在柱外）。前后与两侧的制度标准都一样，各构件的宽厚尺寸，都以每层每尺的高为标准，以此标准来确定各部分的大小尺寸。

座：高三尺，深五尺二寸，长由藏身宽而定。座下用龟脚，脚上安置车槽、叠涩等构件。都参照建造佛道帐座的规制标准。只在座腰之内，制作神龛壸门，门外安置重台钩阑，高八寸。上置平座，座上安置重台钩阑（高一尺，造云栱瘿项式样。钩阑参照佛道帐的制度标准）。造五铺作卷头，材宽一寸，厚六分六厘。每六寸六分就制作一朵补间铺作，其座造芙蓉瓣的式样。

龟脚：每座高一尺，那么长二寸，宽八分，厚五分。

车槽上下涩（位于后壁侧当，长由座深而定，增加二寸；内上涩面前长比座少八尺）：宽二寸五分，厚六分五厘。

车槽：长由座深和宽而定，宽二寸，厚七分。

上子涩：两重，长同上，宽一寸七分，厚三分。

下子涩：长同上，宽二寸，厚同上。

坐腰：长同上（减少五寸）。宽一寸二分，厚一寸。

坐面涩：长同上，宽二寸，厚六分五厘。

猴面版：长同上，宽三寸，厚七分。

明金版：长同上（每面减少四寸）。宽一寸四分，厚二分。

枓槽版：长和车槽上下涩一样（侧当减少一尺二寸，面前减少八尺，摆手面前宽减少六寸）。宽二寸三分，厚三分四厘。

压厦版：长同上（侧当减少四寸，面前减少八尺，摆手面前减少二寸）。宽一寸六分，厚同上。

神龛壸门背版：长由枓槽而定，宽一寸七分，厚一分四厘。

壸门牙头：长同上，宽五分，厚三分。

柱子：长五分七厘，宽三分四厘，厚同上（随瓣用）。

面版：长和宽都由猴面版内而定（统一规定厚为八分）。

普拍枋：长由枓槽的深和宽而定，边长三分四厘。

下车槽卧栿（每深一尺，则长九寸，卯在内）：边长一寸一分（隔瓣用）。

柱脚枋：长由枓槽内的深和宽而定，边长一寸二分（绞荫在内）。

柱脚枋立栿：长九寸（卯在内）。边长一寸一分（隔瓣用）。

榻头木：长由柱脚枋内而定，边长同上（绞荫在内）。

榻头木立栿：长九寸一分（卯在内）。边长同上（隔瓣用）。

拽后栿：长五寸（卯在内）。边长一寸。

罗文栿：长由高的斜长而定，边长同上（隔瓣用）。

猴面卧栿（每深一尺，则长九寸，卯在内）：边长和榻头木一样（隔瓣用）。

帐身：高八尺，深四尺。帐柱上安置隔科；下用锃脚；前面及两侧都安置欢门、帐带（帐身安置版门子）。上下截作七格（每格安置四十枚经匣）。屋内造平棊等。

帐内外槽柱：长由帐身高而定，边长四分。

内外槽上隔科版：长由帐柱内而定，宽一寸三分，厚一分八厘。

内外槽上隔科仰托栿：长同上，宽五分，厚二分二厘。

内外槽上隔科内外上下贴：长同上，宽二分二厘，厚一分二厘。

内外槽上隔科内外上柱子：长五分，宽和厚同上。

内外槽上隔科内外下柱子：长三分六厘，宽和厚同上。

内外欢门：长和仰托栿一样，宽一寸二分，厚一分八厘。

内外帐带：长三寸，边长四分。

里槽下锃脚版：长和上隔科版一样，宽七分二厘，厚一分八厘。

里槽下锃脚仰托栿：长同上，宽五分，厚二分二厘。

里槽下锃脚外柱子：长五分，宽二分二厘，厚一分二厘。

正后壁及两侧后壁心柱：长由上下仰托栿内而定，腰串长由心柱内而定，各边长四分。

帐身版：长由仰托栿、腰串内而定，宽由帐柱、心柱内而定（统一规定厚为八分）。

帐身版内外难子：长由板四周的宽而定，边长一分。

逐格前后格棍：长由间宽而定，边长二分。

钿版棍（每深一尺，则长五寸五分）：宽一分八厘，厚一分五厘（每宽六寸用一条）。

逐格钿面版：长与前后两侧格棍一样，宽由前后格棍内而定（统一规定厚为六分）。

逐格前后柱子：长八寸，边长二分（每匣小间用二条）。

格版：长二寸五分，宽八分五厘，厚和钿面版一样。

破间心柱：长由上下仰托棍内而定，宽五分，厚三分。

折叠门子：长同上，宽由心柱、帐柱内而定（统一规定厚为一分）。

格版难子：长由格版宽而定，边长六厘。

里槽普拍枋：长由间深和宽而定，宽五分，厚二分。

平棊（花纹等都参照佛道帐的规制标准）。

经匣（盝顶及大小等，都参照转轮藏经匣的规制标准）。

腰檐：高一尺，枓槽总长二丈九尺八寸四分，深三尺八寸四分。枓栱用六铺作，单杪双昂；材宽一寸，厚六分六厘。上用压厦版出檐结瓬。

普拍枋：长由深和宽而定（绞头在外）。宽二寸，厚八分。

枓槽版：长由后壁及两侧摆手的深和宽而定（前面长减少八寸）。宽三寸五分，厚一寸。

压厦版：长和枓槽版一样（减少六寸，前面长减少六寸）。宽四寸，厚一寸。

枓槽钥匙头：长由深和宽而定，厚和枓槽版一样。

山版：长和普拍枋一样，宽四寸五分，厚一寸。

出入角角梁：长由斜高而定，宽一寸五分，厚同上。

出入角子角梁：长六寸（卯在内）。曲宽一寸五分，厚八分。

抹角枋：长七寸，宽一寸五分，厚和角梁一样。

贴生：长由角梁内而定，边长一寸（举折计算使用）。

曲椽：长八寸，曲宽一寸，厚四分（每一朵补间铺作用三条，从角匀摊）。

飞子：长五寸（尾在内）。边长三分五厘。

白版：长由后壁和两侧摆手而定（到角长增加一尺，前面长减九尺）。宽三寸五分（统一规定厚为五分）。

厦瓦版：长和白版一样（增加一尺三寸，前面长减少八尺）。宽九寸。厚同上。

瓦陇条：长九寸，边长四分（瓦头在内，隔间匀摊）。

搏脊：长和山版一样（增加二寸，前面长减少八尺）。宽二寸五分，厚一寸。

角脊：长六寸，宽二寸，厚同上。

搏脊槫：长由间的深和宽而定，宽一寸五分，厚同上。

小山子版：长与宽都是二寸五分，厚同上。

山版枓槽卧棍：长由枓槽内而定，边长一寸五分（隔瓣上下用二枚）。

山版枓槽立棍：长八寸，边长和上面一样（隔瓣用二枚）。

平座：高一尺，枓槽长由间宽而定，总长二丈九尺八寸四分，深三尺八寸四分。安置单钩阑，高七寸（钩阑参照建造佛道帐的规制标准）。用六铺作卷头，材的宽厚及用压厦版，都参照腰檐的规制标准。

普拍枋：长由间深和宽而定（合角在外）。边长一寸。

枓槽版：长由后壁和两侧摆手而定（前面减少八尺），宽九寸（子口在内）。厚二寸。

压厦版：长和枓槽版一样（到出角增加七寸五分，前面减少八尺），宽九寸五分，厚同上。

雁翅版：长和枓槽版一样（至出角增加九寸，前面减少八尺），宽二寸五分，厚八分。

枓槽内上下卧棍：长由枓槽内而定，边长三寸（随瓣隔间上下用）。

科槽内上下立梐：长由座高而定，边长二寸五分（随卧梐用二条）。

钿面版：长和普拍枋一样（统一规定厚为七分）。

天宫楼阁：高五尺，深一尺。建造殿身、茶楼、角楼、龟头、殿挟屋、行廊等构件。

下层副阶：内殿身长三瓣，茶楼子长二瓣，角楼长一瓣，做六铺作单杪双昂造。龟头、殿挟各长一瓣，做五铺作单杪单昂造；走廊长二瓣，造分心四铺作的式样。材宽五分，厚三分三厘。出入转角，间内同时用补间铺作。

中层副阶上平座：安置单钩阑，高四寸（钩阑参照佛道帐的规制标准）。平座都做卷头铺作等样式，及上层平座上的天宫楼阁，都参照副阶的规制标准。

建造壁藏芙蓉瓣，每瓣长六寸六分，龟脚至举折等造法，都参照佛道帐的规制标准。

卷第十二

雕作制度

混　作

雕混作①之制：有八品：

一曰神仙，真人、女真、金童、玉女之类同。二曰飞仙，嫔伽、共命乌之类同。三曰化生，以上并手执乐器或芝草，华果、鲋盘、器物之属。四曰拂菻②，蕃王、夷人之类同，手内牵拽走兽，或执旌旗、矛、戟之属。五曰凤皇，孔雀、仙鹤、鹦鹉、山鹧、练鹊、锦鸡、鸳鸯、鹅、鸭、凫、雁之类同。六曰师子，狻猊、麒麟、天马、海马、羚羊、仙鹿、熊、象之类同。以上并施之于钩阑柱头之上或牌带四周，其牌带之内，上施飞仙、下用宝床真人等，如系御书，两颊作升龙，并在起突华地之外。及照壁版之类亦用之。七曰角神，宝藏神之类同。施之于屋出入转角大角梁之下，及帐坐腰内之类亦用之。八曰缠柱龙，盘龙、坐龙、牙鱼之类同。施之于帐及经藏柱之上，或缠宝山。或盘于藻井之内。

凡混作雕刻成形之物，令四周皆备，其人物及凤皇之类，或立或坐，并于仰覆莲华或覆瓣莲华坐上用之。

【注释】①混作：石作雕刻中的圆雕方法，雕刻物四周皆成形完备。

②拂菻（lì）：本意是古代对东罗马帝国的称呼。这里指西方胡人一类的人物形象，古代雕作或彩画作时常用到此种形象。

【译文】雕混作的规制标准有八品：

一是神仙（真人、女真、金童、玉女等类似的形象）；二是飞仙（嫔伽、共命鸟等类似的形象）；三是化生（以上这些人物都手拿乐器或是芝草、各种水果、瓶子或盘子、器皿等之类的物品）；四是拂菻（蕃王、夷人等类似的形象，手里牵着或拽着猛兽，或者拿着旌旗、矛、戟等东西）；五是凤皇（孔雀、仙鹤、鹦鹉、山鹧、练鹊、锦鸡、鸳鸯、鹅、鸭、凫、大雁等类似的形象）；六是师子（狻猊、麒麟、天马、海马、羚羊、仙鹿、熊、象等类似的形象）。以上的这些形象都用在勾阑、柱子顶端，或者是牌带四周（如果是用在牌带里面，就在牌带上部用飞仙，下部用宝床，真人等等，如果是皇帝的手谕，需要在两颊雕刻升腾的龙的图案，并在突起起突花地之外），在照壁版等类似的地方也可以用。七是角神（宝藏神等类似的形象）；安置在房屋里出门进门或转角的大的角梁下面，以及帐坐腰内。八是缠柱龙（盘龙、坐龙、牙鱼等类似的形象）被用在帐内及经藏柱上面（或者用在缠宝山），或者盘在藻井里面。

混作雕刻成形的雕塑，可以从四面八方去欣赏的圆雕。上面的人物以及凤凰等形象，或站或坐，安置于仰覆莲花或是覆瓣莲花底座之上。

雕插写生华

雕插写生华①之制：有五品：

一曰牡丹华；二曰芍药华；三曰黄葵华；四曰芙蓉华；五曰莲荷华。以上并施之于栱眼壁之内。

凡雕插写生华，先约栱眼壁之高广，量宜分布画样，随其舒卷，雕成华叶，于宝山之上，以华盆安插之。

【注释】①雕插写生华：即雕插写生花，专用于檐下斗栱间栱眼壁上的木雕盆花，它的形式有牡丹、芍药、芙蓉、黄葵、莲花等花卉的盆栽。

【译文】雕插写生花的规制标准有五品：一是牡丹花，二是芍药花，三是黄葵花，四是芙蓉花，五是莲荷花，以上几种都雕刻于栱眼壁内。

雕插写生花的做法，先估算栱眼壁的高度和宽度，然后量取尺寸，分布画样，随着花或卷曲或舒展的形状，雕刻花的叶子，在宝山之上，安插在花盆中。

起突卷叶华

雕剔地起突或透突。卷叶华①之制：有三品：

一曰海石榴华；二曰宝牙华；三曰宝相华。谓皆卷叶者，牡丹华之类同。每一叶之上，三卷者为上，两卷者次之，一卷者又次之。

以上并施之于梁、额里贴同。格子门腰版、牌带、钩阑版、云栱、寻杖头、椽头盘子，如殿阁椽头盘子，或盘起突龙之类。及华版。凡贴络，如平棊心中角内，若牙子版之类皆用之。或于华内间以龙、凤、化生、飞禽、走兽等物。

凡雕剔地起突华，皆于版上压下四周隐起。身内华叶等雕镂②，叶内翻卷，令表里分明。剔削枝条，须圜混相压。其华文皆随版内长广，匀留四边，量宜分布。

【注释】①起突卷叶华：也称剔地起突花，石雕镌中的高浮雕，去底突出图案，是石作雕刻式样之一，主要花纹有海石榴、宝牙花、宝相花等。

②镂（sōu）：刻镂。

【译文】雕剔地起突（或透突）卷叶花的规制有三品：一是海石榴花；二是宝牙花；三是宝相花（所谓的卷叶，和牡丹花叶等类同）。在每一片叶子上，能雕刻成三卷的属最上等，雕刻成两卷的次之，雕刻成一卷的再次之。以上这些图案都用在梁、额（里贴类同），格子门腰版、牌带、钩阑版、云栱、寻杖头、橡头盘子（比如殿阁橡头盘子，或是盘旋突起的龙凤等种类）以及华版。凡是做贴络的，比如用在平綦中心的角内，或牙子版之类的都可以用。或者在花的里面雕刻龙、凤、化生、飞禽走兽等形象。

雕剔地起突花的做法，是把板上四周都削掉做浮雕。身内镂刻花叶等样式，叶子内卷，使叶片表里分明。剔削枝条，需圆混相压。花纹都由板内里长宽而定，四边留出相同的距离，图案合理布局。

剔地洼叶华

雕剔地或透突。洼叶或平卷叶。华①之制；有七品：

一曰海石榴华；二曰牡丹华；芍药华、宝相华之类，卷叶或写生者并同。三曰莲荷华；四曰万岁藤；五曰卷头蕙草；长生草及蛮云蕙草之类同。六曰蛮云。胡云及蕙草云之类同。

以上所用，及华内间龙、凤之类并同上。

凡雕剔地洼叶华，先于平地隐起华头及枝条，其枝梗并交起相压。减压下四周叶外空地。亦有平雕透突或压地。诸华者，其所用并同上。若就地随刃雕压出华文者，谓之实雕，施之于云栱、地霞、鹅项或叉子之首，及叉子錠脚版内。及牙子版，垂鱼、惹草等皆用之。

【注释】①剔地洼叶华：即剔地洼叶花，指不突出地子之上的浮雕、花、叶翻卷，枝梗交搭，其地子只沿花形四周用斜刀压下，突出花形而不整个减低。

②蕙草：香草名。又名熏草、零陵香。

【译文】雕剔地（或透突）洼叶（或平卷叶）花的规制有七品：一是海石榴花；二是牡丹花（芍药花、宝相花等花形，卷叶或写生花都与之相同）；三是莲荷花；四是万岁藤；五是卷头蕙草（长生草以及蛮云、蕙草等草形都与之相同）；六是蛮云（胡云以及蕙草云等云形都与之相似）。

上述图案，以及花内相间的龙、凤等图案都采用雕剔地洼叶花的做法。

雕剔地洼叶花，需要先在平面向里雕刻出花头和枝条（让其花枝和花梗都交错在一起相互叠压），削去叶子四周空白的地方。也有平雕透突（或压地），诸如此类的花形图案，其做法同上。若就地随刃雕压出的花纹，叫做实雕，实雕是用在云栱、地霞、鹅顶或是叉子的顶端（以及叉子錠脚版内）的做法。以及牙子版、垂鱼、惹草等都用实雕。

旋作制度

殿堂等杂用名件

造殿堂屋宇等杂用名件之制：

椽头盘子[①]：大小随椽之径。若椽径五寸，即厚一寸。如径加一寸，则厚加二分；减有如之。加至厚一寸二分止；减至厚六分止。

搘角梁宝瓶[②]：每瓶高一尺，即肚径六寸；头长三寸三分，足高二寸。余作身。瓶上施仰莲胡桃子，下坐合莲。若瓶高加一寸，则肚径加六分，减亦如之。或作素宝，即肚径加一寸。

莲华柱顶：每径一寸，其高减径之半。

柱头仰覆莲华胡桃子：二段或三段造。每径广一尺，其高同径之广。

门上木浮沤[③]：每径一寸，即高七分五厘。

钩阑上葱台钉：每高一寸，即径一分。钉头随径，高七分。

盖葱台钉筒子：高视钉加一寸。每高一寸，即径广二分五厘。

【注释】①椽头盘子：雕刻于椽的端部的装饰构件。

②搘（zhī）：古同"支"，支撑。宝瓶：放在角由昂之上用来支承大角梁的构件，有时刻成力士的形象。称为角神。

③沤（ōu）：水泡。浮沤这里指门钉，取其形似浮在水面上的半球形水泡。

【译文】建造殿堂、房屋等杂用构件的规制标准：

椽头盘子：盘子的大小由椽的直径而定。若椽的直径是五寸，那么厚就是一寸。若直径每增加一寸，那么厚就增加二分；减少也如此（厚六分到一寸二分）。

搘角梁宝瓶：每瓶高一尺，瓶肚直径六寸，宝瓶头长三寸三分，宝瓶足高二寸（剩下的都做成瓶身）。宝瓶上放置仰莲胡桃子，宝瓶下坐合莲。若瓶高增加一寸，那么瓶肚直径就增加六分，减少也是如此。或者是做素宝瓶，那么瓶肚的直径要增加一寸。

莲花柱顶：直径每增加一寸，高度减少直径的一半。

柱头仰覆莲花胡桃子：做成二段或者是三段。直径每增加一尺，高度也要和直径增加一样尺寸。

门上木浮沤：直径每增加一寸，高增加七分五厘。

钩阑上葱台钉：高度每增加一寸，直径增加一分。钉头由直径而定，高七分。

盖葱台钉筒子：高比钉高增加一寸。高每增加一寸，直径增加二分五厘。

照壁版宝床上名件

造殿内照壁版上宝床等所用名件之制：

香炉①：径七寸，其高减径之半。

注子②：共高七寸。每高一寸。即肚径七分。两段造。其项高取高十分中以三分为之。

注盌③：径六寸。每径一寸，则高八分。

酒杯：径三寸。每径一寸，即高七分。足在内。

杯盘：径五寸。每径一寸，即厚一分。足子径二寸五分。每径一寸，即高四分。心子并同。

鼓：高三寸。每高一寸，即肚径七分。两头隐出皮厚及钉子。

鼓坐：径三寸五分。每径一寸，即高八分。两段造。

杖鼓：长三寸。每长一寸，鼓大面径七分，小面径六分，腔口径五分，腔腰径二分。

莲子：径三寸，其高减径之半。

荷叶：径六寸。每径一寸，即厚一分。

卷荷叶：长五寸。其卷径减长之半。

披莲：径二寸八分。每径一寸，即高八分。

莲蓓蕾：高三寸。每高一寸，即径七分。

【注释】①香炉：佛教祭祀礼器。

②注子：古代酒壶，可坐入注碗中。

③注盌（wǎn）：即注碗，碗状酒具。

【译文】建造殿内里照壁版上宝床等所用物件的规制标准：

香炉：直径七寸，高是直径的一半。

注子：总高七寸。高每增加一寸，壶肚的直径增加七分（分成两段制造）。壶颈的高是总高的十分之三。

注盌：直径六寸。直径每增加一寸，高增加八分。

酒杯：直径三寸。直径每增加一寸，高增加七分（包括酒杯的杯足）。

杯盘：直径五寸，直径每增加一寸，厚增加一分（杯盘足部的直径二寸五分，直径每增加一寸，高增加四分，心子同上）。

鼓：高三寸，鼓肚的直径七分（鼓两头不算鼓皮的厚度和钉子）。

鼓坐：直径三寸五分。直径每增加一寸，高增加八分（分成两段制造）。

杖鼓：长三寸。长每增加一寸，鼓大的那面的直径七分，鼓小的那面的直径六分，腔口的直径五分，腔腰的直径二分。

莲子：直径三寸，高是直径的一半。

荷叶：直径六寸。直径每增加一寸，厚增加一分。

卷荷叶：长五寸。卷径是长的一半。

披莲：直径二寸八分。直径每增加一寸，高增加八分。

莲蓓蕾：高三寸。高每增加一寸，直径增加七分。

佛道帐上名件

造佛道等帐上所用名件之制：

火珠：高七寸五分，肚径三寸。每肚径一寸，即尖长七分，每火珠高加一寸，即肚径加四分；减亦如之。

滴当火珠①：高二寸五分。每高一寸，即肚径四分。每肚径一寸，即尖长八分。胡桃子下合莲长七分。

瓦头子：每径一寸，其长倍柱之广。若用瓦钱子，每径一寸，即厚三分；减亦如之。加至厚六分止，减至厚二分止。

宝柱子：作仰合莲华、胡桃子、宝瓶相间；通长造，长一尺五寸；每长一寸，即径广八厘。如坐内纱窗旁用者，每长一寸，即径广一分。若腰坐车槽内用者，每长一寸，即径广四分。

贴络门盘：每径一寸，其高减径之半。

贴络浮沤：每径五分，即高三分。

平棊钱子：径一寸。以厚五分为定法。

角铃：每一朵九件：大铃、盖子，簧子各一，角内子角铃共六。

大铃：高二寸。每高一寸，即肚径广八分。

盖子：径同大铃，其高减半。

簧子：径及高皆减大铃之半。

子角铃：径及高皆减簧子之半。

圈栌枓：大小随材分。高二十分；径三十二分。

虚柱莲华钱子：用五段。上段径四寸；下四段各递减二分。以厚三分为定法。

虚柱莲华胎子：径五寸。每径一寸，即高六分。

【注释】①滴当火珠：屋檐上的一种瓦饰，位于滴当钉上，形状为火焰包珠。

【译文】建造佛道等帐上所用到的物件的规制标准：

火珠：高七寸五分，火珠肚的直径是三寸。肚的直径每增加一寸，即尖长七分。火珠高每增加一寸，肚的直径就增加四分，减少也是按照此比例。

滴当火珠：高二寸五分。高每增加一寸，肚的直径是四分。肚的直径每增加一寸，尖长增加八分。胡桃子下合莲长七分。

瓦头子：直径每增加一寸，长比柱宽增加一倍。若要做瓦钱子，直径每增加一寸，厚加三分。减少也是按照此比例（厚二分到六分）。

宝柱子：制作仰合莲花、胡桃子、宝瓶时相间使用。通常尺寸长一尺五寸。长每增加一寸，直径增加八厘。若用在内纱窗旁的话，长每增加一寸，直径增加一分。若用在腰坐车槽内的话，长每增加一寸，直径增加四分。

贴络门盘：直径一寸，高是直径的一半。

贴络浮沤：直径五分，高三分。

平棊钱子：直径一寸（统一规定厚为五分）。

角铃（每一个角铃有九个部件：大铃、盖子、簧子各有一个，角内子角铃有六个）。

大铃：高二寸，高每增加一寸，大铃肚直径增加八分。

盖子：直径跟大铃相同，高是直径的一半。

簧子：直径和高都是大铃的一半。

子角铃：直径和高都是簧子的一半。

圈炉枓：大小根据材分来定（高二十分，直径三十二分）。

虚柱莲华钱子（分成五段制造）：上面一段的直径四寸。下面四段每段都依次递减二分（统一规定厚为三分）。

虚柱莲华胎子：直径五寸。直径每增加一寸，高增加六分。

锯作制度

用材植

用材植[1]之制：凡材植，须先将大方木可以入长大料者，盘截解割；次将不可以充极长极广用者，量度合用名件，亦先从名件就长或就广解割。

【注释】①用材植：使用木材的原则和方法。

【译文】使用木材物料的规制标准：木材物料，需要先将大方木中可以制造长的大的材料的木材，横面截断分解切割，然后将不能做很长很宽的材料的木材，制做大小尺寸合适的物件，也需要从材料中较长较大的物件开始分解切割。

抨 墨

抨绳墨①之制：凡大材值，须合大面在下，然后垂绳取正抨墨。其材植广而薄者，先自侧面抨墨。务在就材充用，勿令将可以充长大用者截割为细小名件。

若所造之物，或斜、或訛、或尖者，并结角交解。谓如飞子，或颠倒交斜解割，可以两就长用之类。

【注释】①抨墨：用弹墨线的方法来下线、用料的原则和方法。

【译文】抨绳墨的规制标准：凡是大的木材，需合大面在下，然后垂绳取正抨墨。那些宽而薄的木材，需先从侧面抨墨。务求使木材得到充分利用，不能把本来可以做长的、大的物品的木材分割做成细小的物件。若所要制造的物件，或是斜的，或是圆的，或是尖的，都要结角交解（比如说飞子，就可以颠倒交斜分解切割，将就较长的两边使用）。

就余材

就余材①之制：凡用木植内，如有余材，可以别用或作版者，其外面多有璺裂^②，须审视名件之长广量度，就璺解割。或可以带璺用者，即留余材于心内，就其厚别用或作版，勿令失料。如璺裂深或不可就者，解作臕^③版。

【注释】 ①就余材：利用下脚料的原则和方法。

②璺（wèn）裂：微裂、裂纹。

③臕（biāo）：同"膘"，肥。梁思成先生认为臕版可能是"打小补丁"用的板子。

【译文】 就余材的规制标准：凡是用来填充木材内部的材料，如果有多余的材料，可以另作他用或者制作成板子，材料外面大多数都有裂纹，需要根据物件的长和宽，根据裂纹走势进行分解割裂。那些允许使用带裂纹的材料的，需要在内里留余材，把厚的那部分另作他用或者制作成板子，不要浪费材料（如果裂纹太深或者不能用的话，就分解做成臕版）。

竹作制度

造笆

造殿堂等屋宇所用竹笆^①之制：每间广一尺，再经一道。经，顺椽用。若竹径二寸一分至径一寸七分者，广一尺用经一道；径一寸五分至一寸者，广八寸用经一道，径八分以下者，广六寸用经一道。每经一道，用竹四片，纬亦如之。纬，横铺椽上。殿阁等至散舍，如六椽以上，所用竹并径三寸二分至径二寸三分。若四椽以下者，径一寸二分至径四分。其竹不以大小，并劈作四破用之。如竹径八分至径四分者，并椎破用之。

【注释】①竹笆：就是用竹片纵横编成的望板。将竹笆覆盖在房屋椽木上，上面铺泥背、瓦件，从而起到代替木望板的作用。

【译文】建造殿堂屋宇等房屋所能用到的竹笆的规制标准：竹笆每间宽一尺，再经一道（经是顺着椽使用。若竹子的直径是二寸一分到一寸七分之间，竹笆间宽一尺，用经一道。直径一寸五分到一寸的，宽八寸用经一道，直径八分以下的，宽六寸用经一道）。每经一道，需要用四片竹片，用纬也是这样（纬，是指把竹片横铺椽在上）。从殿堂楼阁到散舍，若是六椽以上，所用的竹子直径是三寸二分到二寸三分。若是四椽以下，直径是一寸二分到四分。所用的竹子不论大小，都要劈成四片使用（若竹子的直径在八分到四分之间，就把竹子锤破使用）。

隔截编道

造隔截壁桯内竹编道之制：每壁高五尺，分作四格。上下各横用经一道。凡上下贴桯者，俗谓之壁齿；不以经数多寡，皆上下贴桯各用一道。下同。格内横用经三道。共五道。至横经纵纬相交织之。或高少而广多者，则纵经横纬织之。每经一道用竹三片，以竹签钉之。纬用竹一片。若栱眼壁高二尺以上，分作三格，共四道。高一尺五寸以下者，分作两格，共三道。其壁高五尺以上者，所用竹径三寸二分至二寸五分；如不及五尺，及栱眼壁、屋山内尖斜壁所用竹，

径二寸三分至径一寸；并劈作四破用之。_{露篱所用同。}

【译文】制造隔截壁桯内竹编道的规制标准：壁高每五尺分成四格。上下各用一道横经（凡是上下贴桯的，俗称为"壁齿"，不论经数的多少，上下贴桯都各用一道。下同）。格子内用三道横经（加上上下两道横经，共五道）。横经纵纬互相交织（对于高比宽小德的，就用纵经横纬互相交织）。每一道经，用三片竹片（用竹签钉住）。纬用一片竹片。若栱眼壁高大于二尺，就分成三格（共四道）。高度小于一尺五寸，分成两格（共三道）。壁高大于五尺，所用的竹子直径三寸二分到二寸五分，若壁高不足五尺，栱眼壁、屋山内尖斜壁所用的竹子，直径在二寸三分到一寸之间，都劈成四片使用（制作露篱所用的竹子与此相同）。

竹　栅

造竹栅之制：每高一丈，分作四格。_{制度与编道同。}若高一丈以上者，所用竹径八分；如不及一丈者，径四分。_{并去梢全用之。}

【译文】制造竹栅的规制标准：高每一丈分成四格（制造竹栅的方法跟竹编道的规制相同）。若高大于一丈，所用的竹子直径是八分。若高不够一丈，所以竹子的直径是四分（削去梢部全用）。

护殿檐雀眼纲

造护殿阁檐料棋及托窗槏内竹雀眼纲之制：用浑青篾。每竹一条，以径一寸二分为率。劈作篾一十二条；刮去青，广三分。从心斜起，以长篾为经、至四边却折篾入身内；以短篾直行作纬，往复织之。其雀眼径一寸。以篾心为则。如于雀眼内，间织人物及龙、凤、华、云之类，并先于雀眼上描定，随描道织补。施之于殿檐料栱之外。如六铺作以上，即上下分作两格；随间之广，分作两间或三间，当缝施竹贴钉之。竹贴，每竹径一寸二分，分作四片。其窗棂内用者同。其上下或用木贴钉之。其木贴广二寸，厚六分。

【注释】①护殿檐雀眼网：设置于檐下，防止鸟雀在斗栱间做窝的竹格网。

【译文】制造护殿阁檐料栱及托窗棂内竹雀眼网的规制标准：用浑青篾。每一条竹子（以直径一寸二分为准），把竹子劈成十二条篾，用刀刮去青色的部分，宽三分。从中心倾斜而起，用长篾当做经，编到四边把末端向内翻折插入竹篾，用短篾直向做纬，反复编织。雀眼的直径是一寸（从篾心开始）。若要在雀眼内或雀眼之间编织人物及龙凤花云之类的图案，需要先在雀眼上描定，随着描线编织。雀眼网安置在殿檐料栱的外面。若是六铺作以上，上下需分成两格，由间宽而定，分成两间或者三间，间隔的缝隙用竹贴钉住（竹贴，就是把直径为一寸二分的竹片分成四片，窗棂里面用的也如此）。上下也是用木贴钉住（木贴宽二寸，厚六分）。

地面棊文簟

造殿阁内地面棊文簟①之制，用浑青篾，广一分至一分五厘；刮去青，横以刀刃拖令厚薄匀平；次立两刃，于刃中摘令广狭一等。从心斜起，以纵篾为则，先抬二篾，压三篾，起四篾，又压三篾，然后横下一篾织之。复于起四处抬二篾，循环如比。至四边寻斜取正，抬三篾至七篾织水路。水路外折边，归篾头于身内。当心织方胜等，或华文、龙、凤。并染红、黄篾用之。其竹用径二寸五分至径一寸。障日第②等簟同。

【注释】①地面棊文簟：指用染色细竹篾编成红、黄图案或者龙凤花样的竹席，然后将其铺于殿堂地面上。

②障日第：用素色竹篾编成花式竹席做遮阳板，比较粗糙。

【译文】建造殿阁内地面棋文簟的规制标准：用浑青篾，宽在一分到一分五厘之间。刮去青色的部分，用刀刃横向刮拉使其厚薄均匀。然后竖立拉两刀，从刀刃中间分开竹片，使两边宽度一致。从中心出发倾斜而起，以纵篾为准，先抬二篾，压三篾，抬四篾，再压三篾，然后横下一篾进行编织（然后再抬起四篾的地方抬起二篾，一直如此循环）。到四边把歪斜的地方扶正，抬起三篾到七篾编织水路（水路向外折边，把篾头都归拢于身内）。在中心编织方胜等，或者花纹、龙、凤（都用染成红色、黄色的篾编织）。其竹子的直径是二寸五分到一寸（障日第等跟簟相同）。

障日第等簟

造障日第等所用簟之制；以青白篾相杂用，广二分至四分。从下直起，以纵篾为则，抬三篾，压三篾，然后横下一篾织之。

复自抬三处，从长篾一条内，再起压三；循环如此。若造假碁文，并抬四篾，压四篾，横下两篾织之。复自抬四处，当心再抬；循环如此。

【译文】建造障日篛等所用簟的规制标准：以青篾白篾混交使用，宽在二分到四分之间。从下直编起头，以纵篾为准，抬三篾，压三篾，然后横下一篾编织（再从抬起三篾的地方，从一条长篾内，再抬三篾，压三篾，一直如此循环）。若要建造假碁文，要抬四篾，压四篾，横下两篾编织（然后在抬起四篾的地方，从中间再抬起，一直如此循环）。

竹笍索

造绾系鹰架竹笍索①之制：每竹一条，竹径二寸五分至一寸。劈作一十一片；每片揭作二片，作五股辫之。每股用篾四条或三条若纯青造，用青白篾各二条，合青篾在外；如青白篾相间，用青篾一条，白篾二条。造成，广一寸五分，厚四分。每条长二百尺，临时量度所用长短截之。

【注释】①鹰架竹笍索：古代用竹篾制作的施工脚手架。
【译文】建造绾系鹰架竹笍索的规制标准：每根竹条（竹子的直径为二寸五分到一寸），劈成十一片，每片分成两片，分成五股辫起来。每股用四条或三条竹篾（若要做纯青色的，就用青色，白色竹篾各两条，把青篾辫在外面。如果要做青色、白色竹篾相间的，就用一条青色竹篾，两条白色竹篾）做成，宽一寸五分，厚四分。每条长二百尺，根据实际情况截取所需长度使用。